3.9 新潮科技名片设计 P57

在线视频: 第3章\3.9 新潮科技名片设计.avi

训练3-1 网络公司名片设计 P72

在线视频: 第3章\训练3-1 网络公司名片设计.avi

3.10 色彩空间名片设计 P63

在线视频: 第3章\3.10 色彩空间名片设计.avi

训练3-2 数码公司名片设计 P73

在线视频: 第3章\训练3-2 数码公司名片设计.avi

3.11 印刷公司名片设计 P67

在线视频: 第3章\3.11 印刷公司名片设计.avi

训练3-3 运动名片设计 P73

在线视频: 第3章\训练3-3 运动名片设计.avi

4.6 钻戒主题海报设计 P82

在线视频：第4章\4.6　钻戒主题海报设计.avi

4.8 美食大优惠海报设计 P94

在线视频：第4章\4.8　美食大优惠海报设计.avi

4.7 音乐海报设计 P86

在线视频：第4章\4.7　音乐海报设计.avi

4.9 饮料海报设计 P97

在线视频：第4章\4.9　饮料海报设计.avi

| 5.6 | 厨卫电器促销POP设计 | P.120 |

在线视频：第5章\5.6 厨卫电器促销POP设计.avi

| 训练5-1 | 蛋糕POP设计 | P.128 |

在线视频：第5章\训练5-1 蛋糕POP设计.avi

| 5.7 | 商场促销POP设计 | P.124 |

在线视频：第5章\5.7 商场促销POP设计.avi

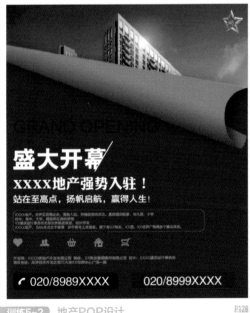

| 训练5-2 | 地产POP设计 | P.128 |

在线视频：第5章\训练5-2 地产POP设计.avi

6.6　美食主题DM单设计　　　　　P.134

在线视频：第6章\6.6　美食主题DM单设计.avi

6.8　家电DM广告设计　　　　　P.141

在线视频：第6章\6.8　家电DM广告设计.avi

6.9　街舞三折页DM广告设计　　P.145

在线视频：第6章\6.9　街舞三折页DM广告设计.avi

6.7　秋景旅游季DM单设计　　　P.138

在线视频：第6章\6.7　秋景旅游季DM单设计.avi

训练6-1　博览会DM广告设计　　P.155

在线视频：第6章\训练6-1　博览会DM广告设计.avi

训练6-2 地产DM单页广告设计 P.155

在线视频: 第6章\训练6-2 地产DM单页广告设计.avi

7.8
指南针图标设计

在线视频: 第7章\7.8 指
南针图标设计.avi

P.167

7.9
质感电话图标设计

在线视频: 第7章\7.9 质
感电话图标设计.avi

P.174

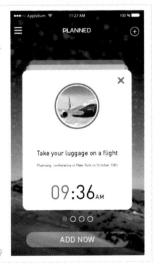

7.10
计划管理界面设计

在线视频: 第7章\7.10 计
划管理界面设计.avi

P.179

7.11 平板音乐播放界面设计 P.183

在线视频: 第7章\7.11 平板音乐播放界面设计.avi

训练7-1
钢琴图标

在线视频: 第7章\训练7-1
钢琴图标.avi

P.190

训练7-2
日历和天气图标

在线视频: 第7章\训练7-2
日历和天气图标.avi

P.191

训练7-3
概念手机界面

在线视频: 第7章\训练
7-3 概念手机界面.avi

P.191

8.7 时尚杂志封面设计 P.202

在线视频: 第8章\8.7 时尚杂志封面设计.avi

8.8　旅游文化杂志封面设计　　P206

在线视频：第8章\8.8　旅游文化杂志封面设计.avi

训练8-1　公司宣传册封面设计　　P224

在线视频：第8章\训练8-1　公司宣传册封面设计.avi

8.9　潮流主题封面设计　　P212

在线视频：第8章\8.9　潮流主题封面设计.avi

训练8-2　地产杂志封面设计　　P225

在线视频：第8章\训练8-2　地产杂志封面设计.avi

8.10　心情日记封面设计　　P218

在线视频：第8章\8.10　心情日记封面设计.avi

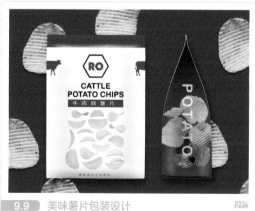

9.9　美味薯片包装设计　　P234

在线视频：第9章\9.9　美味薯片包装设计.avi

9.10 水果饼包装设计 P242

在线视频：第9章\9.10 水果饼包装设计.avi

训练9-1 法式面包包装设计 P271

在线视频：第9章\训练9-1 法式面包包装设计.avi

9.11 进口果仁包装设计 P252

在线视频：第9章\9.11 进口果仁包装设计.avi

训练9-2 果酱包装设计 P271

在线视频：第9章\训练9-2 果酱包装设计.avi

9.12 樱桃包装设计 P261

在线视频：第9章\9.12 樱桃包装设计.avi

训练9-3 咖啡杯包装设计 P272

在线视频：第9章\训练9-3 咖啡杯包装设计.avi

零基础学

Photoshop+Illustrator平面设计

全视频教学版

水木居士 ◎ 编著

人民邮电出版社

北京

图书在版编目（CIP）数据

零基础学Photoshop+Illustrator平面设计：全视频
教学版 / 水木居士编著. -- 北京：人民邮电出版社，
2019.8（2023.1重印）
ISBN 978-7-115-50110-3

Ⅰ.①零… Ⅱ.①水… Ⅲ.①平面设计－图象处理软
件 Ⅳ.①TP391.413

中国版本图书馆CIP数据核字(2018)第255281号

内 容 提 要

　　本书主要包括快速了解 Photoshop 和 Illustrator、平面设计基础知识、名片设计、精美海报设计、艺术 POP 设计、DM 广告设计、UI 图标及界面设计、封面装帧设计及商业包装设计几大部分，技法全面，案例经典，具有较强的针对性和实用性。读者在动手实践的过程中可以轻松掌握设计思路，同时学习软件使用技巧，了解不同设计的制作流程，充分体验软件学习和设计思路的乐趣，真正做到学以致用。

　　随书提供丰富资源，包含本书实例的素材文件、案例文件和在线视频，读者在学习的过程中可以随时进行调用，并配合视频进行学习。

　　本书适合想要从事平面广告设计、工业设计、CIS 企业形象策划、产品包装造型、印刷制版等相关工作的人员阅读，也可作为社会培训学校、大中专院校相关专业的教学参考书或上机实践指导用书。

◆ 编　　著　水木居士
　　责任编辑　张丹阳
　　责任印制　马振武

◆ 人民邮电出版社出版发行　　北京市丰台区成寿寺路 11 号
　　邮编　100164　　电子邮件　315@ptpress.com.cn
　　网址　http://www.ptpress.com.cn
　　北京九州迅驰传媒文化有限公司印刷

◆ 开本：700×1000　1/16
　　印张：17　　　　　　　　　　彩插：4
　　字数：412 千字　　　　　　　2019 年 8 月第 1 版
　　　　　　　　　　　　　　　　2023 年 1 月北京第 6 次印刷

定价：59.00 元

读者服务热线：(010)81055410　印装质量热线：(010)81055316
反盗版热线：(010)81055315
广告经营许可证：京东市监广登字 20170147 号

前言
FOREWORD

市面上很多教材只是讲解案例的设计制作，缺少成为设计师必须掌握的理论知识，读者只能"照猫画虎"，离开书本则自己不能进行创意设计。作者依据多年的教学及实战经验，将本书定位在以理论为主、案例为辅来写作，希望读者从中不但可以学习到商业案例的制作方法，更能掌握平面设计的原理技法，所谓"授人以鱼不如授人以渔"。

本书内容

本书首先详细讲解了 Photoshop 和 Illustrator 软件基础，然后介绍了平面设计的基础知识，包括平面设计的基本概念、平面设计的分类、平面设计的一般流程、平面设计的常用软件、平面设计的应用范围、平面设计常用尺寸，还详细讲解了印刷输出知识、印刷的分类、平面设计师职业简介和色彩基础知识等；精选商业平面设计常用的 7 种设计表现，以"理论知识 + 实战案例"的写作方法，首先剖析该商业设计的理论知识，让读者了解实例中应用的理论，然后引出该设计常见的案例，通过实战案例的讲解，让读者在学习设计理论的同时，将其应用在商业案例中进行巩固，以完全掌握该商业设计的理论及商业应用；在章节的最后安排丰富的拓展训练，加深巩固本章内容。

本书 6 大特色

1. 全新写作模式。"理论知识 + 实例讲解 + 拓展训练"，让设计找到理论支持，让读者知其所以然，并通过拓展训练快速巩固所学知识。

2. 全实例操作。覆盖 Photoshop、Illustrator 两款软件全实例操作，将 Photoshop、Illustrator 完美结合，通过不同实战案例的学习来完成理论知识与实战学习的双重体验。

3. 突出设计理论知识详解。在案例讲解前，让读者了解该设计的设计理论，让读者不但可以学习设计，更能学习到该设计基于的原理。

4．针对想快速上手的读者，从入门到入行。 在全面掌握软件使用方法和技巧的同时，掌握专业设计知识与设计创意手法，从零到专迅速提高，让一个初学者快速入门，进而创作出好的作品。

5．丰富的特色段落。 作者根据多年的教学经验，将常见的问题及解决方法以提示和技巧的形式显现出来，让读者轻松掌握核心技法。

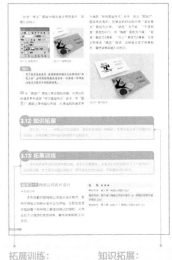

实例：
介绍平面设计实例制作方法，通过实际操作掌握软件使用方法，并配以教学视频。

提示：
针对软件中的难点及操作中的注意事项进行重点讲解。

功能介绍：
Photoshop 体系庞大，许多功能之间有着密切功能，增加底色加深印象。

技巧：
告知用户在操作时的简便方法，或者另外一种操作方式。

拓展训练：
每章学习后安排训练题，帮助读者巩固所学重点知识。

知识拓展：
每章学习后对本章知识进行总结和延伸。

鸣谢

本书由水木居士编著，在此感谢所有创作人员对本书付出的努力。在创作的过程中，由于时间仓促，错误在所难免，希望广大读者批评指正。如果在学习过程中发现问题，或有更好的建议，欢迎发邮件到 bookshelp@163.com 与我们联系。

作者

2019 年 7 月

资源
与支持
RESOURCES
AND SUPPORT

本书由数艺社出品，"数艺社"社区平台（www.shuyishe.com）为您提供后续服务。

■ 配套资源

所有案例的素材文件和效果文件，读者在学习的同时可以随时进行操作学习。
所有案例的在线教学视频，读者可通过 PC 端或移动端观看，配合书中内容进行学习。

■ 资源获取请扫码

"数艺社"社区平台，为艺术设计从业者提供专业的教育产品。

■ 与我们联系

我们的联系邮箱是 szys@ptpress.com.cn。如果您对本书有任何疑问或建议，请您发邮件给我们，并请在邮件标题中注明本书书名及 ISBN，以便我们更高效地做出反馈。

如果您有兴趣出版图书、录制教学课程，或者参与技术审校等工作，可以发邮件给我们；有意出版图书的作者也可以到"数艺社"社区平台在线投稿（直接访问 www.shuyishe.com 即可），如果学校、培训机构或企业想批量购买本书或数艺社出版的其他图书，也可以发邮件给我们。

如果您在网上发现针对数艺社出品图书的各种形式的盗版行为，包括对图书全部或部分内容的非授权传播，请您将怀疑有侵权行为的链接通过邮件发给我们。您的这一举动是对作者权益的保护，也是我们持续为您提供有价值的内容的动力之源。

■ 关于数艺社

人民邮电出版社有限公司旗下品牌"数艺社"，专注于专业艺术设计类图书出版，为艺术设计从业者提供专业的图书、U 书、课程等教育产品。领域涉及平面、三维、影视、摄影与后期等数字艺术门类；字体设计、品牌设计、色彩设计等设计理论与应用门类；UI 设计、电商设计、新媒体设计、游戏设计、交互设计、原型设计等互联网设计门类；环艺设计手绘、插画设计手绘、工业设计手绘等设计手绘门类。更多服务请访问"数艺社"社区平台 www.shuyishe.com。我们将提供及时、准确、专业的学习服务。

目录
CONTENTS

第**3**篇
精通篇

第 6 章 DM广告设计

第 7 章 UI图标及界面设计

第 **1** 篇

入门篇

第 **1** 章

快速了解Photoshop 和Illustrator

本章重点讲解 Photoshop 和 Illustrator 的基础
知识，首先对 Photoshop 的工作区及工作环
境进行介绍，然后对 Illustrator 的工作区、基
础操作和预览查看进行讲解，让读者快速了解
Photoshop 和 Illustrator 基础知识，为后面使用
这两个软件制作实战案例打下基础。

教学目标

了解 Photoshop 工作区及工作环境
了解 Illustrator 工作区及工作环境
掌握 Illustrator 的基础操作
掌握 Illustrator 预览与查看图形的方法

了解Photoshop的工作区

可以使用各种元素，如面板、栏及窗口等来创建、处理文档和文件。这些元素的排列方式称为工作区。可以通过在多个预设工作区中进行选择或创建自己的工作区来调整各个应用程序。

Photoshop CS6 的工作区主要由应用程序栏、菜单栏、选项栏、选项卡式文档窗口、工具箱、面板组和状态栏等组成，如图 1.1 所示。

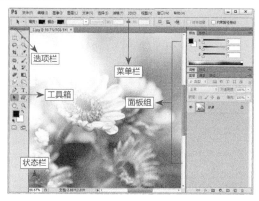

图1.1 Photoshop CS6的工作区

1.1.1 管理文档窗口

Photoshop CS6 可以对文档窗口进行调整，以满足不同用户的需要，如浮动或合并文档窗口、缩放或移动文档窗口等。

1. 浮动或合并文档窗口

默认状态下，打开的文档窗口处于合并状态，可以通过拖动的方法将其变成浮动。当然，如果当前窗口处于浮动状态，也可以通过拖动将其变成合并状态。将鼠标指针移动到窗口选项卡位置，即文档窗口的标题栏位置。按住鼠标向外拖动，以窗口边缘不出现蓝色边框为限，释放鼠标即可将其由合并变成浮动状态。合并变浮动窗口操作过程如图 1.2 所示。

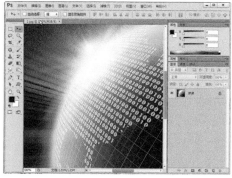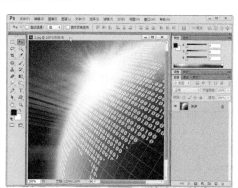

图1.2 合并变浮动窗口操作过程

当窗口处于浮动状态时，将鼠标指针旋转在标题栏位置，拖动鼠标将其向工作区边缘靠近，当工作区边缘出现蓝色边框时，释放鼠标，即可将窗口由浮动变成合并状态。操作过程如图 1.3 所示。

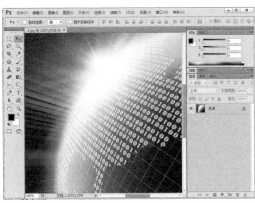

图1.3 浮动变合并窗口操作过程

2. 快速浮动或合并文档窗口

除了使用前面讲解的利用拖动方法来浮动或合并窗口外，还可以使用菜单命令来快速合并或浮动文档窗口，执行菜单栏中的"窗口"|"排列"命令，在其子菜单中选择"在窗口中浮动""使所有内容在窗口中浮动"或"将所有内容合并到选项卡中"命令，可以快速将单个窗口浮动、所有文档窗口浮动或所有文档窗口合并，如图 1.4 所示。

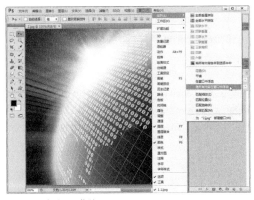

图1.4 "排列"子菜单

3. 移动文档窗口的位置

为了操作的方便，可以将文档窗口随意移动，

但需要注意的是文档窗口不能处于选项卡式或最大化，处于选项卡式或最大化的文档窗口是不能移动的。将鼠标指针移动到标题栏位置，按住鼠标左键将文档窗口向需要的位置拖动，到达合适的位置后释放鼠标即可完成文档窗口的移动。移动文档窗口的位置操作过程如图 1.5 所示。

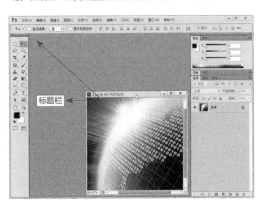

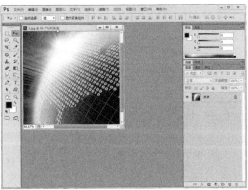

图1.5 移动文档窗口的位置操作过程

4. 调整文档窗口大小

为了操作的方便，还可以调整文档窗口的大小，将鼠标指针移动到窗口的右下角位置，指针将变成一个双箭头。如果想放大文档窗口，按住鼠标向右下角拖动，即可将文档窗口放大。如果想缩小文档窗口，按住鼠标向左上方拖动，即可将文档窗口缩小。缩小文档窗口操作过程如图 1.6 所示。

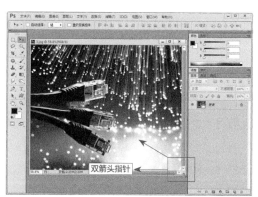

图1.6 缩小文档窗口操作过程

1.1.2 操作面板组

默认情况下，面板以面板组的形式出现，位于 Photoshop CS6 界面的右侧，主要用于对当前图像的颜色、图层、信息导航、样式以及相关的操作进行设置。Photoshop 的面板可以任意进行分离、移动和组合。首先以"色板"面板为例来看一下面板的基本组成，如图 1.7 所示。

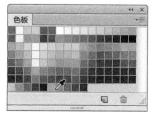

图1.7 面板的基本组成

面板有多种操作，各种操作方法如下。

1. 打开或关闭面板

在"窗口"菜单中选择不同的面板名称，可以打开或关闭不同的面板，也可以单击面板右上方的关闭按钮来"关闭"该面板。

2. 显示面板内容

在多个面板组中，如果想查看某个面板内容，可以直接单击该面板的选项卡名称。例如，单击"色板"选项卡，即可显示该面板内容。其操作过程如图 1.8 所示。

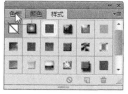 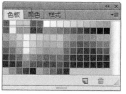

图1.8 显示面板内容的操作过程

3. 移动面板

在移动面板时，可以看到蓝色突出显示的放置区域，可以在该区域中移动面板。例如，通过将一个面板拖动到另一个面板上面或下面的窄蓝色放置区域中，可以在停放中向上或向下移动该面板。如果拖动到的区域不是放置区域，该面板将在工作区中自由浮动。

- 要移动单独某个面板，可以拖动该面板顶部的标题栏或选项卡位置。
- 要移动面板组或堆叠的浮动面板，需要拖动该面板组或堆叠面板的标题栏。

4. 分离面板

在面板组中，在某个选项卡名称处按住鼠标左键向该面板组以外的位置拖动，即可将该面板分离出来。操作过程如图 1.9 所示。

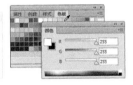

图1.9 分离面板效果

5. 组合面板

在一个独立面板的选项卡名称位置按住鼠标，然后将其拖动到另一个浮动面板上，当另一个面板周围出现蓝色的方框时，释放鼠标即可将面板组合在一起。操作过程及效果如图1.10所示。

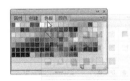

图1.10 组合面板操作过程及效果

6. 停靠面板组

为了节省空间，还可以将组合的面板停靠在右侧软件的边缘位置，或与其他的面板组停靠在一起。

拖动面板组上方的标题栏或选项卡位置，将其移动到另一组或一个面板边缘位置，当看

到一条垂直的蓝色线条时，释放鼠标即可将该面板组停靠在其他面板或面板组的边缘位置。操作过程及效果如图 1.11 所示。

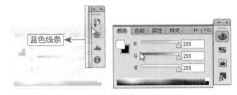

图1.11 停靠面板操作过程及效果

7. 堆叠面板

当将面板拖出停放但并不将其拖入放置区域时，面板会自由浮动。可以将浮动的面板放在工作区的任何位置。也可以将浮动的面板或面板组堆叠在一起，以便在拖动最上面的标题栏时将它们作为一个整体进行移动。堆叠不同于停靠，停靠是将面板或面板组停靠在另一面板或面板组的左侧或右侧，而堆叠则是将面板或面板组堆叠起来，形成上下的面板组效果。

要堆叠浮动的面板，拖动面板的选项卡或标题栏位置到另一个面板底部的放置区域，当面板的底部产生一条蓝色的直线时，释放鼠标即可完成堆叠。要更改堆叠顺序，可以向上或向下拖动面板选项卡。堆叠面板操作过程及效果如图1.12所示。

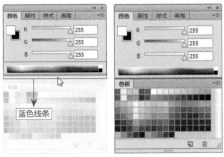

图1.12 堆叠面板操作过程及效果

技巧

如果想从堆叠中分离出面板或面板组使其自由浮动，拖动其选项卡或标题栏到面板以外位置即可。

8. 折叠面板组

为了节省空间，Photoshop 提供了面板组的折叠操作，可以将面板组折叠起来，以图标的形式来显示。

单击“折叠为图标”按钮，可以将面板组折叠起来，以节省更大的空间。如果想展开折叠面板组，可以单击“展开面板”按钮，将面板组展开，如图 1.13 所示。

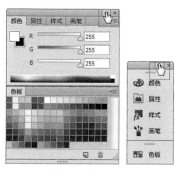

图1.13 面板组折叠效果

1.1.3 认识选项栏

选项栏也叫工具选项栏，默认位于菜单栏的下方，用于对相应的工具进行各种属性设置。选项栏内容不是固定的，它会随所选工具的不同而改变，在工具箱中选择一个工具，选项栏中就会显示该工具对应的属性设置。例如，在工具箱中选择了“矩形选框工具”，选项栏的显示效果如图 1.14 所示。

提示

在选项栏处于浮动状态时，在选项栏的左侧有一个黑色区域，这个黑色区域叫手柄区，可以通过拖动手柄区移动选项栏的位置。

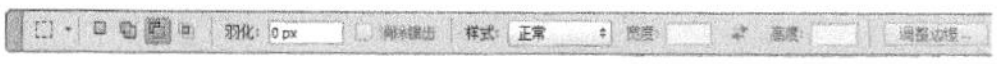

图1.14 选项栏

1.1.4 复位工具和复位所有工具

在选项栏中设置完参数后，如果想将该工具选项栏中的参数恢复为默认，可以在工具选项栏左侧的工具图标处单击鼠标右键，从弹出的快捷菜单中选择“复位工具”命令，即可将当前工具选项栏中的参数恢复为默认值。如果想将所有工具选项栏的参数恢复为默认，请选择“复位所有工具”命令，如图 1.15 所示。

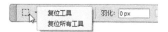

图1.15 右键菜单

1.1.5 认识工具箱

工具箱在初始状态下一般位于窗口的左侧，当然也可以根据自己的习惯将其拖动到其他的位置。利用工具箱中提供的工具，可以进行选择、绘画、取样、编辑、移动、注释和查看图像等操作，还可以更改前景色和背景色以及进行图像的快速蒙版等操作。

若想知道各个工具的快捷键，可以将鼠标指针指向工具箱中某个工具按钮图标，如“快速选择工具”，稍等片刻后，即会出现一个工具名称的提示，提示括号中的字母即为该工具的快捷键，如图 1.16 所示。

图1.16 工具提示效果

提示

工具提示右侧括号中的字母为该工具的快捷键，有些处于一个隐藏组中的工具有相同的快捷键，如“魔棒工具”和“快速选择工具”的快捷键都是 W，此时可以按 Shift + W 组合键，在工具中进行循环选择。

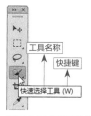

工具箱中工具的展开效果如图 1.17 所示。

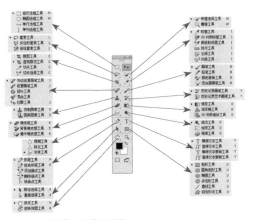

图1.17 工具箱中工具的展开效果

1.1.6 隐藏工具的操作

在工具箱中没有显示出全部工具，有些工具被隐藏起来了。只要细心观察，会发现有些

工具图标中有一个小三角的符号，这表明在该工具中还有与之相关的其他工具。要打开这些工具，有两种方法。

- **方法1**：将鼠标指针移至含有多个工具的图标上，按住鼠标不放，此时出现一个工具选择菜单，然后拖动鼠标至想要选择的工具处释放鼠标即可。选择"标尺工具"的操作效果如图1.18所示。

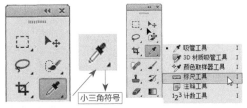

图1.18 选择"标尺工具"的操作效果

- **方法2**：在含有多个工具的图标上单击鼠标右键，就会弹出工具选项菜单，单击选择相应的工具即可。

1.2 创建Photoshop工作环境

这一节将详细介绍有关 Photoshop 的一些基本操作，包括图像文件的新建、打开、存储和置入等，为以后的深入学习打下一个良好的基础。

1.2.1 创建一个用于印刷的新文件

创建新文件的方法非常简单，具体的操作方法如下。

01 执行菜单栏中的"文件"|"新建"命令，打开"新建"对话框。

02 在"名称"文本框中输入新建的文件的名称，其默认的名称为"未标题-1"，如这里输入名称为电影海报。

03 可以从"预设"下拉菜单中选择新建文件的图像大小，也可以直接在"宽度"和"高度"文本框中输入大小。不过需要注意的是要先改变单位，再输入大小，不然可能会出现错误。例如，设置"宽度"的值为50厘米，"高度"的值为70厘米，如图1.19所示。

图1.19 设置宽度和高度

04 在"分辨率"文本框中设置适当的分辨率。一般用于彩色印刷的图像分辨率应达到300,用于报刊、杂志等一般印刷的图像分辨率应达到150,用于网页、屏幕浏览的图像分辨率可设置为72,单位通常采用"像素/英寸"。因为这里新建的是印刷海报,所以图像分辨率设置为300像素/英寸。

05 在"颜色模式"下拉菜单中选择图像所要应用的颜色模式。可选的模式有"位图""灰度""RGB颜色""CMYK颜色""Lab颜色"及"1位""8位""16位""32位"4个通道模式选项。根据文件输出的需要可以自行设置,一般情况下选择"RGB颜色"和"CMYK颜色"模式以及"8位"通道模式。另外,如果用于网页制作,要选择"RGB颜色"模式,如果要印刷,一般选择"CMYK颜色"模式。这里选择"CMYK颜色"模式。

06 在"背景内容"下拉菜单中,选择新建文件的背景颜色。例如,选择白色。"背景内容"下拉菜单中包括3个选项。选择"白色"选项,则新建的文件背景色为白色;选择"背景色"选项,则新建的图像文件以当前的工具箱中设置的颜色作为新文件的背景色;选择"透明"选项,则新创建的图像文件背景为透明,背景将显示灰白相间的方格。选择不同背景内容创建的画布效果如图1.20所示。

背景为白色　　　背景为背景色　　　背景为透明
图1.20 选择不同背景内容创建的画布效果

07 设置好文件参数后,单击"确定"按钮,即可创建一个用于印刷的新文件,如图1.21所示。

图1.21 创建的新文件效果

1.2.2 使用"打开"命令打开文件

要编辑或修改已存在的 Photoshop 文件或其他软件生成的图像文件时,可以使用"打开"命令将其打开,具体操作如下。

01 执行菜单栏中的"文件"|"打开"命令,或在工作区空白处双击,弹出"打开"对话框。

02 在"查找范围"下拉列表中,可以查找要打开图像文件的路径。如果打开时看不到图像预览,可以单击对话框右上角的"'查看'菜单" ▦▾按钮,从弹出的菜单中选择"大图标"命令,如图1.22所示,以显示图片的预略图,方便查找相应的图像文件。

图1.22 选择"大图标"

03 将鼠标指针指向要打开的文件名称或缩略图位置时，系统将显示出该图像的尺寸、类型和大小等信息，如图1.23所示。

图1.23 显示图像信息

04 单击选择要打开的图像文件，如选择"唱片.jpg"文件，如图1.24所示。

图1.24 选择图像文件

05 单击"打开"按钮，即可将该图像文件打开。打开的效果如图1.25所示。

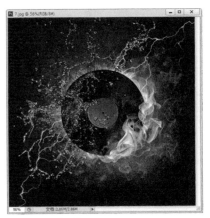

图1.25 打开的图像

1.2.3 打开最近使用的文件

在"文件"|"最近打开文件"子菜单中显示了最近打开过的 10 个图像文件，如图 1.26 所示。如果要打开的图像文件名称显示在该子菜单中，选中该文件名即可打开该文件，省去了查找该图像文件的烦琐操作。

> **技巧**
>
> 如果要清除"最近打开文件"子菜单中的选项命令，执行菜单栏中的"文件"|"最近打开文件"|"清除最近"命令即可。

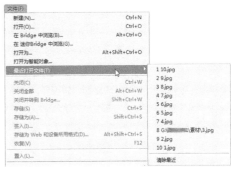

图1.26 最近打开文件

> **技巧**
>
> 如果要同时打开相同存储位置下的多个图像文件，按住 Ctrl 键的同时单击所需要打开的图像文件，单击"打开"按钮即可。在选取图像文件时，按住 Shift 键可以连续选择多个图像文件。

提示

除了使用"打开"命令，还可以使用"打开为"命令打开文件。"打开为"命令与"打开"命令不同之处在于该命令可以打开一些使用"打开"命令无法辨认的文件。例如，某些图像从网络下载后在保存时如果以错误的格式保存，使用"打开"命令则有可能无法打开，此时可以尝试使用"打开为"命令。

1.3 文件的撤销与还原

在编辑图像的操作过程中出现错误或不满意的地方，想返回上一步操作时，可以使用 Photoshop 中的命令进行撤销操作。所谓还原，就是将图像还原到上一步的操作，即当前的最后一步操作。重做就是将还原的步骤再次重做。还原与重做是相辅相成的。"还原"和"重做"命令允许还原或重做操作。

1.3.1 还原

执行菜单栏中的"编辑"|"还原"命令，可以撤销对图像进行的最后一步操作，如果需要取消还原操作，可以执行"编辑"|"重做"命令。

> **技巧**
>
> 使用 Ctrl + Z 组合键可以还原最后一步操作，再次使用 Ctrl + Z 组合键可以取消此次还原操作。

1.3.2 前进一步与后退一步

使用"还原"命令只能还原最后一步操作，使用"前进一步"或"后退一步"命令可以连续还原，执行菜单栏中的"编辑"|"后退一步"命令，可以连续还原操作。如果想取消连续还原执行菜单栏中的"编辑"|"前进一步"命令，可以连续取消还原。

> **技巧**
>
> 使用 Ctrl + Alt + Z 组合键可以连续还原操作，使用 Ctrl + Shift + Z 组合键可以连续取消还原。

1.3.3 恢复

如果想直接恢复到上次保存的版本状态，可以执行菜单栏中的"文件"|"恢复"命令，将其一次恢复到上次保存的状态。

> **提示**
>
> "恢复"与其他撤销不同，它的操作将作为历史记录添加到"历史记录"面板中，并可以还原。

> **技巧**
>
> 按 F12 键，可以快速应用"恢复"命令。

1.4 了解Illustrator的工作区

本节主要讲解 Illustrator CS6 界面的一些知识，让读者对 Illustrator CS6 的界面组合有大致的了解。

1.4.1 启动Illustrator

在成功安装了 Illustrator CS6 后，在操作系统的程序菜单中会自动生成 Illustrator CS6 的子程序。在屏幕的底部单击"开始"|"所有程序"|"Adobe Illustrator CS6"命令，就可以启动 Adobe Illustrator CS6。程序的启动画面如图 1.27 所示。

图1.27 启动Illustrator CS6界面

程序的启动画面过后，即可打开 Illustrator CS6 软件。Illustrator CS6 的工作界面由标题栏、菜单栏、控制栏、工具箱、控制面板、草稿区、绘图区、状态栏等组成，它是进行创建、编辑、处理图形、图像的操作平台，如图 1.28 所示。

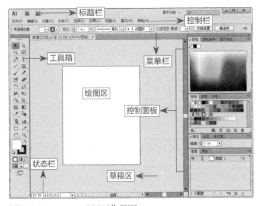

图1.28 Illustrator CS6工作界面

1.4.2 标题栏

Illustrator CS6 的标题栏位于工作区的顶部，颜色呈灰色，主要显示软件图标**Ai**和软件

名称，如图 1.29 所示。其右侧的 3 个按钮，主要用来控制界面的大小。

图1.29 标题栏

- **（最小化）按钮**：单击此按钮，可以使 Illustrator CS6 窗口处于最小化状态，此时只在Windows的任务栏中显示由该软件图标、软件名称等组成的按钮，单击该按钮，又可以使 Illustrator CS6窗口还原为刚才的显示状态。
- **（最大化）按钮**：单击此按钮，可以使 Illustrator CS6窗口最大化显示，此时 （最大化）按钮变为 （还原）按钮；单击 （还原）按钮，可以使最大化显示的窗口还原为原状态， （还原）按钮再次变为 （最大化）按钮。

提示

当 Illustrator CS6 窗口处于最大化状态时，在标题栏范围内按住鼠标拖动，可在屏幕中任意移动窗口的位置。在标题栏中双击鼠标可以使 Illustrator CS6 窗口在最大化与还原状态之间切换。

- **（关闭）按钮**：单击此按钮，可以关闭 Illustrator CS6软件，退出该应用程序。

1.4.3 菜单栏

菜单栏位于 Illustrator CS6 工作界面的上部，如图 1.30 所示。菜单栏通过各个命令菜单提供对 Illustrator CS6 的绝大多数操作以及窗口的定制，包括"文件""编辑""对象""文字""选择""效果""视图""窗口"和"帮助"9 个菜单命令。

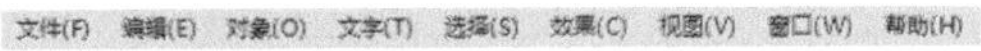

文件(F) 编辑(E) 对象(O) 文字(T) 选择(S) 效果(C) 视图(V) 窗口(W) 帮助(H)

图1.30 Illustrator CS6的菜单栏

Illustrator CS6 为用户提供了不同的菜单命令显示效果，以方便用户的使用，不同的显示标记含有不同的意义，分别介绍如下。

- **子菜单：**在菜单栏中，有些命令的后面有右指向的黑色三角形箭头▶，当鼠标指针在该命令上稍停片刻后，便会出现一个子菜单。例如，执行菜单栏中的"对象"|"路径"命令，可以看到"路径"命令下一级子菜单。
- **执行命令：**在菜单栏中，有些命令选择后，在前面会出现对号☑标记，表示此命令为当前执行的命令。例如，"窗口"菜单中已经打开的面板名称前出现的对号☑标记。
- **快捷键：**在菜单栏中，菜单命令还可使用快捷键的方式来选择。在菜单栏中有些命令后面有英文字母组合，如菜单"文件"|"新建"命令的后面有Ctrl+N字母组合，表示的就是新建命令的快捷键，如果想执行新建命令，直接按键盘上的Ctrl+N组合键，即可启用新建命令。
- **对话框：**在菜单栏中，有些命令的后面有"…"省略号标志，表示选择此命令后将打开相应的对话框。例如，执行菜单栏中的"编辑"|"查找和替换"命令，将打开"查找和替换"对话框。

1.4.4 工具箱

工具箱在初始状态下一般位于窗口的左侧，当然也可以根据自己的习惯将其拖动到其他的地方去。利用工具箱所提供的工具，可以进行选择、绘画、取样、编辑、移动、注释和度量等操作，还可以更改前景色和背景色、使用不同的视图模式。

在工具箱中没有显示出全部工具，有些工具被隐藏起来了。只要细心观察，会发现有些工具图标中有一个小三角的符号，这表明在该工具中还有与之相关的其他工具，如图1.31所示。要打开这些工具，有两种方法。

- **方法1：**将鼠标指针移至含有多个工具的图标上，单击鼠标并按住不放。此时，出现一个工具选择菜单，然后拖动鼠标至想要选择的工具图标处释放鼠标即可。
- **方法2：**在含有多个工具的图标上按住鼠标并将鼠标指针移动到"拖出"三角形上，释放鼠标，即可将该工具条从工具箱中单独分离出来。如果要将一个已分离的工具条重新放回工具箱中，可以单击右上角的"关闭"按钮。

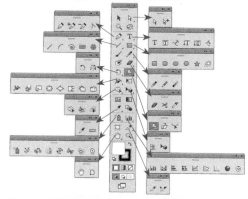

图1.31 工具箱展开效果

工具箱中的工具，除了直接单击鼠标选择，还可以应用快捷键来选择。

在工具箱的最下方还有几个按钮，主要用来设置填充和描边，还有用来查看图像的。图示应用及名称如图1.32所示。

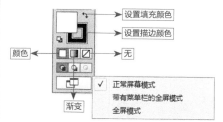

图1.32 图示应用及名称

1.4.5 操作面板

默认情况下，面板以面板组的形式出现，位于 Illustrator CS6 界面的右侧，是 Illustrator CS6 对当前图像进行颜色、图层、描边以及其他重要操作的地方。浮动面板都有几个相同的地方，如标签名称、折叠 / 展开、关闭和面板菜单等。在面板组中，单击标签名称可以显示相关的面板内容，单击折叠 / 展开按钮可以将面板内容折叠或展开，单击关闭按钮可以将浮动面板关闭，单击菜单按钮可以打开该面板的面板菜单，如图 1.33 所示。

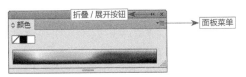

图1.33 浮动面板

Illustrator CS6 的浮动面板可以任意进行分离、移动和组合。浮动面板的多种操作方法如下。

1. 打开或关闭面板

在"窗口"菜单中，选择不同的命令，可以打开或关闭不同的浮动面板，也可以单击浮动面板右上方的关闭按钮来关闭该浮动面板。

> **提示**
> 从"窗口"菜单中，可以打开所有的浮动面板。在菜单中，菜单命令前标有对勾√的表示已经打开，取消对勾√，表示关闭该面板。

2. 显示隐藏面板

反复按 Tab 键，可显示或隐藏工具"选项"栏、工具箱及所有浮动面板。如果只按 Shift+Tab 组合键，可以单独将浮动面板显示或隐藏。

3. 显示面板内容

在多个面板组中，如果想查看某个面板内容，直接单击该面板的标签名称，即可显示该面板内容。其操作过程如图 1.34 所示。

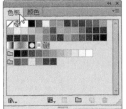

图1.34 显示面板内容的操作过程

4. 移动面板

按住某一浮动面板标签名称或顶部的空白区域拖动，可以将其移动到工作区中的任意位置，方便不同用户的操作需要。

5. 分离面板

在面板组中，在某个标签名称处按住鼠标左键向该面板组以外的位置拖动，即可将该面板分离成独立的面板。操作过程如图 1.35 所示。

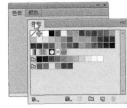

图1.35 分离面板效果

6. 组合面板

在一个独立面板的标签名称位置按住鼠标，然后将其拖动到另一个浮动面板上，当另一个面板周围出现蓝色的方框时释放鼠标，即可将面板组合在一起。操作方法及效果如图 1.36 所示。

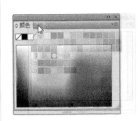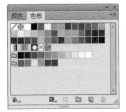

图1.36 组合面板效果

7. 停靠面板组

为了节省空间，还可以将组合的面板停靠在右侧边缘位置，拖动浮动面板组中边缘的空白位置，将其移动到下侧边缘位置，当看到变化时，释放鼠标，即可将该面板组停靠在边缘位置。操作过程如图1.37所示。

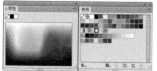

图1.37 停靠边缘位置

8. 折叠面板组

单击折叠为图标 ▶▶，可以将面板组折叠起来，以节省更大的空间，如果想展开折叠面板组，可以单击展开折叠图标 ◀◀，将面板组展开，如图1.38所示。

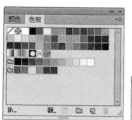

图1.38 面板组折叠效果

1.4.6 状态栏

状态栏位于Illustrator CS6绘图区页面的底部，用来显示当前图像的各种参数信息以及当前所用的工具信息。

单击状态栏中的 ▶ 按钮，可以弹出一个菜单，如图1.39所示。从中可以选择要提示的信息项。其中的主要内容如下。

图1.39 状态栏以及选项菜单

- "画板名称"：显示当前工作的画板名称。
- "当前工具"：显示当前正在使用的工具。
- "日期和时间"：显示当前文档编辑的时期和时间。
- "还原次数"：显示当前操作中的还原与重做次数。
- "文档颜色配置文件"：显示当前文档的颜色模式配置。

1.5 掌握基础操作

这一节将详细介绍有关Illustrator CS6的一些基本操作，包括文件的新建、打开、保存及置入等，为以后的深入学习打下一个良好的基础。

1.5.1 新建文档

要进行绘图，首先需要创建一个新的文档，然后在文档中进行绘图。在Illustrator CS6中，利用新建命令来创建新的文档，具体的操作方法如下。

01 执行菜单栏中的"文件"|"新建"命令，将打开"新建文档"对话框，如图1.40所示。在其中可以对所要建立的文档进行各种设定。

图1.40 "新建文档"对话框

"新建文档"对话框中各选项的含义如下。

- **"名称"**: 设置新建的文件的名称。在此选项右侧的文本框中可以输入新文件的名称,以便设计中窗口的区分,其默认的名称为"未标题-1",并依次类推。

- **"配置文件"**: 从右侧的下拉菜单中,可以选择默认的文档配置文件,如打印、web、移动设备、视频和胶片、基本CMYK等,也可以直接在"大小"右侧的下拉列表中包含多种常用的标准文档尺寸。如果现有的尺寸不能满足需要,可以直接在"宽度"和"高度"选项中根据需要自行设置文档的尺寸,并可以在"单位"下拉列表中选择度量单位,如pt(磅)、派卡、毫米、英寸、厘米和像素等,通常平面设计中都以厘米为单位。还可以设置文档的取向,包括纵向和横向两种类型。

提示

pt 是磅的缩写, 全称为 point (点)。在 Illustrator 中有多种单位表示方式, in 表示英寸, cm 表示厘米, mm 表示毫米, 可以通过"编辑"|"首选项"|"单位"命令, 打开"首选项"对话框来设定它的单位。

- **"颜色模式"**: 指定新建文档的颜色模式。如果用于印刷的平面设计,一般选择CMYK模式;如果用于网页设计,则应该选择RGB模式。

- **"栅格效果"**: 设置栅格图形添加特效时的特效解析度,值越大,解析度越高,图像所占空间越大,图像越清晰。

- **"预览模式"**: 设置图形的视图预览模式。可以选择默认值、像素和叠印,一般选择默认值。

02 在"新建文档"对话框中,设置好相关的参数后,单击"确定"按钮,即可创建一个新的文档。创建的新文档效果如图1.41所示。

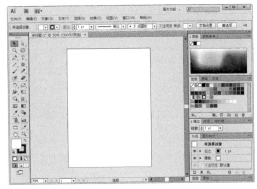

图1.41 创建的新文档效果

1.5.2 存储文件

当完成一件作品或者处理完成一幅打开的图像时,需要将完成的图像进行存储,这时就可应用存储命令,在"文件"菜单下面有两个命令可以将文件进行存储,分别为"文件"|"存储"和"文件"|"存储为"命令。

提示

在保存文件时, Illustrator CS6 默认的保存格式为 .AI 格式, 这是 Illustrator 的专用格式, 如果想保存为其他的格式, 可以通过文件菜单中的"导出"命令来完成。

当应用新建命令创建一个新的文档并进行编辑后,要将该文档进行保存。这时,应用"存储"和"存储为"命令性质是一样的,都将打开"存储为"对话框,将当前文件进行存储。

当对一个新建的文档应用过保存后,或打

开一个图像进行编辑后,再次应用"存储"命令时,不会打开"存储为"对话框,而是直接将原文档覆盖。

如果不想将原有的文档覆盖,就需要使用"存储为"命令。利用"存储为"命令进行存储,无论是新创建的文件,还是打开的图片,都可以弹出"存储为"对话框,将编辑后的图像重新命名进行存储。

执行菜单栏中的"文件"|"存储"命令,或执行菜单栏中的"文件"|"存储为"命令,都将打开"存储为"对话框,如图1.42所示。在打开的"存储为"对话框中,设置合适的名称和格式后,单击"保存"按钮即可将图像进行保存。

图1.42 "存储为"文件对话框

"存储为"对话框中各选项的含义分别如下。

- "保存在":可以在其右侧的下拉菜单中选择要存储图像文件的路径位置。
- "文件名":可以在其右侧的文本框中输入要保存文件的名称。
- "保存类型":可以从右侧的下拉菜单中选择要保存的文件格式。

1.5.3 打开文件

执行菜单栏中的"文件"|"打开"命令,弹出"打开"对话框,选择要打开的文件后,在"打开"对话框的下方会显示该图像的缩略图,如图1.43所示。

图1.43 打开文件对话框

"打开"对话框中各选项的含义如下。

- "查找范围":在其右侧的下拉列表中,可以查找要打开图像文件的路径。
- "转到访问的上一个文件夹":如果前面访问过其他文件夹,单击该按钮可以切换到上一次访问过的文件夹,如果前面没有访问过其他文件夹,此按钮显示为灰色的不可用状态。
- "向上一级":可以根据存储文件的路径一级级地返回到上一层文件夹,当"查找范围"选项窗口中显示为"桌面"时,此按钮显示为灰色的不可用状态。
- "创建新文件夹":单击该按钮,将在当前目录下创建新文件夹。
- "'查看'菜单":设置"打开"对话框中的文件的显示形式,包括"缩略图""平铺""图标""列表"和"详细信息"5个选项。
- "文件名":在其右侧的文本框中,显示当前所选择的图像文件名称。
- "文件类型":可以设置所要打开的文件类型,设置类型后当前文件夹列表中只显示与所设置类型相匹配的文件，一般情况下"文件类型"默认为"所有格式"。

- **"预览区"**：如果选择的图形带有预览功能，在预览区将显示该图形效果。

当选取了所要打开的图像文件后，单击"打开"按钮，即可在当前工作区中打开此图像文件。

技巧

按 Ctrl + O 组合键，也可以打开"打开"对话框，以打开所需要的文件。在选择图形文件时，可以使用 Shift 键选择多个连续的图形文件，也可以使用 Ctrl 键，选择不连续的多个图形文件。

1.5.4 置入文件

Illustrator CS6 中可以置入其他程序设计的位图图像文件，如 Adobe Photoshop 图形处理软件设计的 psd 等格式的文件。

执行菜单栏中的"文件"|"置入"命令后，弹出"置入"对话框，在弹出的对话框中选择所要置入的文件，然后单击"置入"按钮即可。

提示

置入与打开非常相似，都是将外部文件添加到当前操作中，但打开命令所打开的文件单独位于一个独立的窗口中，而置入的图片将自动添加到当前图像编辑窗口中，不会单独出现窗口。

1.5.5 关闭文件

如果想关闭某个文档，可以使用以下两种方法来操作。

- **方法1：** 执行菜单栏中的"文件"|"关闭"命令，即可将该文档关闭。
- **方法2：** 直接单击文档右上角的"关闭" ⊠ 按钮，即可将该文档关闭。

如果该文档是新创建的文档或是打开编辑

过的文档，而且没有进行保存，那么在关闭时，将打开一个询问对话框，如图 1.44 所示。如果要保存该文档，可以单击"是"按钮，然后对文档进行保存；如果不想保存该文档，可以单击"否"按钮；如果操作有误而不想关闭文档，可以单击"取消"按钮。

图1.44 询问对话框

技巧

关闭文档除了上面的两种操作方法外，还可以直接按 Ctrl + W 组合键来关闭。

1.5.6 退出程序

如果不想再使用 Illustrator CS6 软件，就需要退出该程序，退出程序可以使用下面两种方法来操作。

- **方法1：** 执行菜单栏中的"文件"|"退出"命令，即可退出该程序。
- **方法2：** 直接单击标题栏右侧的"关闭" ⊠ 按钮，即可退出该程序。

如果程序窗口中的文档是新创建的文档或是打开编辑过的文档，而且没有进行保存，那么在退出程序时，将打开一个询问对话框，询问是否保存文档。如果要保存该文档，可以单击"是"按钮，然后对文档进行保存；如果不想保存该文档，可以单击"否"按钮；如果操作有误而不想退出程序，可以单击"取消"按钮。

技巧

退出程序除了上面的两种操作方法外，还可以直接按 Ctrl + Q 组合键来退出程序。

在进行绘图和编辑中，Illustrator CS6 为用户提供了多种视图预览和查看的方法。不但可以用不同的方式预览图形，还可以利用相关的工具和命令查看图形，如缩放工具、手形工具和导航器面板等。

1.6.1 预览图形

在讲解视图预览之前，首先了解文档窗口的各个组成部分，如图 1.45 所示。文档窗口中包括绘图区、草稿区和出血区 3 部分。

提示

> 出血区是在新建文档时，设置出血后才会出现的，如果在创建时没有创建出血，是不会出现出血区的。

绘图区为打印机能够打印的部分，通常称为页面部分，黑色实线所包含的所有区域；草稿区指的是出血区以外的部分，在草稿区可以进行创建、编辑和存储线稿图形，还可以将创建好的图形移动到绘图区，草稿区的图形不能被打开出来；出血区指的是页面边缘的空白区域，这里是外围红线和黑色实线之间的空白部分，比如本图中红线与黑线之间的 3mm 的区域即为出血区。

图1.45 文档窗口

提示

> 选择工具箱中的"画板工具" ，在文档页面中按住鼠标拖动，即可修改绘图区与页面的位置。

在使用 Illustrator CS6 设计图形时，选择不同的视图模式对操作会有很大的帮助。不同的视图模式有不同的特点，针对不同的绘图需要，在"视图"菜单下选择不同的菜单命令，以适合不同的操作方法。

Illustrator CS6 为用户提供了 4 种视图模式，包括预览、轮廓、叠印预览和像素预览。下面来分别介绍这 4 种视图预览的使用方法和技巧。

提示

> 预览模式并不在菜单中，它是默认的预览模式，当不使用"轮廓""叠印预览"或"像素预览"模式时即为该模式。

1. 预览

"预览"视图模式能够显示图形对象的颜色、阴影和细节等，将以最接近打印后的图形来显示图形对象。同时，预览也是 Illustrator CS6 默认的视图模式。软件的默认预览方式即是该模式，利用此模式，可以查看最真实的图形效果。"预览"视图模式效果如图 1.46 所示。

图1.46 "预览"视图模式

2. 轮廓

"轮廓"视图模式以路径的形式显示线稿，隐藏每个对象的着色填充属性，只显示图形的外部框架。执行菜单栏中的"视图"|"轮廓"命令，即可开启"轮廓"视图模式。利用此模式，在处理复杂路径图形时，方便选择图形，同时，可以加快画面的显示速度。"轮廓"视图模式效果如图1.47所示。

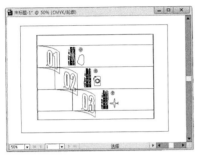

图1.47　"轮廓"视图模式

3. 叠印预览

"叠印预览"视图模式主要用来显示实际印刷时图形的叠印效果，这样做可以在印刷前查看设置叠印或挖空在印刷后所呈现的最终效果，以防止出现错误。首先选择要叠印的图形，然后在"属性"面板中，勾选要叠印的选项，然后执行菜单栏中的"视图"|"叠印预览"命令，即可开启"叠印预览"视图模式。使用"叠印预览"的前后效果分别如图1.48和图1.49所示。

图1.48　设置叠印图形

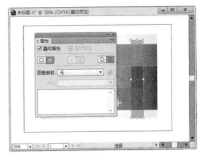

图1.49　叠印预览效果

4. 像素预览

"像素预览"视图模式主要是将图形以位图的形式显示，也叫点阵图的形式显示，以确定该图形在非矢量图保存使用时像素预览的效果。执行菜单栏中的"视图"|"像素预览"命令，即可开启"像素预览"视图模式。利用该模式，可以提前预览矢量图转换为位图后的像素显示效果。使用"像素预览"视图模式的前后效果，如图1.50所示。

图1.50　使用"像素预览"视图模式

1.6.2　缩放工具

在绘制绘图或编辑图形时，往往需要将图形放大许多倍来绘制局部细节或进行精细调整，有时也需要将图形缩小许多倍来查看整体效果，这时就可以应用"缩放工具" 🔍 来进行操作。

选择工具箱中的"缩放工具" 🔍，将它移至需要放大的图形位置上，指针形状呈 🔍 状时，单击鼠标可以放大该位置的图形对象。如果要缩小图形对象，可以在使用"缩放工具" 🔍 时按住 Alt 键，指针形状呈"🔍"状时，单击鼠标可以缩小该位置的图形对象。

如果需要快速将图形局部放大，可以使用"缩放工具"在需要放大的位置按住鼠标拖动到对角处绘制矩形框，如图 1.51 所示。释放鼠标后，即可将该区域放大，放大后的效果如图 1.52 所示。

图1.51 拖动矩形框

图1.52 放大效果

1.6.3 缩放命令

除了使用上面讲解的利用缩放工具缩放图形外，还可以直接应用缩放命令缩放图形，使用相关的缩放命令快捷键，可以更加方便实际操作。

- 执行菜单栏中的"视图"|"放大"命令，或按 Ctrl＋+组合键，可以以当前图形显示区域为中心放大图形比例。
- 执行菜单栏中的"视图"|"缩小"命令，或按 Ctrl＋–组合键，可以以当前图形显示区域为中心缩小图形比例。
- 执行菜单栏中的"视图"|"画板适合窗口大小"命令，或按Ctrl+0组合键，可以将当前画布适合窗口大小显示。
- 执行菜单栏中的"视图"|"全部适合窗口大小"命令，或按Alt+Ctrl+0组合键，可以将所有画布适合窗口大小显示。

- 执行菜单栏中的"视图"|"实际大小"命令，或按Ctrl＋1组合键，图形将以100%的比例显示完整图形效果。

1.6.4 抓手工具

在编辑图形时，如果需要调整图形对象的视图位置，可以选择工具箱中的"抓手工具" 🖐。将指针移到页面中时它的形状变为 🖐，按住鼠标左键它的形状变为 ✋，此时，拖动鼠标到达适当位置后，释放鼠标即可将要显示的区域移动到适当的位置，这样可以将图形移动到需要的位置，方便查看或修改图形的各个部分。具体的操作过程及效果如图 1.53 和图 1.54 所示。

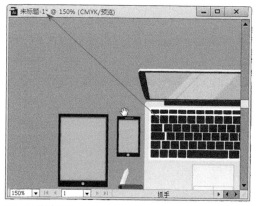
图1.53 拖动过程

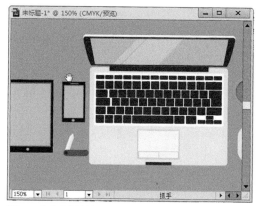
图1.54 拖动后的效果

1.6.5 导航器面板

使用导航器面板可以对图形进行快速定位和缩放。执行菜单栏中的"窗口"|"导航器"命令，即可打开"导航器"面板，如图1.55所示。

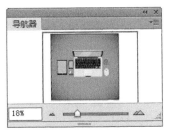

图1.55 "导航器"面板

"导航器"面板中红色的方框叫视图框。当视图框较大时，着重从整体查看图形对象，图形显示较小；视图框较小时，着重从局部细节上查看对象，图形显示较大。

如果需要放大视图，可以在"导航器"面板左下方的比例框中输入视图比例值，然后按回车键即可，也可以拖动比例框右面的滑动条来改变视图比例，还可以单击滑动条左右两端的缩小、放大按钮来缩放图形。

> **技巧**
>
> 在"导航器"面板中，按住Ctrl键将鼠标移动到"导航器"面板的代理预览区域内，指针将变成Q状，按住鼠标拖动绘制一个矩形框，可以快速预览该框内的图形。

在"导航器"面板中，还可以通过移动视图框来查看图形的不同位置。将指针移到"导航器"面板中的代理预览区域中，指针将变成🖑状，单击鼠标即可将视力框的中心移到单击处。当然，也可以将指针移动到视图框内，光标将变成🖑状，按住鼠标左键，指针将变成🖑状，拖动视图框到合适的位置即可。利用"导航器"显示图形不同效果如图1.56所示。

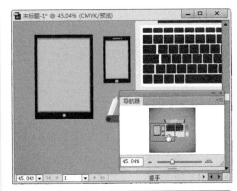

图1.56 利用"导航器"显示图形不同效果

1.7 知识拓展

本章主要对 Photoshop 和 Illustrator 基础知识进行了详细的讲解，对工作环境的创建进行了细致的分析，读者朋友首先要对工作界面有个详细的了解，并对工作环境的创建加以熟练掌握。

第 **2** 章

平面设计基础知识

在当今信息相当重要的时代，平面设计是企业宣传的重要手段。本章从平面设计的基础知识开始，详细讲解了平面设计的基本概念、流程、常用软件以及常用尺寸等内容。希望读者充分掌握本章内容，为以后的平面设计打下基础。

教学目标

了解平面设计的基础概念

了解平面设计的流程

了解平面设计的常用软件及应用范围

掌握平面设计的常用尺寸及印刷知识

掌握颜色的基本原理与概念

掌握图像基础知识

2.1 平面设计的基本概念

平面设计的定义泛指具有艺术性和专业性，以"视觉"作为沟通和表现的方式，将不同的基本图形，按照一定的规则在平面上组合成图案，借此作出用来传达想法或信息的视觉表现，平面设计即平面广告设计。平面广告设计这个术语出于英文"graphic"，在现代平面设计形成前，这个术语泛指各种通过印刷方式形成的平面艺术形式。"平面"这个术语当时的含义不仅指作品是二维空间的、平面的，它还具有批量生产的意思，并因此与单张单件的艺术品区别开来。

平面设计，英文名称为 Graphic Design，Graphic 常被翻译为"图形"或者"印刷"，其作为"图形"的涵盖面要比"印刷"大。因此，广义的图形设计就是平面设计，主要在二维空间范围之内以轮廓线划分图与底之间的界限，描绘形象。也有人将 Graphic Design 翻译为"视觉传达设计"，即用视觉语言进行传递信息和表达观点的设计，这是一种以视觉媒介为载体，向大众传播信息和情感的造型性活动。此定义始于 20 世纪 80 年代，如今视觉传达设计所涉及的领域在不断扩大，已远远超出平面设计的范畴。

设计一词来源于英文"design"，平面设计在生活中无处不在，小的宣传册、路边广告牌等，每当翻开一本版式明快、色彩跳跃、文字流畅、设计精美的杂志，都有一种爱不释手的感觉，即使对其中的文字内容并没有什么兴趣，你也能被有些精致的广告吸引住。这就是平面设计的魅力。它能把一种概念、一种思想通过精美的构图、版式和色彩，传达给看到它的人。平面设计的设计范围和门类包括：建筑、工业、环艺、装潢、展示、服装、平面设计等。

设计是有目的的策划，平面设计是这些策划将要采取的形式之一，在平面设计中需要用视觉元素来传播你的设想和计划，用文字和图形把信息传达给观众，让人们通过这些视觉元素了解你的设想和计划，这才是设计的真正定义。

2.2 平面设计的一般流程

平面设计的过程是有计划有步骤的、渐进式不断完善的过程，设计的成功与否很大程度上取决于理念是否准确，考虑是否完善。设计之美永无止境，完善取决于态度。平面设计的一般流程如下。

1. 前期沟通

客户提出要求，并提供公司的背景、企业文化、企业理念以及其他相关资料，以便更好地设计。设计师这时一般还要做一个市场调查，以做到心中有数。

2. 达成合作意向

通过沟通，达成合作意向，然后签订合作协议，这时，客户一般要支付少量的预付款，以便开始设计工作。

3. 设计师分析设计

根据前期的沟通及市场调查，配合客户提供的相关信息，制作出初稿，一般要有两到三个方案，以便让客户选择。

4. 第一次客户审查

将前面设计的几个方案，提交给客户审查，以满足客户要求。

5. 客户提出修改意见

客户在提交的方案中，提出修改意见，以供设计师修改。

6. 第二次客户审查

根据客户的要求，设计师再次进行分析修改，确定最终的海报方案，完成海报设计。

7. 包装印刷

双方确定设计方案，然后经设计师处理后，提交给印刷厂进行印制，完成设计。

2.3 平面设计常用软件

平面设计软件一直是应用的热门领域,我们可以将其划分为图像绘制和图像处理两个部分,下面简单介绍这方面一些常用软件的情况。

1. Adobe Photoshop

Photoshop 是 Adobe 公司旗下最为出名的图像处理软件之一,是集图像扫描、编辑修改、图像制作、广告创意、图像输入与输出于一体的图形图像处理软件,深受广大平面设计人员和电脑美术爱好者的喜爱。这款美国 Adobe 公司的软件一直是图像处理领域的"巨无霸",在出版印刷、广告设计、美术创意、图像编辑等领域得到了极为广泛的应用。

Photoshop 的专长在于图像处理,而不是图形创作。有必要区分一下这两个概念。图像处理是对已有的位图图像进行编辑加工处理以及运用一些特殊效果,其重点在于对图像的处理加工;图形创作软件是按照自己的构思创意,使用矢量图形来设计图形,这类软件主要有 Adobe 公司的著名软件 Illustrator 和 Freehand,不过 Freehand 已经快要淡出历史舞台了。

平面设计是 Photoshop 应用最为广泛的领域,无论是我们正在阅读的图书封面,还是大街上看到的招贴、海报,这些具有丰富图像的平面印刷品,基本上都需要使用 Photoshop 软件对图像进行处理。

2. Adobe Illustrator

Illustrator 是美国 Adobe 公司推出的专业矢量绘图工具,是出版、多媒体和在线图像的工业标准矢量插画软件。Illustrator 由 Adobe 公司出品,Adobe 始创于 1982 年,是广告、印刷、出版和 Web 领域首屈一指的图形设计、出版和成像软件设计公司,同时也是世界上第二大桌面软件公司。公司为图形设计人员、专业出版人员、文档处理机构和 Web 设计人员,以及商业用户和消费者提供了首屈一指的软件。

无论您是生产印刷出版线稿的设计者和专业插画家、生产多媒体图像的艺术家,还是互联网网页或在线内容的制作者,都会发现 Illustrator 不仅是一个艺术产品工具,而且能适合大部分小型设计到大型的复杂项目。

3. Corel CorelDRAW

CorelDRAW Graphics Suite 是 一 款 由世界顶尖软件公司之一的加拿大的 Corel 公司开发的图形图像软件，是集矢量图形设计、矢量动画、页面设计、网站制作、位图编辑、印刷排版、文字编辑处理和图形高品质输出于一体的平面设计软件，深受广大平面设计人员的喜爱，目前主要在广告制作、图书出版等方面得到广泛的应用，功能与其类似的软件有 Illustrator、Freehand。

CorelDRAW 图像软件是一套屡获殊荣的图形、图像编辑软件。它包含两个绘图应用程序：一个用于矢量图及页面设计，一个用于图像编辑。这套绘图软件组合带给用户强大的交互式工具，使用户在简单的操作中就可创作出多种富于动感的特殊效果及点阵图像即时效果，而不会丢失当前的工作，并且通过 CorelDRAW 的全方位的设计及网页功能可以与用户现有的设计方案融合，灵活性十足。

CorelDRAW 软件因其非凡的设计能力被广泛地应用于商标设计、标志制作、模型绘制、插图描画、排版及分色输出等诸多领域。其被喜爱的程度可用事实说明，用于商业设计和美术设计的 PC 电脑上几乎都安装了 CorelDRAW。

4. Adobe InDesign

Adobe 的 InDesign 是一个定位于专业排版领域的全新软件，是面向公司专业出版方案的新平台，由 Adobe 公司于 1999 年 9 月 1 日发布。InDesign 博众家之长，从多种桌面排版技术汲取精华，如将 QuarkXPress 和 Corel-Ventura（著名的 Corel 公司的一款排版软件）等高度结构化程序方式与较自然化的 PageMaker 方式相结合，为杂志、书籍、广告等灵活多变、复杂的设计工作提供了一系列更完善的排版功能，尤其该软件基于一个创新的、面向对象的开放体系（允许第三方进行二次开发扩充加入功能），大大增加了专业设计人员用排版工具软件表达创意和观点的能力，虽然出道较晚，但在功能上反而更加完美与成熟。

5. Adobe PageMaker

PageMaker 由创立桌面出版概念的公司之一 Aldus 于 1985 年推出，后来在升级至 5.0 版本时，被 Adobe 公司在 1994 年收购。PageMaker 提供了一套完整的工具，用来产生专业、高品质的出版刊物。它的稳定性、高品质及多变化的功能特别受到使用者的赞赏。另外，在 6.5 版本中添加的一些新功能，让我们能够以多样化、高生产力的方式，通过印刷或是 Internet 来出版作品。还有，在 6.5 版本中为与 Adobe Photoshop 5.0 配合使用提供了相当多的新功能，PageMaker 在界面上及使用上就如同 Adobe Photoshop-Adobe Illustrator 及其他 Adobe 的产品一样，让我们可以更容易地运用 Adobe 的产品。重要的一点是，在 PageMaker 的出版物中，置入图的方式是很好的。通过链接的方式置入图，可以确保印刷时的清晰度，这一点在彩色印刷时尤其重要。

PageMaker 操作简便，但功能全面。借助丰富的模板、图形及直观的设计工具，用户可以迅速入门。作为最早的桌面排版软件，PageMaker 曾取得过不错的业绩，但在后期与 QuarkXPress 的竞争中一直处于劣势。由于 PageMaker 的核心技术相对陈旧，在 7.0 版本之后，Adobe 公司便停止了对其的更新升级，而代之以新一代排版软件 InDesign。

6. Adobe Freehand

Freehand 是 Adobe 公司软件中的一员，简称 FH，是一个功能强大的平面矢量图形设计软件,无论是做广告创意、书籍海报、机械制图,还是绘制建筑蓝图,Freehand 都是一件强大、实用而又灵活的利器。

Freehand 是一款全方位的、可适合不同应用层次用户需要的矢量绘图软件,可以在一个流程化的图形创作环境中,提供从设计理念完美过渡到实现设计、制作、发布所需的一切工具,而且这些操作都在同一个操作平台中完成,其最大的优点是可以充分发挥人的想象空间,始终以创意为先来指导整个绘图,目前在印刷排版、多媒体、网页制作等领域得到广泛应用。

7. QuarkXPress

QuarkXPress 是 Quark 公司的产品之一,是世界上最被广泛使用的版面设计软件之一。它被世界上先进的设计师、出版商和印刷厂用来制作宣传手册、杂志、书本、广告、商品目录、报纸、包装、技术手册、年度报告、贺卡、刊物、传单、建议书等。它把专业排版、设计、彩色和图形处理功能、专业作图工具、文字处理、复杂的印前作业等,全部集成在一个应用软件中。QuarkXPress 有 Mac OS 版本和Windows 95/98、Windows NT 版本,可以方便地在跨平台环境下工作。

无可比拟的先进产品 QuarkXPress 是世界上出版商使用的先进的主流设计产品。它精确的排版、版面设计和彩色管理工具提供从构思到输出等设计的每一个环节的前所未有的命令和控制,QuarkXPress 中文版还针对中文排版特点增加和增强了许多中文处理的基本功能,包括简 - 繁字体混排、文字直排、单字节直转横、转行禁则、附加拼音或注音、字距调整、中文标点选项等。作为一个完全集成的出版软件包,QuarkXPress 是为印刷和电子传递而设计的单一内容的开创性应用软件。

2.4 平面广告软件应用范围

平面设计是一门历史最悠久、应用最广泛、功能最基础的应用设计艺术。在设计服务业中,平面设计是所有设计的基础,也是设计业中应用范围最为广泛的类别。平面设计已经成为现代销售推广不可缺少的一个平面媒体广告设计方式,平面设计的范围也变得越来越大,越来越广。

1. 广告创意设计

广告创意设计是平面软件应用最为广泛的领域之一,无论是大街上看到的招贴、海报、POP,还是拿在手中的书籍、报纸、杂志等,基本上都应用了平面设计软件进行处理。常用软件有 Photoshop、Illustrator、CorelDRAW、Freehand。图 2.1 所示为广告创意设计效果。

图2.1 广告创意设计

2. 数码照片处理

　　平面设计软件中，特别是 Photoshop 具有强大的图像修饰功能。利用这些功能，可以快速修复一张破损的老照片，也可以修复人脸上的斑点等缺陷，还可以完成照片的校色、修正、美化肌肤等。常用软件有 Photoshop。图 2.2 所示为数码照片处理效果。

图2.2 数码照片处理效果

3. 影像创意合成

　　平面设计软件还可以将多个影像进行创意合成，将原本风马牛不相及的对象组合在一起，也可以使用"狸猫换太子"的手段使图像发生面目全非的巨大变化。当然在这方面 Photoshop 是最擅长的。常用软件有 Photoshop、Illustrator。图 2.3 所示为平面设计在影像创意合成中的应用。

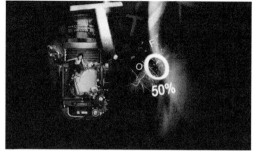

图2.3 影像创意合成设计

4. 插画设计

插画，英文为 illustration，源自于拉丁文 *illustraio*，意指照亮之意。插画在中国被人们俗称为插图。今天通行于国外市场的商业插画包括出版物插图、卡通吉祥物、影视与游戏美术设计和广告插画 4 种形式。实际在中国，插画已经遍布于平面和电子媒体、商业场馆、公众机构、商品包装、影视演艺海报、企业广告，甚至 T 恤、日记本、贺年片。常用软件有 Illustrator、CorelDRAW。图 2.4 所示为插画设计效果。

图2.4 插画设计效果

5. 网页设计

　　网站是企业向用户和网民提供信息的一种方式，是企业开展电子商务的基础设施和信息平台，离开网站去谈电子商务是不可能的。使用平面设计软件不但可以处理网页所需的图片，还可以制作整个网页版面，并可以为网页制作动画效果。常用软件有 Photoshop、Illustrator、CorelDRAW、Freehand。图 2.5 所示为网页设计效果。

图2.5 网页设计效果

6. 特效艺术字

　　艺术字广泛应用于宣传、广告、商标、标语、黑板报、企业名称、会场布置、展览会以及商品包装和装潢，各类广告、报纸杂志和书籍的装贴上等，越来越被大众喜欢。艺术字是经过专业的字体设计师艺术加工的汉字变形字体，字体特点符合文字含义，具有美观有趣、易认易识、醒目张扬等特性，是一种有图案意味或装饰意味的字体变形。利用平面设计软件可以制作出许多美妙奇异的特效艺术字来。常用软件有 Photoshop、Illustrator、CorelDRAW。图 2.6 所示为特效艺术字效果。

图2.6 特效艺术字效果

图2.7 室内外效果图后期处理效果

7. 室内外效果图后期处理

现在的装修效果图已经不是原来那种只把房子建起，东西摆放就可以的时代了，随着三维技术软件的成熟，从业人员的水平越来越高，现在的装修效果图基本可以与装修实景图媲美。效果图通常可以理解为对设计者的设计意图和构思进行形象化再现的形式。现有多见到的是手绘效果图和电脑效果图。在制作建筑效果图时，许多三维场景是利用三维软件制作出来的，但其中的人物及配景，还有场景的颜色通常是通过平面设计软件后期添加的，这样不但节省了大量的渲染输出时间，也可以使画面更加美化、真实。常用软件有 Photoshop。图 2.7 所示为室内外效果图后期处理效果。

8. 绘制和处理游戏人物或场景贴图

现在几乎所有的三维软件贴图都离不开平面软件，特别是 Photoshop。像 3ds Max、Maya 等三维软件的人物或场景模型的贴图，通常都是使用 Photoshop 进行绘制或处理后应用在三维软件中的，比如人物的面部、皮肤贴图，游戏场景的贴图和各种有质感的材质效果都是使用平面软件绘制或处理的。常用软件有 Photoshop、Illustrator、CorelDRAW。图 2.8 所示为游戏人物和场景贴图效果。

图2.8 游戏人物或场景贴图效果

2.5 平面设计常用尺寸

纸张的大小一般都要按照国家制定的标准生产。在设计时还要注意纸张的开数，以免造成不必要的浪费，印刷常用纸张开数见表2-1。

表2-1 印刷常用纸张开数

正度纸张：787mm×1092mm		大度纸张：889mm×1194mm	
开数（正）	尺寸单位（mm）	开数（大）	尺寸单位（mm）
2 开	540×780	2 开	590×880
3 开	360×780	3 开	395×880
4 开	390×543	4 开	440×590
6 开	360×390	6 开	395×440
8 开	270×390	8 开	295×440
16 开	195×270	16 开	220×295
32 开	195×135	32 开	220×145
64 开	135×95	64 开	110×145

名片，又称卡片，中国古代称名刺，是标示姓名及其所属组织、公司单位和联系方法的纸片。名片是新朋友互相认识、自我介绍的最快有效的方法。名片常用尺寸见表2-2。

表2-2 名片的常用尺寸

单位毫米（mm）	方角	圆角
横版	90×55	85×54
竖版	50×90	54×85
方版	90×90	90×95

除了纸张和名片尺寸，还应该认识其他一些常用的设计尺寸，见表2-3。

表2-3 常用的设计尺寸

类别（单位/mm）	标准尺寸	4 开	8 开	16 开
IC 卡	85×54	—	—	—
三折页广告	—	—	—	210×285
普通宣传册	—	—	—	210×285
文件封套	220×305	—	—	—
招贴画	540×380	—	—	—
挂旗	—	540×380	376×265	—
手提袋	400×285×80	—	—	—
信纸、便条	185×260	—	—	210×285

2.6 印刷输出知识

设计完成的作品，还需要将其印刷出来，以做进一步的封装处理。现在的设计师，不但要精通设计，还要熟悉印刷流程及印刷知识，从而使制作出来的设计流入社会，创造其设计的目的及价值。在设计完作品进入印刷流程前，还要注意几个问题。

1. 字体

印刷中字体是需要注意的地方，不同的字体有着不同的使用习惯。一般来说，宋体主要用于印刷物的正文部分；楷体一般用于印刷物的批注、提示或技巧部分；黑体字体粗壮，所以一般用于各级标题及需要醒目的位置；如果用到其他特殊的字体，注意在印刷前要将字体随同印刷物一齐交到印刷厂，以免出现字体的错误。

2. 字号

字号即字体的大小，一般国际上通用的是点制，也可称为磅制，在国内以号制为主。一般常见的如三号、四号、五号等。字号标称数越小，字形越大，如三号字比四号字大，四号字比五号字大。常用字号与磅数换算见表2-4。

表2-4 常用字号与磅数换算表

字号	磅数
小五号	9 磅
五号	10.5 磅
小四号	12 磅
四号	16 磅
小三号	18 磅
三号	24 磅
小二号	28 磅
二号	32 磅
小一号	36 磅
一号	42 磅

3. 纸张

纸张的规格是指纸张制成后，经过修整切边，裁成一定的尺寸，过去以多少"开"（如8开或16开等）来表示纸张的大小，如今我国采用国际标准，规定以A0、A1、A2、B1、B2等标记来表示纸张的幅面规格。

4. 颜色

在交付印刷厂前，分色参数将对图片转换时的效果好坏起到决定性的作用。对分色参数的调整，将在很大程度上影响图片的转换，所有的印刷输出图像文件，要使用CMYK的色彩模式。

5. 格式

在进行印刷提交时，还要注意文件的保存格式，一般用于印刷的图形格式为EPS格式，当然TIFF也是较常用的，但要注意软件本身的版本，不同的版本有时会出现打不开文件的情况，这样也不能印刷。

6. 分辨率

通常，在制作阶段就已经将分辨率设计好了，但输出时也要注意，根据不同的印刷要求，会有不同的印刷分辨率设计。一般报纸采用分辨率为125像素/英寸~170像素/英寸，杂志、宣传品采用分辨率为300像素/英寸，高品质书籍采用分辨率为350像素/英寸~400像素/英寸，宽幅面采用分辨率为75像素/英寸~150像素/英寸，如大街上随处可见的海报。

印刷的分类

印刷也分为多种类型，不同的包装材料也有着不同的印刷工艺，大致可以分为凸版印刷、平版印刷、凹版印刷和孔版印刷 4 大类。

1. 凸版印刷

凸版印刷比较常见，也比较容易理解。例如，人们常用的印章便利用了凸版印刷。凸版印刷的印刷面是突出的，油墨浮在凸面上，在印刷物上经过压力作用形成印刷，而凹陷的面由于没有油墨，也就不会产生变化。

凸版印刷又包括有活版与橡胶版两种。凸版印刷色调浓厚，一般用于信封、名片、贺卡、宣传单等印刷。

2. 平版印刷

平版印刷在印刷面上没有凸出与凹陷之分，它利用水与油不相融的原理进行印刷，将印纹部分保持一层油脂，而非印纹部分吸收一定的水分，在印刷时带有油墨的印纹部分便印刷出颜色，从而形成印刷。

平版印刷制作简便，成本低，可以进行大量的印刷，色彩丰富，一般用于海报、报纸、包装、书籍、日历、宣传册等的印刷。

3. 凹版印刷

凹版印刷与凸版印刷正好相反，印刷面是凹进的，当印刷时，将油墨装于版面上，油墨自然积于凹陷的印纹部分，然后将凸起部分的油墨擦干净，再进行印刷，这就是凹版印刷。由于它的制版印刷等费用较高，一般性印刷很少使用。

凹版印刷使用寿命长，线条精美，印刷数量大，不易假冒，一般用于钞票、股票、礼券、邮票等。

4. 孔版印刷

孔版印刷通过孔状印纹漏墨而形成透过式印刷，像学校常用的用钢针在蜡纸上刻字然后印刷学生考卷就是孔版印刷。

孔版印刷油墨浓厚，色调鲜丽，由于其是透过式印刷，所以它可以进行各种弯曲的曲面印刷，这是其他印刷所不能的，一般用于圆形、罐、桶、金属板、塑料瓶等印刷。

平面设计师职业简介

平面设计师用设计语言将产品或被设计媒体的特点和潜在价值表现出来，展现给大众，从而产生商业价值和物品流通。

1. 平面设计师分类

平面设计师主要分为美术设计及版面编排两大类。

美术设计主要是融合工作条件的限制及创意而创设出一个新的版面样式或构图，用以传达设计者的主观意念；而版面编排则是以创设出来的版面样式或构图为基础，将文字置入页面中，达到一定的页数或构图中以便完成成品。

美术设计及版面编排两者的工作内容差不多，关联性高，更经常的是由同一个平面设计师来执行，但一般认知美术设计工作比起版面编排来更具创意，因此一旦细分工作时，美术设计的薪水待遇会比版面编排来得高，而且多数的新手会先从学习版面编排开始，然后再进阶到美术设计。

2. 优秀平面设计师的基本要求

要成为优秀的平面设计师，应该具备以下几点。

（1）具有较强的市场感受能力和把握能力。

（2）不能一味抄袭，要对产品和项目的诉求点有挖掘能力和创造能力。

（3）具有一定的美术基础，有一定美学鉴定能力。

（4）对作品的市场匹配性有判断能力。

（5）有较强的客户沟通能力。

（6）熟练掌握相关平面设计软件，如矢量绘图软件CorelDRAW或Illustrator、图像照片处理软件Photoshop、文字排版软件Pagemaker、方正排版或Indesign，掌握设计的各种表现技法，从草图构思到设计成形。

3. 平面设计师认证

中国认证平面设计师证书（Adobe China Certified Designer，简称ACCD）是指Adobe公司为通过Adobe平面设计产品软件认证考试者统一颁发的证书。

Adobe考试由Adobe公司在中国授权的考试单位组织进行。通过该考试可获得Adobe中国认证平面设计师证书。如果您想成为一位图形设计师、网页设计师、多媒体产品开发商或广告创意专业人士，"Adobe中国认证设计师（ACCD）"正是您所需的。作为一名"Adobe中国认证设计师"，将被Adobe公司授予正式认证书。作为一位高技能、专家水平的Adobe软件产品用户，可以享受Adobe公司给予的特殊待遇，授权用户在宣传资料中使用ACCD称号和Adobe认证标志，及在Adobe和相关Web网页上公布个人资料等。

作为一名被Adobe认证的设计师，可在宣传材料上使用Adobe项目标识，向同事、客户和老板展示Adobe的正式认证，从而有更多的机会——就业、重用、升迁，去展示非凡的才华。要获得Adobe中国认证设计师(ACCD)证书要求通过以下4门考试。

Adobe Photoshop

Adobe Illustrator

Adobe InDesign

Adobe Acrobat

2.9 颜色的基本原理与概念

颜色是设计中的关键元素，本节来详细讲解色彩的原理，色调、色相、饱和度和对比度的概念以及色彩模式。

2.9.1 色彩原理

黄色是由红色和绿色构成的，没有用到蓝色，因此，蓝色和黄色是互补色。绿色的互补色是洋红色，红色的互补色是青色。这就是为什么能看到除红、绿、蓝三色外其他颜色的原因。把光的波长叠加在一起，会得到更明亮的颜色。所以原色被称为加色。将光的所有颜色都加到一起，就会得到最明亮的光线白光。因此，当看到一张白纸时，所有的红、绿、蓝波长都会反射到人眼中。当看到黑色时，光的红、绿、蓝波长都完全被物体吸收了，因此就没有任何光线反射到人眼中。

在颜色轮中，颜色排列在1个圆中，以显示彼此之间的关系，如图2.9所示。

原色沿圆圈排列，彼此之间的距离完全相等。每种次级色都位于两种原色之间。在这种排列方式中，每种颜色都与自己的互补色直接相对，轮中每种颜色都位于产生它的两种颜色之间。

通过颜色轮可以看出将黄色和洋红色加在一起便产生红色。因此，如果要从图像中减去红色，只需减少黄色和洋红色的百分比即可。要为图像增加某种颜色，其实是减去它的互补色。例如，要使图像更红一些，实际上是减少青色的百分比。

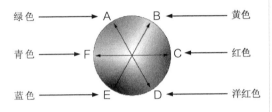

图2.9 颜色轮的显示

2.9.2 原色

原色，又称为基色，三基色（三原色）是指红（R）、绿（G）、蓝（B）三色，是调配其他色彩的基本色。原色的色纯度最高，最纯净，最鲜艳，可以调配出绝大多数色彩，而其他颜色不能调配出三原色。

加色三原色基于加色法原理。人的眼睛是根据所看见的光的波长来识别颜色的。可见光谱中的大部分颜色可以由三种基本色光按不同的比例混合而成，这三种基本色光的颜色就是红（Red）、绿（Green）、蓝（Blue）三原色光。这三种光以相同的比例混合且达到一定的强度，就呈现白色；若三种光的强度均为零，就是黑色。这就是加色法原理。加色法原理被广泛应用于电视机、监视器等主动发光的产品中。其原理如图2.10所示。

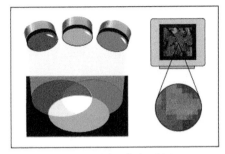

图2.10 RGB色彩模式的色彩构成示意图

减色原色是指一些颜料，当按照不同的组合将这些颜料添加在一起时，可以创建一个色谱。减色原色基于减色法原理。与显示器不同，在打印、印刷、油漆、绘画等靠介质表面的反射被动发光的场合，物体所呈现的颜色是光源中被颜料吸收后所剩余的部分，所以其成色的原理叫作减色法原理。打印机使用减色原色（青色、洋红色、黄色和黑色颜料）并通过减色混合来生成颜色。减色法原理被广泛应用于各种被动发光的场合。在减色法原理中的三原色颜料分别是青（Cyan）、品红（Magenta）和黄（Yellow）。通常所说的CMYK模式就基于这种原理，其原理如图2.11所示。

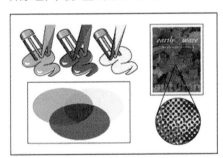

图2.11 CMYK色彩模式的色彩构成示意图

2.9.3 色调、色相、饱和度、对比度

在学习使用图像处理的过程中，常接触到有关图像的色调、色相（Hue）、饱和度（Saturation）和对比度（Brightness）等基本概念，HSB颜色模型如图2.12所示。下面对它们进行简单介绍。

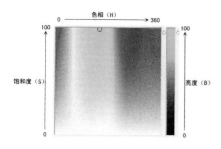

图2.12 HSB颜色模型

1. 色调

色调是指图像原色的明暗程度。调整色调就是指调整其明暗程度。色调的范围为0~255，共有256种色调。如图2.13所示的灰度模式，就是将黑色到白色之间连续划分成256个色调，即由黑到灰，再由灰到白。

图2.13 灰度模式

2. 色相

色相，即各类色彩的相貌称谓。色相是一种颜色区别于其他颜色最显著的特性，在0到360°的标准色轮上，按位置度量色相。它用于判断颜色是红、绿或其他的色彩感觉。对色相进行调整是指在多种颜色之间变化。

3. 饱和度

饱和度是指色彩的强度或纯度，也称为彩度或色度。对色彩的饱和度进行调整也就是调整图像的彩度。饱和度表示色相中灰色分量所占的比例，它使用从0（灰色）至100%的百分比来度量，当饱和度降低为0时，则会变成一个灰色图像，增加饱和度会增加其彩度。在标准色轮上，饱和度从中心到边缘递增。饱和度受到屏幕亮度和对比度的双重影响，一般亮度好对比度高的屏幕可以得到很好的色饱和度。

4. 对比度

对比度是指不用颜色之间的差异。调整对比度就是调整颜色之间的差异。提高对比度，则两种颜色之间的差异会变得很明显。通常使用从0（黑色）至100%（白色）的百分比来度量。例如，提高一幅灰度图像的对比度，将使其黑白分明，达到一定程度时其将成为黑、白两色的图像。

2.9.4 色彩模式

在Photoshop中色彩模式用于决定显示和打印图像的颜色模型。Photoshop默认的色彩模式是RGB模式，但用于彩色印刷的图像色彩模式却必须使用CMYK模式。其他色彩模式还包括"位图""灰度""双色调""索引颜色""Lab颜色"和"多通道"模式。

图像模式之间可以相互转换，但需要注意的是如果从色域空间较大的图像模式转换到色域空间较小的图像模式，常常会有一些颜色丢失。色彩模式命令集中于"图像"|"模式"子菜单中，下面分别介绍各色彩模式的特点。

1. 位图模式

位图模式的图像也叫作黑白图像或1位图像，其位深度为1，因为它只使用两种颜色值，即黑色和白色来表现图像的轮廓，黑白之间没有灰度过渡色。使用位图模式的图像仅有两种颜色，因此此类图像占用的内存空间也较少。

2. 灰度模式

灰度模式的图像由256种颜色组成，每个像素可以用8位或16位来表示，因此色调表现得比较丰富。

将彩色图像转换为灰度模式时，所有的颜色信息都将被删除。虽然Photoshop允许将灰度模式的图像再转换为彩色模式，但是原来已丢失的颜色信息不能再返回。因此，在将彩色图像转换为灰度模式之前，可以利用"存储为"命令保存一个备份图像。

通道可以把图像从任何一种彩色模式转换为灰度模式，也可以把灰度模式转换为任何一种彩色模式。

3. 双色调模式

双色调模式是在灰度图像上添加一种或几种彩色的油墨，以达到有彩色的效果，但比起常规的 CMYK4 色印刷，其成本大大降低。

4. RGB 模式

RGB 模式是 Photoshop 默认的色彩模式。这种色彩模式由红（R）、绿（G）和蓝（B）3 种颜色的不同颜色值组合而成。

RGB 色彩模式使用 RGB 模型为图像中每一个像素的 RGB 分量分配一个 0~255 范围内的强度值。例如，纯红色 R 值为 255，G 值为 0，B 值为 0；灰色的 R、G、B 三个值相等（除了 0 和 255）；白色的 R、G、B 都为 255；黑色的 R、G、B 都为 0。RGB 图像只使用三种颜色，就可以使它们按照不同的比例混合，在屏幕上重现 16777216 种颜色，因此 RGB 色彩模式下的图像非常鲜艳。

RGB 色彩模式所能够表现的颜色范围非常宽广，因此将此色彩模式的图像转换为其他包含颜色种类较少的色彩模式，则有可能丢色或偏色。这也就是 RGB 色彩模式下的图像在转换成为 CMYK 模式并印刷出来后颜色会变暗发灰的原因。所以，对要印刷的图像，必须依照色谱准确地设置其颜色。

5. 索引模式

索引模式与 RGB 模式和 CMYK 模式的图像不同，索引模式依据一张颜色索引表控制图像中的颜色，在此色彩模式下图像的颜色种类最高为 256，因此图像文件小，只有同条件下 RGB 模式图像的三分之一，从而可以大大减少文件所占的磁盘空间，缩短图像文件在网络上的传输时间，因此被较多地应用于网络中。

但对于大多数图像而言，使用索引色彩模式保存后可以清楚地看到颜色之间过渡的痕迹，因此在索引模式下的图像常有颜色失真的现象。

可以转换为索引模式的图像模式有 RGB 色彩模式、灰度模式和双色调模式。选择索引颜色命令后，将打开如图 2.14 所示的"索引颜色"对话框。

图 2.14 "索引颜色"对话框

将图像转换为索引颜色模式后，图像中的所有可见图层将被合并，所有隐藏的图层将被扔掉。

"索引颜色"对话框中各选项的含义说明如下。

- "面板"：在"面板"下拉列表中选择调色板的类型。
- "颜色"：在"颜色"数值框中输入需要的颜色过渡级，最大为256级。
- "强制"：在"强制"下拉列表框中选择颜色表中必须包含的颜色，默认状态选择"黑白"选项，也可以根据需要选择其他选项。
- "透明度"：选择"透明度"复选项转换模式时，将保留图像透明区域，对于半透明的区域以杂色填充。
- "杂边"：在"杂边"下拉列表框中可以选择杂色。
- "仿色"：在"仿色"下拉列表中选择仿色的类型，其中包括"扩散""图案"和"杂色"3种类型，也可以选择"无"，不使用仿色。使用仿色的优点在于可以使用颜色表内部的颜色模拟不在颜色表中的颜色。
- "数量"：如果选择"扩散"选项，可以在

"数量"数值框中设置颜色抖动的强度，数值越大，抖动的颜色越多，但图像文件所占的内存也越大。

- **"保留实际颜色"**：勾选"保留实际颜色"复选项，可以防止抖动颜色表中的颜色。

对于任何一个索引模式的图像，执行菜单栏中的"图像"|"模式"|"颜色表"命令，在如图 2.15 所示的"颜色表"对话框中应用系统自带的颜色排列，或自定义颜色。在"颜色表"下拉列表中包含有"自定""黑体""灰度""色谱""系统（Mac OS）"和"系统（Windows）"6 个选项，除"自定"选项外，其他每一个选项都有相应的颜色排列效果。选择"自定"选项，颜色表中显示为当前图像的 256 种颜色。单击一个色块，在弹出的拾色器中选择另一种颜色，以改变此色块的颜色，在图像中此色块所对应的颜色也将被改变。

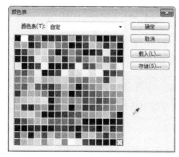

图2.15 "颜色表"对话框

将图像转换为索引模式后，被转换前颜色值多于 256 种的图像，会丢失许多颜色信息。虽然还可以从索引模式转换为 RGB、CMYK 的模式，但 Photoshop 无法找回丢失的颜色，所以在转换之前应该备份原始文件。

提示

转换为索引模式后，Photoshop 的滤镜及一些命令就不能使用，因此，在转换前必须做好相应的操作。

6. CMYK模式

CMYK 模式是标准的用于工业印刷的色彩模式，即基于油墨的光吸收/反射特性，眼睛看到颜色实际上是物体吸收白光中特定频率的光而反射其余的光的颜色。如果要将 RGB 等其他色彩模式的图像输出并进行彩色印刷，必须将其模式转换为 CMYK 色彩模式。

CMYK 色彩模式的图像由 4 种颜色组成，青（C）、洋红（M）、黄（Y）和黑（K），每一种颜色对应于一个通道及用来生成 4 色分离的原色。根据这 4 个通道，输出中心制作出青色、洋红色、黄色和黑色 4 张胶版。每种 CMYK 四色油墨可使用从 0 至100% 的值。为最亮颜色指定的印刷色油墨颜色百分比较低，而为较暗颜色指定的百分比较高。例如，亮红色可能包含 2% 青色、93% 洋红、90% 黄色和 0 黑色。在印刷图像时将每张胶版中的彩色油墨组合起来以产生各种颜色。

7. Lab色彩模式

Lab 色彩模式是 Photoshop 在不同色彩模式之间转换时使用的内部安全格式。它的色域能包含 RGB 色彩模式和 CMYK 色彩模式的色域。因此，要将 RGB 模式的图像转换成 CMYK 模式的图像时，Photoshop CS6 会先将 RGB 模式转换成 Lab 模式，然后由 Lab 模式转换成 CMYK 模式，只不过这一操作是在内部进行而已。

8. 多通道模式

在多通道模式中，每个通道都合用 256 灰度级存放着图像中颜色元素的信息。该模式多用于特定的打印或输出。当将图像转换为多通道模式时，可以使用下列原则：原始图像中的颜色通道在转换后的图像中变为专色通道；通过将 CMYK 图像转换为多通道模式，可以创建青色、洋红、黄色和黑色专色通道；通过将 RGB 图像转换为多通道模式，可以创建青色、洋红和黄色专色通道；通过从 RGB、CMYK或 Lab 图像中删除一个通道，可以自动将图像转换为多通道模式；若要输出多通道图像，请以 Photoshop DCS 2.0 格式存储图像；对有特殊打印要求的图像非常有用。例如，如果图像中只使用了一两种或两三种颜色时，使用多通道颜色模式可以减少印刷成本。

2.10 图像基础知识

Photoshop 的基本概念主要包括位图、适量图和分辨率的知识，在使用软件前了解这些基本知识，有利用后期的设计制作。

2.10.1 认识位图和矢量图

平面设计软件制作的图像类型大致分为两种：位图与矢量图。Photoshop CS6 虽然可以置入多种文件类型，包括矢量图，但是还不能处理矢量图。不过 Photoshop CS6 在处理位图方面的能力是其他软件不能及的，这也正是它的成功之处。下面对这两种图像进行逐一介绍。

1. 位图图像

位图图像在技术上称作栅格图像，它使用像素表现图像。每个像素都分配有特定的位置和颜色值。在处理位图时所编辑的是像素，而不是对象或形状。位图图像与分辨率有关，也可以说位图包含固定数量的像素。因此，如果在屏幕上放大比例或以低于创建时的分辨率来打印它们，将丢失其中的细节使图像产生锯齿现象。

- **位图图像的优点**：位图能够制作出色彩和色调变化丰富的图像，可以逼真地表现自然界的景象，同时也可以很容易地在不同软件之间交换文件。
- **位图图像的缺点**：它无法制作真正的3D图像，并且图像缩放和旋转时会产生失真的现象，同时文件较大，对内存和硬盘空间容量的需求也较高，用数码相机和扫描仪获取的图像都属于位图。

图 2.16 和图 2.17 所示为位图及其放大后的效果图。

图2.16 位图放大前　　　　图2.17 位图放大后

2. 矢量图像

矢量图形有时称作矢量形状或矢量对象，是由称作矢量的数学对象定义的直线和曲线构成的。矢量根据图像的几何特征对图像进行描述，基于这种特点，矢量图可以任意移动或修改，而不会丢失细节或影响清晰度，因为矢量图形是与分辨率无关的，即当矢量图放大时将保持清晰的边缘。因此，对于将在各种输出媒体中按照不同大小使用的图稿（如徽标），矢量图形是最佳选择。

- **矢量图像的优点**：矢量图像也可以说是向量式图像，用数学的矢量方式来记录图像内容，以线条和色块为主。例如，一条线段的数据只需要记录两个端点的坐标、线段的粗细和色彩等，因此它的文件所占的容量较小，也可以很容易地进行放大、缩小或旋转等操作，并且不会失真，精确度较高并可以制作3D图像。
- **矢量图像的缺点**：不易制作色调丰富或色彩变化太多的图像，而且绘制出来的图形不是很逼真，无法像照片一样精确地描写自然界的景象，同时也不易在不同的软件间交换文件。

图 2.18 和图 2.19 所示为一个矢量图放大前后的效果图。

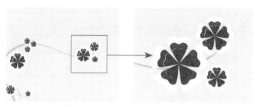

图2.18 矢量图放大前　　　图2.19 矢量图放大后

提示

计算机的显示器是通过网格上的"点"显示来成像的，因此矢量图形和位图在屏幕上都是以像素显示的。

2.10.2 认识位深度

位深度也叫色彩深度，用于指定图像中的每个像素可以使用的颜色信息数量。计算机之所以能够表示图形，是采用了一种称作"位"（bit）的记数单位来记录所表示图形的数据。这些数据按照一定的编排方式被记录在计算机中，就构成了一个数字图形的计算机文件。"位"（bit）是计算机存储器里的最小单元，它用来记录每一个像素颜色的值。图形的色彩越丰富，"位"的值就会越大。每一个像素在计算机中所使用的这种位数就是"位深度"。例如，位深度为 1 的图像的像素有两个可能的值：黑色和白色。位深度为 8 的图像有 28（用 2 的 8 次幂，即 256）个可能的值。位深度为 8 的灰度模式图像有 256 个可能的灰色值。24 位颜色可称之为真彩色，位深度是 24，它能组合成 2 的 24 次幂种颜色，即 16777216 种颜色（或称千万种颜色），超过了人眼能够分辨的颜色数量。Photoshop 不但可以处理 8 位 / 通道的图像，还可以处理包含 16 位 / 通道或 32 位 / 通道的图像。

在 Photoshop 中可以轻松在 8 位 / 通道、16 位 / 通道和 32 位 / 通道中进行切换，执行菜单栏中的"图像" | "模式"，然后在子菜单中选

择 8 位 / 通道、16 位 / 通道或 32 位 / 通道即可完成切换。

2.10.3 像素尺寸和打印分辨率

像素尺寸和分辨率关系到图像的质量和大小，像素和分辨率是成正比的，像素越大，分辨率也越高。

1. 像素尺寸

要想理解像素尺寸，首先要认识像素，像素（pixel）是图形单元（picture element）的简称，是位图图像中最小的完整单位。这种最小的图形的单元能在屏幕上显示通常是单个的染色点，像素不能再被划分为更小的单位。像素尺寸其实就是整个图像总的像素数量。像素越大，图像的分辨率也越大，打印尺寸在不降低打印质量的同时也越大。

2. 打印分辨率

分辨率就是指在单位长度内含有的点，即像素的多少。打印的分辨率就是每英寸图像含有多少个点或者像素，分辨率的单位为像素 / 英寸，例如，72 像素 / 英寸就表示该图像每英寸含有 72 个点或者像素。因此，当知道图像的尺寸和图像分辨率的情况下，就可以精确地计算得到该图像中全部像素的数目。每英寸的像素越多，分辨率越高。

在数字化图像中，分辨率的大小直接影响图像的质量，分辨率越高，图像就越清晰，所产生的文件就越大，在工作中所需的内存和 CPU 处理时间就越长。所以在创作图像时，不同品质、不同用途的图像就应该设置不同的图像分辨率，这样才能最合理地制作生成图像作品。例如，要打印输出的图像分辨率就需要高一些，若仅在屏幕上显示使用就可以低一些。

另外，图像文件的大小与图像的尺寸和分辨率息息相关。当图像的分辨率相同时，图像的尺寸越大，图像文件的大小也就越大。当图

像的尺寸相同时，图像的分辨率越大，图像文件的大小也就越大。图 2.20 所示为两幅相同的图像，分辨率分别为 72 像素 / 英寸和 300 像素 / 英寸，缩放比例为 200 时的不同显示效果。

图2.20 分辨率不同显示效果

2.10.4 认识图像格式

图像的格式决定了图像的特点和使用，不同格式的图像在实际应用中区别非常大，不同的用途决定使用不同的图像格式，下面来讲解不同格式的含义及应用。

1. PSD格式

这是著名的 Adobe 公司的图像处理软件 Photoshop 的专用格式 Photoshop Document（PSD）。PSD 其实是 Photoshop 进行平面设计的一张"草稿图"，它里面包含有各种图层、通道、遮罩等多种设计的样稿，以便于下次打开时可以修改上一次的设计。在 Photoshop 所支持的各种图像格式中，PSD 的存取速度比其他格式快很多，功能也很强大。Photoshop 越来越广泛地应用，所以我们有理由相信，这种格式也会逐步流行起来。

2. EPS格式

PostScript 可以保存数学概念上的矢量对象和光栅图像数据。把 PostScript 定义的对象和光栅图像存放在组合框或页面边界中，就成为了 EPS（Encapsulated PostScript）文件。EPS 文件格式是 Photoshop 可以保存的其他

非自身图像格式中比较独特的一个，因为它可以包容光栅信息和矢量信息。

Photoshop 保存下来的 EPS 文件可以支持除多通道之外的任何图像模式。尽管 EPS 文件不支持 Alpha 通道，但它的另外一种存储格式 DCS（Desktop Color Separations）可以支持 Alpha 通道和专色通道。EPS 格式支持剪切路径并用来在页面布局程序或图表应用程序中为图像制作蒙版。

Encapsulate PostScript 文件大多用于印刷以及在 Photoshop 和页面布局应用程序之间交换图像数据。当保存 EPS 文件时，Photoshop 将出现一个"EPS 选项"对话框，如图 2.21 所示。

图2.21 "EPS选项"对话框

在保存 EPS 文件时指定的"预览"方式决定了要在目标应用程序中查看的低分辨率图像。选取"TIFF"，在 Windows 和 Mac OS 系统之间共享 EPS 文件。8 位预览所提供的显示品质比 1 位预览高，但文件大小也更大。也可以选择"无"。在编码中 ASCII 是最常用的格式，尤其是在 Windows 环境中，但是它所用的文件也是最大的。"二进制"的文件比 ASCII 要小一些，但很多应用程序和打印设备都不支持。该格式在 Macintosh 平台上应用较多。JPEG 编码使用 JPEG 压缩，这种压缩方法要损失一些数据。

3. PDF格式

PDF（Portable Document Format）是 Adobe Acrobat 所使用的格式，这种格式是为了能够在大多数主流操作系统中查看该文件。

尽管 PDF 格式被看作保存包含图像和文本图层的格式，但是它也可以包含光栅信息。这种图像数据常常使用 JPEG 压缩格式，同时它也支持 ZIP 压缩格式。以 PDF 格式保存的数据可以通过万维网（World Wide Web）传送，或传送到其他 PDF 文件中。以 Photoshop PDF 格式保存的文件可以是位图、灰阶、索引色、RGB、CMYK 以及 Lab 颜色模式，但不支持 Alpha 通道。

4. Targa（*.TGA;*.VDA;*.ICB;*.VST）格式

Targa 格式专用于电视广播，此种格式广泛应用于 PC 端领域，用户可以在 3DS 中生成 TGA 文件，在 Photoshop、Freehand、Painter 等应用程序软件中将此种格式的文件打开，并可以对其进行修改。该格式支持一个 Alpha 通道 32 位 RGB 文件和不带 Alpha 通道的索引颜色、灰度、16 位和 24 位 RGB 文件。

5. TIFF 格式

TIFF（Tagged Image File Format）是应用最广泛的图像文件格式之一，运行于各种平台上的大多数应用程序都支持该格式。TIFF 能够有效地处理多种颜色深度、Alpha 通道和 Photoshop 的大多数图像格式。TIFF 格式的出现是为了便于应用软件之间进行图像数据的交换。

TIFF 文件支持位图、灰阶、索引色、RGB、CMYK 和 Lab 等图像模式。RGB、CMYK 和灰阶图像中都支持 Alpha 通道，TIFF 文件还可以包含文件信息命令创建的标题。

TIFF 支持任意的 LZW 压缩格式，LZW 是光栅图像中应用最广泛的一种压缩格式。因为 LZW 压缩是无损失的，所以不会有数据丢失。使用 LZW 压缩方式可以大大减小文件的大小，特别是包含大面积单色区的图像。但是 LZW 压缩文件要花很长的时间来打开和保存，因为该文件必须要进行解压缩和压缩。图 2.22 所示为进行 TIFF 格式存储时弹出的"TIFF 选项"对话框。

图 2.22　"TIFF 选项"对话框

Photoshop 将会在保存时提示用户选择图像的"压缩方式"，以及是否使用 IBM PC 机或 Macintosh 机上的"字节顺序"。

TIFF 格式已被广泛接受，而且 TIFF 可以方便地进行转换，因此该格式常用于出版和印刷业中。另外，大多数扫描仪也都支持 TIFF 格式，这使得 TIFF 格式成为数字图像处理的最佳选择。

6. PCX

PCX 文件格式是由 Zsoft 公司在 20 世纪 80 年代初期设计的，当时是专用于存储该公司开发的 PC Paintbrush 绘图软件所生成的图像画面数据，后来成为 MS-DOS 平台下常用的格式。在 DOS 系统时代，这一平台下的绘图、排版软件多用 PCX 格式。进入 Windows 操作系统后其已经成为 PC 机上较为流行的图像文件格式。

2.11　知识拓展

本章对平面设计的基础知识进行了全面的讲解，将平面设计的基本概念、流程、常用软件、常用尺寸、印刷知识、色彩原理等进行了详细剖析，为以后的平面案例设计制作铺路。

第**2**篇

提高篇

第 **3** 章

名片设计

本章讲解商业名片设计，名片设计是指对名片进行艺术化、个性化处理，在设计上要讲究用其艺术性来体现个人及公司等职业、主题信息的特点，它的重点在于传达名片主题的信息形象，在制作过程中一定要遵循其定位、特点，同时完美地表现出最终形象。读者通过本章的学习可以掌握各类名片的制作重点。

教学目标

了解名片的分类及构成
了解名片的设计规格和规范
学习名片的保存及颜色规范
掌握常见名片的制作方法和技巧

3.1 关于名片设计

名片设计就是利用相关软件对名片进行艺术加工处理。名片是现代人的一种交流工具，也是一种自我独立媒体的体现载体。名片具有 3 个重要的意义，1 宣传自我，2 宣传企业，3 联系卡。

要想引起人们的专注，就需要进行艺术加工处理，以便让别人记住。要做到这些，就需要注意名片设计要简明扼要、主题突出，从纸张选择到版面设计、从后期印刷到工艺处理，都要与艺术设计相结合，让人有一探究竟的欲望。

3.2 名片的分类

当今社会，名片的使用已经相当普遍，其分类也是五花八门，并没有统一的标准，不过最常见的分类可以分为以下几种。

1.按名片的用途分类，即名片的使用目的，名片可分为 3 类：商业名片、公用名片和个人名片。

2.按排版方式分类，名片可分为 3 类：横版名片、竖版名片和折卡名片。

3.按按印刷色彩分类，名片可分为 4 类：单色、双色、彩色和真彩色。

4.按印刷方式分类，名片可分为 3 类：数码名片、胶印名片和特种名片。

5.按印刷表面分类，名片可分为 2 类：单面印刷和双面印刷。

6.按名片的性质分类，名片可分为 3 类：身份标识类名片、业务行为标识类名片和企业 CI 系统名片。

7.按设计分类，名片可分为：漫画名片、透明名片、二维码名片、圆角名片和个性名片等。

8.按材质分类，名片可分为：纸质名片、金属名片、塑料名片、PVC 名片、皮革名片、竹简名片、丝绸名片等。不同名片效果如图 3.1 所示。

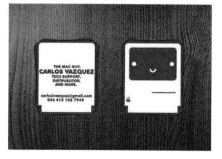

图3.1 不同名片效果

3.3 名片的构成

要设计名片，就需要对名片的构成要素有充分的了解。名片的构成要素是指名片的信息的组成，一般指公司名称及标志、图案和信息项。公司名称及标志指一些公司或企业的注册商标，即Logo和公司名称；图案是构成名片特有的色块构成；信息项是指名片持有人的姓名、职务、广告语、联系方式、地址、单位、业务范围等文字性的信息。设计名片时，一般将公司的标志放在版面的左上角，当然这并不是固定的，也可以将其放在其他的位置，或将标志以半透明的状态放大作为底衬来使用。

图案在使用上要简洁大方，颜色不要太多，为了和公司达到统一的效果，一般以公司的标准色和辅助色为主，不要超过3种颜色。

文字的应用是名片中最重要的部分，对于正规版式的名片，一般以宋体和黑体或者其二变体为主，正文内容用方正中等线、汉仪中等线、华文中宋、微软雅黑等常见正规字体，英文字体用Arial字体居多，正文以6号为佳，不得小于5号，在设计上要注意字体的大小，粗细和颜色的不同应用相结合，兼顾阅读的同时，强调设计意识，

达到相衬相托、错落有致、美观大方的效果。名片构成要素如图 3.2 所示。

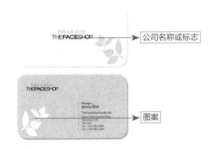

图3.2 名片构成要素

3.4 名片设计尺寸

名片通常都是随身携带的，而为了更好地保护名片，很多人还会用名片盒将其装好。随着时代的发展，越来越多的人追求个性，名片尺寸也就变得越来越不规则，但如果的名片尺寸过于特殊，别人就很难找到合适的名片夹放置名片。因此，在设计名片时，在追求个性的同时也要兼顾名片的尺寸，虽然名片尺寸的设计不是绝对的，但大多数人还是采用标准的尺寸设计名片，以便方便保存。

标准名片尺寸有90mm×50mm, 90mm×100mm, 90mm×108mm 三种。其中, 国内标准名片设计尺寸为90mm×54mm, 但一般名片设计需要出血位, 在设计名片时四边需各留出 1mm 出血位, 所以出血的设计尺寸为92mm×56mm。

折叠名片标准尺寸为90mm×94mm, 90mm×108mm, 90mm×90mm, 54mm×180mm 等。国内常见的折卡名片尺寸为90mm×108mm, 折叠名片的使用情况往往是因为名片文字信息内容多, 需要用折叠名片体现, 或体现设计师的创意设计。而90mm×50mm 是欧美公司常用的名片尺寸, 90mm×100mm 是欧美歌手常用的折卡名片尺寸; 如果想要个性时尚一些, 不妨采用一些特殊的窄版尺寸, 如 90mm×45mm,

90mm×40mm。图 3.3 所示为尺寸 90mm×54mm 和 90mm×50mm 的对比效果。

图3.3 对比效果

为了方便大家查看, 现将常用的标准名片横、竖版及出血、成品尺寸列于表 3-1。

表3-1 名片常用尺寸表

	成品尺寸		出血尺寸	
	横版	竖版	横版	竖版
中式标准名片	90mm×54mm	54mm×90mm	92mm×56mm	56mm×92mm
窄式标准名片	90mm×45mm	45mm×90mm	92mm×47mm	47mm×92mm
美式标准名片	90mm×50mm	50mm×90mm	92mm×52mm	52mm×92mm

3.5 常用名片样式

常见名片的样式可分为横版直角名片、竖版直角名片、横版圆角名片、竖版圆角名片、对角圆角名片、异形名片等, 如图 3.4 所示。

横版直角名片

竖版直角名片

横版圆角名片

竖版圆角名片

对角圆角名片

异形名片

图3.4 常用名片样式

名片设计规范

做国内标准名片设计需认清名片的几个重要规范区域，以免在设计时出现问题，这里将其分为 3 个区：出血区、裁切区和版心区。名片设计规范如图 3.5 所示。

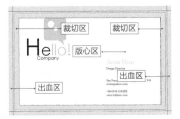

图3.5 名片设计规范参考

1. 出血区：蓝线与红线之间为 1mm 的出血位置。此位置在后期的裁切中将被裁切掉，此处一般会有裁切线显示，如本图的蓝色线就是裁切线，为了让大家看得清楚，我用了蓝色的实线显示。不同的软件的裁切线会有差异，不过用法是相同的。在设计时，用户要注意将图片或色块放在上、下或左右两侧的出血位置，否则可能会由于裁切的偏差产生名片四周与边框不对称的情况，使名片精美度大打折扣。

2. 裁切区：红线与黑线之间为裁切区。该区域一般在新建画布时会自动设置，当然也可以手动设置，一般该区域的大小为距版心边缘 3mm。在设计名片时，要注意重要的名片信息不要放在这里，除非是一些通版的图片或色块，如一些边框或花纹，否则可能会由于裁切的偏差产生不对称现象。

3. 版心区：黑线内部的区域即版心区。版心区是名片设计的核心部位，名片的所有重要信息都要设计在这个区域，切勿将重要信息放在此区域之外，否则可能会出现问题。

3.7 名片保存规范

名片设计完成后，需要将其交到印厂进行印刷。由于电脑间的差异，如软件版本、字体库等，文件在打开时会产生不同的变化，所以在印前还需要根据印厂要求将名片进行保存，设计完成后可以提前打电话到印厂核实保存注意事项，以符合印厂要求。当然，对于大部分印厂来说，保存也是有规范的，只需要按规范保存，通常都不会有问题。

1. 如果你使用 CorelDRAW 软件设计名片，可以将名片保存成 CorelDRAW 软件的官方格式，即 CDR 格式，但要求版本尽量低些。例如，你使用的是 CorelDRAW 最新版本 X6，那么你可以将其保存成 9.0 或更低的版本，并要确认将所有文字转换为曲线，专业称"转曲"，这样可以避免输出制版时因找不到字型而出现乱码，同时，所有的描边也要转换成填充，而且要确认设计中使用的图片分辨率不低于 300 像素／英寸，如果有特效图形最好将其转换成 CMYK 模式的位图。

2. 如果你使用 Freehand、Illustrator 软件设计名片，可以将名片保存成 EPS 格式，并保存成低版本，还是要确认将所有文字转换为曲线。

3. 如果你使用 Photoshop 软件设计名片，可以将名片保存成 PNG 或 JPG 格式，而且要保证分辨率不低于 300 像素／英寸。

4. 设计完稿时注意将名片正、反面并列展示或分文件正、反面展示，以方便印厂印刷。

5. 设计名片过程中，线条的精细度不能低于 0.1mm，否则印刷时将无法显现。

提示

有人会问：为何要将版本保存成低版本，用高版本不行吗？其实高版本保存也是可以的，只是大家可能也了解，印厂计算机所装的软件版本一般比较低，他们不会随软件的更新进行更新，如果你保存成高版本，有可能印厂的电脑就打不开该文件，那也就没法印刷了，所以保存成低版本可以避免这样的麻烦。

提示

不管使用哪个软件设计名片，在保存时最好再保存一份 jpg 格式的图片预览，并将其分类放在不同的文件夹中，以方便印厂对照，这样可以及时发现由于使用不同计算机打开时产生的变化。

3.8 名片颜色规范

在设计名片时，还要注意色彩的使用。大家知道，所有显示器的显示模式为 RGB，而印刷的颜色模式为 CMYK，由于模式的不同，如果不注意颜色，设计的名片在计算机上显示和印刷出来的成品效果有时候会出现非常大的差别，一般在设计时注意以下几点即可。

1. 名片设计时，所有使用颜色的部分请使用 CMYK 颜色进行填充，如果使用 RGB 填充，可以在成品时转换成 CMYK 模式查看有没有颜色偏差，以避免印刷出成品时产生较大的颜色偏差。

2. 在使用文字时，尽量避免填充多种颜色，在使用黑色文字时，注意将 CMYK 值的 K 值设为 100。

3. 同一款名片设计的色调应基本一致，色彩明度统一，而且要按照企业的标准色和辅助色来设计，和企业达到浑然一体的感觉。

3.9 新潮科技名片设计

◆实例分析

本例讲解新潮科技名片设计，此款名片的设计过程比较简单，主要由多边形背景与一些新潮元

素组成，如二维码、网格化图标等，最终效果
如图 3.6 所示。

难　度：★★★
素材文件：第 3 章 \ 新潮科技名片设计
案例文件：第 3 章 \ 新潮科技名片平面效果 .ai、新潮科技名片立体效果 .psd
在线视频：第 3 章 \3.9 新潮科技名片设计 .avi

图3.6　最终效果

◆本例知识点

1. "矩形工具" ▢
2. 叠加混合模式
3. "联集" ▢ 按钮

◆操作步骤

3.9.1 使用Illustrator制作名片正面效果

01 执行菜单栏中的"文件"|"新建"命令，在弹出的对话框中设置"宽度"为90mm，"高度"为54mm，新建一个空白画板。

02 选择工具箱中的"矩形工具" ▢，绘制1个与画板相同大小的矩形，将"填色"更改为红色（R:227，G:78，B:71），"描边"为无。

03 选中矩形，按Ctrl+C组合键将其复制，再按Ctrl+F组合键将其粘贴，将粘贴的矩形填充更改为深灰色（R:48，G:48，B:56），再将其宽度缩小，如图3.7所示。

图3.7　复制图形

04 选择工具箱中的"矩形工具" ▢，在深灰色矩形左侧绘制1个细长矩形，将"填色"更改为深红色（R:168，G:42，B:42），"描边"为无，如图3.8所示。

05 选中细长矩形，按住Alt+Shift组合键向右侧拖动将其复制，如图3.9所示。

图3.8　绘制矩形　　　　　图3.9　复制图形

06 选择工具箱中的"矩形工具" ▢，在画板左上角按住Shift键绘制1个矩形，将"填色"更改为白色，"描边"为无，如图3.10所示。

图3.10　绘制矩形

07 选中白色矩形，在"透明度"面板中，将其混合模式更改为叠加，"不透明度"更改为10%，如图3.11所示。

08 选中矩形，按住Alt键向右下角拖动，将图形复制1份，如图3.12所示。

图3.11 更改混合模式

图3.12 复制图形

09 按住Ctrl+D组合键将图形复制多份，同时选中复制的多份小矩形，在"路径查找器"面板中，单击"联集" 按钮，以与刚才同样的方法将小矩形再复制多份铺满深灰色矩形左侧区域，如图3.13所示。

图3.13 复制图形

10 选中左侧矩形，按住Alt+Shift组合键向右侧拖动将其复制，如图3.14所示。

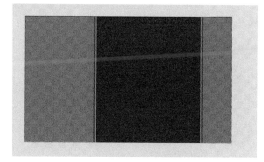

图3.14 复制图形

11 选中最底部红色图形，按Ctrl+C组合键将其复制，再按Ctrl+F组合键将其粘贴，按Ctrl+Shift+]组合键将对象移至所有对象上方，然后选择所有图形，为其创建剪切蒙版，如图3.15所示。

图3.15 建立剪切蒙版

12 选择工具箱中的"圆角矩形工具" ，在画板靠右侧位置按住Shift键绘制1个圆角矩形，将"填色"更改为深灰色（R:48，G:48，B:56），"描边"为无，如图3.16所示。

13 选中圆角矩形，按住Alt+Shift组合键向下方拖动将其复制，再按Ctrl+D组合键将其复制多份，如图3.17所示。

图3.16 绘制圆角矩形　　　　图3.17 复制多份

14 执行菜单栏中的"文件"|"打开"命令，打开"图标.ai"文件，将打开的素材拖入画板右侧小圆角矩形位置并适当缩小以及将其"填色"更改为白色，如图3.18所示。

15 选择工具箱中的"文字工具" ，添加文字，如图3.19所示。

图3.18 添加素材　　　　图3.19 添加文字

16 执行菜单栏中的"文件"|"打开"命令，打开"二维码.ai"文件，将打开的素材拖入画板左侧位置并适当缩小，再将其"填色"更改为白色，如图3.20所示。

17 选择工具箱中的"矩形工具" ，在二维码位置按住Shift键绘制1个矩形，将"填色"更改为无，"描边"为白色，"描边粗细"更改为0.5，如图3.21所示。

图3.20 添加素材　　　　图3.21 绘制图形

18 选择工具箱中的"文字工具" **T**，添加文字，如图3.22所示。

图3.22 添加文字

3.9.2 使用Illustrator制作名片背面效果

01 选择工具箱中的"画板工具" ⊞，在原画板右侧位置创建1个"宽度"为54mm、"高度"为90mm的画板。

02 选择工具箱中的"矩形工具" ，绘制1个与画板相同大小的矩形，将"填色"更改为红色（R:227，G:78，B:71），"描边"为无。

03 以与刚才同样的方法在画板中制作小方格图像，如图3.23所示。

图3.23 制作方格图像

04 选择工具箱中的"文字工具" **T**，添加文字，如图3.24所示。

图3.24 添加文字

05 选择工具箱中的"圆角矩形工具" ，在画板靠左侧位置绘制1个圆角矩形，将"填色"更改为深灰色（R:48，G:48，B:56），"描边"为无，如图3.25所示。

06 选中圆角矩形，按住Alt+Shift组合键向右侧拖动，将图形复制1份，如图3.26所示。

图3.25 绘制图形　　　　图3.26 复制图形

07 选择工具箱中的"矩形工具" ，绘制1个与画板相同大小的矩形，将"填色"更改为任意颜色，"描边"为无，如图3.27所示。

图3.27 绘制图形

08 同时选中所有对象,单击鼠标右键,从弹出的快捷菜单中选择"建立剪切蒙版"命令,将部分图像隐藏,如图3.28所示。

图3.28 隐藏图形

3.9.3 使用Photoshop制作名片立体效果

01 执行菜单栏中的"文字"|"新建"命令,在弹出的对话框中设置"宽度"为350mm,"高度"为250mm,"分辨率"为72像素/英寸,新建一个空白画布。

02 选择工具箱中的"渐变工具"■,编辑灰色(R:214,G:214,B:214)到灰色(R:244,G:242,B:243)的渐变,单击选项栏中的"线性渐变"■按钮,在画布中拖动填充渐变,如图3.29所示。

图3.29 填充渐变

03 执行菜单栏中的"文件"|"打开"命令,打开"名片正面.jpg""名片背面.jpg"文件,将其拖动到新建画布中并等比缩小,其图层名称将更改为"图层1"及"图层2"。

04 选中"图层1"图层,按Ctrl+T组合键对图像执行"自由变换"命令,单击鼠标右键,从弹出的快捷菜单中选择"扭曲"命令,拖动变形框控制点将图像变形,完成之后按Enter键确认,以同样的方法选中"图层2"图层,在画布中将图像变形,如图3.30所示。

图3.30 添加素材

05 在"图层"面板中,选中"图层1"图层,单击面板底部的"添加图层样式"*fx*按钮,在菜单中选择"外发光"命令。

06 在弹出的对话框中将"混合模式"更改为正常,"不透明度"更改为100%,"颜色"更改为白色,"大小"更改为2像素,如图3.31所示。

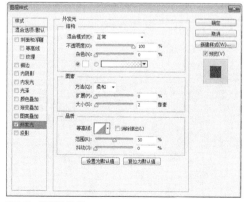

图3.31 设置外发光

07 勾选"投影"复选框,将"距离"更改为1像素,"大小"更改为1像素,完成之后单击"确定"按钮,如图3.32所示。

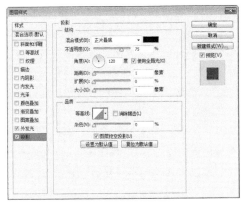

图3.32 设置投影

08 在"图层1"图层名称上单击鼠标右键，从弹出的快捷菜单中选择"拷贝图层样式"命令，在"图层2"图层名称上单击鼠标右键，从弹出的快捷菜单中选择"粘贴图层样式"命令，如图3.33所示。

图3.33 粘贴图层样式

09 选中"图层1"图层，在画布中按住Alt+Shift组合键向上拖动，将图像复制1份。

10 以同样方法将图像再复制数份，并将最上方图像适当旋转，如图3.34所示。

图3.34 复制图像

11 同时选中所有和"图层1"相关的图层，按Ctrl+G组合键将图层编组，将组名称更改为"名片正面"。

12 以同样方法选中"图层2"图层，在画布中将图像复制多份，如图3.35所示。

13 以同样方法同时选中所有和"图层2"相关图层，按Ctrl+G组合键将图层编组，将组名称更改为"名片背面"，如图3.36所示。

图3.35 复制多份图像　　　　图3.36 将图层编组

14 选择工具箱中的"钢笔工具" ，在选项栏中单击"选择工具模式" 路径 按钮，在弹出的选项中选择"形状"，将"填充"更改为黑色，"描边"更改为无。

15 在名片图像位置绘制1个不规则图形，将生成一个"形状 1"图层，将其移至"背景"图层上方，如图3.37所示。

16 执行菜单栏中的"滤镜"|"模糊"|"高斯模糊"命令，在弹出的对话框中将"半径"更改为1像素，不透明度改为30%，完成之后单击"确定"按钮，如图3.38所示。

图3.37 绘制图形　　　　图3.38 添加高斯模糊

17 选择工具箱中的"钢笔工具" ，在选项栏中单击"选择工具模式" 路径 按钮，在弹出的选项中选择"形状"，将"填充"更改为黑色，"描边"更改为无。

18 在名片图像位置绘制1个不规则图形，将生成一个"形状 2"图层，如图3.39所示。

19 选中"形状2"图层,按Ctrl+F组合键为其添加同样的高斯模糊效果,如图3.40所示。

图3.39 绘制图形

图3.40 添加高斯模糊

20 在"图层"面板中,选中"形状2"图层,单击面板底部的"添加图层蒙版" 按钮,为其添加图层蒙版,如图3.41所示。

21 选择工具箱中的"画笔工具" ,在画布中单击鼠标右键,在弹出的面板中选择1种圆角笔触,将"大小"更改为100像素,"硬度"更改为0,将前景色更改为黑色,如图3.42所示。

图3.41 添加图层蒙版

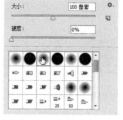

图3.42 设置笔触

22 将前景色更改为黑色,在图像上部分区域涂抹,将部分图像隐藏,这样就完成了效果制作,最终效果如图3.43所示。

图3.43 最终效果

3.10 色彩空间名片设计

◆实例分析

本例讲解色彩空间名片设计,在本例名片设计过程中,以彩色圆形作为名片主视觉图像,与直观的文字信息相结合,整个名片视觉效果非常不错,最终效果如图 3.44 所示。

难　　度: ★ ★ ★ ★
素材文件: 第 3 章 \ 色彩空间名片设计
案例文件: 第 3 章 \ 色彩空间名片平面效果 .ai、色彩空间名片立体效果 .psd
在线视频: 第 3 章 \3.10 色彩空间名片设计 .avi

图3.44 最终效果

◆本例知识点

1."椭圆工具"
2."扩展"命令
3."建立剪切蒙版"命令

3.10.1 使用Illustrator制作名 片正面效果

01 执行菜单栏中的"文件"|"新建"命令，在弹出的对话框中设置"宽度"为90mm，"高度"为54mm，新建一个空白画板。

02 选择工具箱中的"矩形工具" ，绘制1个与画板相同大小的矩形，将"填色"更改为浅绿色（R:246，G:249，B:239），"描边"为无。

03 选择工具箱中的"椭圆工具" ，按住Shift键绘制1个圆形，将"填色"更改为无，"描边"为蓝色（R:46，G:167，B:224），"描边粗细"为5，如图3.45所示。

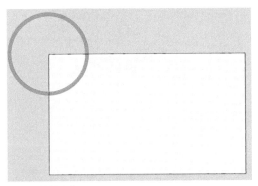

图3.45 绘制图形

04 选中圆形，按Ctrl+C组合键将其复制，再按Ctrl+F组合键将其粘贴，将粘贴的图形"描边"更改为橙色（R:248，G:182，B:45），再将其等比缩小。

05 以同样的方法将图形复制多份并缩小后更改为不同颜色，如图3.46所示。

 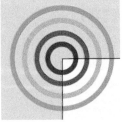

图3.46 复制并缩小图形

06 同时选中几个圆环，按Ctrl+G组合键将其编组，再按住Alt+Shift组合键向底部拖动将其复制，如图3.47所示。

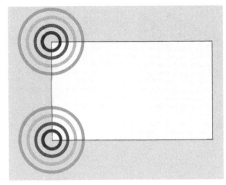

图3.47 复制图形

07 选择工具箱中的"文字工具" T，添加文字，如图3.48所示。

LINGYUN TECHNOLOGY
SPACE DESIGN STUDIO

SPACE DESIGN STUDIO
+369-3265XXXX/6525XXXX
http://www.ptpress.com.cn
bookshelp@163.com

图3.48 添加文字

08 选中编组后的圆环，按Ctrl+C组合键将其复制，再按Ctrl+F组合键将其粘贴，再将其向右侧移动，并执行菜单栏中的"对象"|"扩展"命令，在弹出的对话框中单击"确定"按钮，再将其等比缩小，如图3.49所示。

09 选中缩小后图形，按住Alt+Shift组合键向下方拖动将其复制，并将其图层模式更改为正片叠底，如图3.50所示。

ECHNOLOGY
GN STUDIO

TUDIO
525XXXX
.com
oo.com

ECHNOLOGY
GN STUDIO

TUDIO
525XXXX
.com
oo.com

图3.49 缩小图形   图3.50 复制图形

10 选择工具箱中的"文字工具" **T** ，添加文字，如图3.51所示。

图3.51 添加文字

11 选中最大矩形，按Ctrl+C组合键将其复制，再按Ctrl+F组合键将其粘贴，按Ctrl+Shift+]组合键将对象移至所有对象上方，如图3.52所示。

图3.52 复制图形

12 同时选中所有对象，单击鼠标右键，从弹出的快捷菜单中选择"建立剪切蒙版"命令，将部分图像隐藏，如图3.53所示。

LINGYUN TECHNOLOGY
SPACE DESIGN STUDIO

SPACE DESIGN STUDIO
+369-3265XXXX/6525XXXX
http://www.ptpress.com.cn
bookshelp@163.com

DESIGNXX

图3.53 建立剪切蒙版

3.10.2 使用Illustrator制作名片背面效果

01 选择工具箱中的"画板工具" ，在原画板右

侧位置创建1个"宽度"为54mm、"高度"为90mm的画板。

02 选择工具箱中的"矩形工具" ，绘制1个与画板相同大小的矩形，将"填色"更改为蓝色（R:46，G:167，B:224），"描边"为无。

03 以同样方法在画板右上角绘制圆环图像，如图3.54所示。

图3.54 绘制图像

04 以同样方法在画板左下角绘制图像，如图3.55所示。

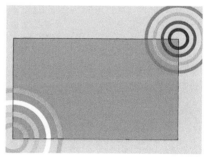

图3.55 绘制图像

05 选中蓝色矩形，按Ctrl+C组合键将其复制，再按Ctrl+F组合键将其粘贴，按Ctrl+Shift+]组合键将对象移至所有对象上方，如图3.56所示。

图3.56 复制图形

06 同时选中所有对象，单击鼠标右键，从弹出的

快捷菜单中选择"建立剪切蒙版"命令，将部分图像隐藏，如图3.57所示。

图3.57 建立剪切蒙版

07 选择工具箱中的"文字工具" **T**，添加文字，如图3.58所示。

图3.58 最终效果

3.10.3 使用Photoshop制作名片立体效果

01 执行菜单栏中的"文字"|"新建"命令，在弹出的对话框中设置"宽度"为350mm，"高度"为250mm，"分辨率"为72像素/英寸，新建一个空白画布。

02 选择工具箱中的"渐变工具" ▆▆，编辑浅绿色（R:215，G:234，B:183）到浅绿色（R:168，G:197，B:110）的渐变，单击选项栏中的"径向渐变" ▆按钮，在画：布中拖动填充渐变，如图3.59所示。

图3.59 填充渐变

03 执行菜单栏中的"文件"|"打开"命令，打开"名片正面.jpg"和"名片背面.jpg"文件，将其拖动到新建画布中并等比缩小，其图层名称将更改为"图层1"及"图层2"。

04 选中"图层1"图层，按Ctrl+T组合键对图像执行"自由变换"命令，将图像适当旋转，完成之后按Enter键确认，以同样方法选中"图层2"图层，在画布中将图像旋转，如图3.60所示。

图3.60 添加素材

05 在"图层"面板中，选中"图层1"图层，单击面板底部的"添加图层样式" **fx**按钮，在菜单中选择"投影"命令。

06 在弹出的对话框中取消"使用全局光"复选框，将"角度"更改为111度，"距离"更改为13像素，"大小"更改为5像素，如图3.61所示。

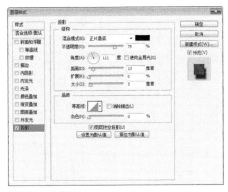

图3.61 设置投影

07 在"图层"面板中，选中"图层2"图层，单击面板底部的"添加图层样式" **fx**按钮，在菜单中选择"投影"命令。

08 在弹出的对话框中将"距离"更改为1像素，"大小"更改为1像素，完成之后单击"确定"按钮，如图3.62所示。

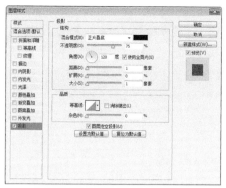

图3.62 设置投影

09 选择工具箱中的"钢笔工具" ，在选项栏中单击"选择工具模式" 路径 按钮，在弹出的选项中选择"形状"，将"填充"更改为黑色，"描边"更改为无。

10 在名片底部位置绘制1个不规则图形，将生成一个"形状1"图层，如图3.63所示。

11 选中"形状1"图层，执行菜单栏中的"滤镜"|"模糊"|"高斯模糊"命令，在弹出的对话框中将"半径"更改为3像素，完成之后单击"确定"按钮，再将其图层不透明度更改为30%，如图3.64所示。

图3.63 绘制图形

图3.64 添加高斯模糊

12 选中"形状1"图层，按住Alt键向右侧拖动，将图像复制1份，如图3.65所示。

图3.65 复制图像

13 以同样方法在名片右上角区域绘制1个不规则图形，并为其添加高斯模糊效果后更改不透明度，这样就完成了效果制作，最终效果如图3.66所示。

图3.66 最终效果

3.11 印刷公司名片设计

◆ 实例分析

　　本例讲解印刷公司名片设计制作，本例在制作过程中以印刷主题为线索，通过绘制多个彩色圆点与树状图形结合的方式制作出精美的名片效果，以俯视的角度展示效果的制作过程，以富有较强立体视觉感受，在一定程度上直观地展示名片效果，最终效果如图 3.67 所示。

难　度：★★★

素材文件：第 3 章 \ 印刷公司名片设计

案例文件：第 3 章 \ 印刷公司名片正面效果设计 .ai、印刷公司名片背面效果设计 .ai、印刷公司名片展示效果设计 .psd

在线视频：第 3 章 \3.11 印刷公司名片设计 .avi

图3.67　最终效果

◆本例知识点

1. "钢笔工具"
2. "添加图层蒙版"
3. "投影"图层样式

◆操作步骤

3.11.1 使用Illustrator制作名片正面效果

01 执行菜单栏中的"文件"|"新建"命令，在弹出的对话框中设置"宽度"为90mm，"高度"为54mm，新建一个空白画板，如图3.68所示。

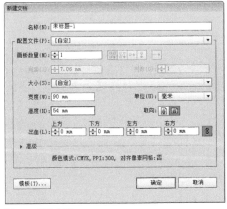

图3.68　新建文档

02 选择工具箱中的"矩形工具" ，将"填色"更改为灰色（R:242，G:242，B:242），在画板中绘制一个与其大小相同的矩形，如图3.69所示。

图3.69　绘制图形

03 选择工具箱中的"钢笔工具" ，将"填色"更改为黑色，在画板左侧位置绘制一个树状不规则图形，如图3.70所示。

图3.70　绘制图形

04 选择工具箱中的"椭圆工具" ，将"填色"更改为绿色（R:155，G:184，B:66），在刚才绘制的图形上方位置绘制一个椭圆图形，如图3.71所示。

05 选中图形，将其复制数份，并将部分图形缩小更改其颜色，如图3.72所示。

图3.71　绘制图形

图3.72　复制并变换图形

06 选择工具箱中的"文字工具" **T**，在画布适当位置添加文字，这样就完成了效果制作，最终效果如图3.73所示。

图3.73 添加文字及最终效果

3.11.2 使用Illustrator制作名片背面效果

01 执行菜单栏中的"文件"|"新建"命令，在弹出的对话框中设置"宽度"为90mm，"高度"为54mm，新建一个空白画板，如图3.74所示。

图3.74 新建文档

02 选择工具箱中的"矩形工具" ▣，将"填色"更改为灰色（R:178，G:178，B:178），在画板中绘制一个与其大小相同的矩形，如图3.75所示。

图3.75 绘制图形

03 选择工具箱中的"钢笔工具" ✐，将"填色"更改为黑色，在画板左侧位置绘制一个不规则图形，如图3.76所示。

图3.76 绘制图形

04 选择工具箱中的"椭圆工具" ⬭，将"填色"更改为绿色（R:155，G:184，B:66），在刚才绘制的图形上方位置绘制一个椭圆图形，如图3.77所示。

05 选中图形，将其复制数份，并将部分图形缩小更改其颜色，如图3.78所示。

图3.77 绘制及复制图形　　图3.78 复制并变换图形

06 选择工具箱中的"文字工具" **T**，在画布适当位置添加文字，这样就完成了效果制作，如图3.79所示。

图3.79 添加文字

07 选择工具箱中的"矩形工具" ▬ ，将"填色"更改为任意颜色，绘制一个与画板相同大小的图形，如图3.80所示。

图3.80 绘制图形

08 同时选中所有图形，单击鼠标右键，从弹出的快捷菜单中选择"建立剪切蒙版"命令，将多余图形隐藏，这样就完成了效果制作，最终效果如图3.81所示。

图3.81 隐藏图形及最终效果

3.11.3 使用Photoshop制作名片立体效果

01 执行菜单栏中的"文件"|"新建"命令，在弹出的对话框中设置"宽度"为7cm，"高度"为5cm，"分辨率"为300像素/英寸，新建一个空白画布，如图3.82所示。

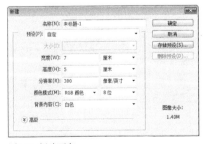

图3.82 新建画布

02 将其填充为灰色（R:230，G:227，B:224），如图3.83所示。

图3.83 填充颜色

03 执行菜单栏中的"文件"|"打开"命令，打开"印刷公司名片正面效果设计.ai""印刷公司名片背面效果设计.ai"文件，分别将打开的名片图像拖入画布中并适当缩小，其图层名称将分别更改为"图层1""图层2"，将"图层2"移至"图层1"图层下方，如图3.84所示。

04 选中"图层1"图层，按Ctrl+T组合键对其执行"自由变换"命令，当出现变形框以后单击鼠标右键，从弹出的快捷菜单中选择"扭曲"命令，拖动变形框控制点将图像变形，完成之后按Enter键确认，如图3.85所示。

图3.84 添加图像　　图3.85 将图像变形

> **提示**
>
> 当出现变形框以后可以按住Ctrl键拖动变形框控制点将图像扭曲。

05 选择工具箱中的"钢笔工具" ✐ ，在选项栏中单击"选择工具模式" 路径 ▾ 按钮，在弹出的选项中选择"形状"，将"填充"更改为黑色，"描边"更改为无，在适当位置绘制1个不规则图形，此时将生成一个"形状1"图层，如图3.86所示。

图3.86 绘制图形

06 在"图层"面板中，选中"形状1"图层，单击面板底部的"添加图层蒙版" ▢ 按钮，为其图层添加图层蒙版，如图3.87所示。

07 选择工具箱中的"画笔工具" ✏，在画布中单击鼠标右键，在弹出的面板中选择一种圆角笔触，将"大小"更改为250像素，"硬度"更改为0，如图3.88所示。

图3.87 添加图层蒙版

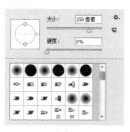

图3.88 设置笔触

08 将前景色更改为黑色，在其图像上部分区域涂抹将其隐藏制作投影效果，如图3.89所示。

图3.89 隐藏图像

> **提示**
>
> 在隐藏图像的时候可以在选项栏中不断更改画笔不透明度，这样制作出的投影效果更加真实。

09 在"图层"面板中，选中"图层1"图层，单击面板底部的"添加图层样式" *fx* 按钮，在菜单中选择"投影"命令，在弹出的对话框中将"不透明度"更改为10%，取消"使用全局光"复选框，将"角度"更改为55度，"距离"更改为4像素，"大小"更改为4像素，完成之后单击"确定"按钮，如图3.90所示。

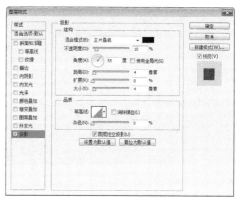

图3.90 设置投影

10 选中"图层2"图层，以刚才同样的方法按Ctrl+T组合键对其执行"自由变换"命令，当出现变形框以后单击鼠标右键，从弹出的快捷菜单中选择"扭曲"命令，拖动变形框控制点将图像变形，完成之后按Enter键确认，如图3.91所示。

图3.91 将图像变形

11 在"图层"面板中，选中"形状1"图层，将其拖至面板底部的"创建新图层" ▢ 按钮上，复制1个"形状1 拷贝"图层，将"形状1 拷贝"图层移至"图层2"下方，如图3.92所示。

12 选择工具箱中的"直接选择工具" ▷，拖动

"形状1 拷贝"图层中图形锚点将其变形，如图3.93所示。

图3.92 复制图层

图3.93 调整投影

提示

为了投影更加真实，在调整图形锚点之后再利用"画笔工具" ✐ 将投影隐藏或者显示，对其进一步调整以适应当前名片的投影效果。

13 在"图层1"图层上单击鼠标右键，从弹出的快捷菜单中选择"拷贝图层样式"命令，在"图层2"图层上单击鼠标右键，从弹出的快捷菜单

中选择"粘贴图层样式"命令，双击"图层2"图层样式名称，在弹出的对话框中将"混合模式"更改为正常，"颜色"为白色，"不透明度"更改为60%，将"角度"更改为75度，"距离"更改为1像素，"大小"更改为0像素，完成之后单击"确定"按钮，这样就完成了效果制作，最终效果如图3.94所示。

图3.94 最终效果

3.12 知识拓展

名片是一个人、一种职业的独立媒体，是自我宣传的一种媒介，本章从名片设计的基础知识讲起，详细讲解了多种名片的制作方法和技巧。

3.13 拓展训练

名片在现实生活中使用率相当高，鉴于它的重要性，本章有针对性地安排了3个综合名片的拓展训练，作为课后习题以供练习，用于强化所学的知识，不断提升设计能力。

训练3-1 网络公司名片设计

◆实例分析

本例讲解的是网络公司名片设计制作，在制作开始之初就从名片定位开始，在配色及图形包括整个的布局上都坚持简洁的原则，从而达到十分理想的视觉效果。最终效果如图3.95所示。

难　度：★ ★ ★

素材文件：第3章\网络公司名片设计

案例文件：第3章\网络公司名片设计.ai、网络公司名片设计展示.psd

在线视频：第3章\训练3-1 网络公司名片设计.avi

图3.95 最终效果

◆ 本例知识点

1. "自由变换工具" ![icon]
2. "直线段工具" ![icon]
3. "画板工具" ![icon]
4. "去色" "色相/饱和度" 命令

训练3-2 数码公司名片设计

◆ 实例分析

　　本例讲解的是数码公司名片设计制作，由于是数码公司，所以在配色方面尽量采用科技感的色调，这样设计的名片最终效果不凡。最终效果如图 3.96 所示。

难　度：★★
素材文件：第3章\数码公司名片设计
案例文件：第3章\数码公司名片设计正面.ai、数码公司名片设计背面.ai、数码公司名片设计展示.psd
在线视频：第3章\训练3-2 数码公司名片设计.avi

图3.96 最终效果

◆ 本例知识点

1. "矩形工具" ![icon]
2. "对齐所选对象" ![icon]
3. "镜像工具" ![icon]
4. "通过拷贝的图层" 命令

训练3-3 运动名片设计

◆ 实例分析

　　本例讲解运动名片设计制作，此款名片在制作过程中以体现运动的本质为主，通过象形化的不规则图形组合在视觉上产生运动感，此款名片在展示效果制作上以透视视角背景与名片主题相对应，整个展示效果体现出运动的特点，同时添加的虚化效果也加深了展示效果的真实感，最终效果如图 3.97 所示。

难　度：★★★
素材文件：第3章\运动名片
案例文件：第3章\运动名片正面效果设计.ai、运动名片背面效果设计.ai、运动名片展示效果设计.psd
在线视频：第3章\训练3-3 运动名片设计.avi

图3.97 最终效果

◆ 本例知识点

1. "钢笔工具" ![icon]
2. "文字工具" T
3. "纯色" 命令
4. "高斯模糊" 命令

第 **4** 章

精美海报设计

海报设计是视觉传达的表现形式之一，是用来招徕顾客性的张贴物，在大多数情况下张贴于易见的地方，所以其广告性色彩极其浓厚，在制作过程中以传播的重点为制作中心，在人们理解和接纳内容的同时，提升海报主题知名度。读者通过对本章的学习可以掌握海报的设计重点及制作技巧。

教学目标

了解海报的特点及功能

了解海报的设计原则及表现手法

学习海报的制作方法和技巧

4.1 关于海报设计

海报是一种视觉传达的表现形式，主要通过版面构成把人们在几秒钟之内吸引住，并获得瞬间的刺激，要求设计师做到既准确到位，又要有独特的版面创意形式。而设计师的任务就是把构图、图片、文字、色彩、空间这些要素完美结合，用恰当的形式把信息传达给人们。

海报即招贴，"招贴"按其字义解释，"招"是指引起注意，"贴"是张贴，即"为招引注意而进行张贴"。它是指在公共场所以张贴或散发的形式发布的一种广告。在广告诞生的初期，就已经有了海报这种形式；在生活的各个空间，它的影子随处可见。海报的英文名字叫"poster"，在牛津英语词典里意指展示于公共场所的告示（Placard displayed in a public place）。在伦敦"国际教科书出版公司"出版的广告词典里，poster 意指张贴于纸板、墙、大木板或车辆上的印刷广告，或以其他方式展示的印刷广告，它是户外广告的主要形式，广告的最古老形式之一。

海报，属于户外广告，分布在各街道、影剧院、展览会、商业闹区、车站、码头、公园等公共场所。海报的分类很详细，根据海报的宣传内容、宣传目的和宣传对象，海报大致可以划分为商业类、活动类、公益类和影视类宣传海报 4 类。

海报作品的创作过程，是根据设计作品的整体策划、明确设计目标、准确把握设计主题，然后收集海报设计作品所必需的各种资料，最终制作出海报内容的具体的过程。这其中的每个环节缺一不可，它们都是围绕在设计主题的前提下进行的。精彩海报设计效果展示如图 4.1 所示。

图4.1 精彩海报设计效果展示

海报是以图形、文字、色彩等诸多视觉元素为表现手段，迅速直观地传递政策、商业、文化等各类信息的一种视觉传媒，是"瞬间"的速看广告和街头艺术，所应用的范围主要是户外的公共场所。这一性质决定海报必须要有大尺寸的画面、艺术表现力丰富、视觉效果强烈的特点，使观看到的人能迅速准确地理解意图。图形、文字、色彩在海报中的效果如图4.2所示。

图4.2 图形、文字、色彩在海报中的效果

1. 画面大

海报不是捧在手上的设计，而是要张贴在热闹场所，它受到周围环境和各种因素的干扰，所以必须以大画面及突出的形象和色彩展现在人们面前。其画面有全开、对开、长三开及特大画面（八张全开等）。

2. 艺术表现力丰富

就海报的整体而言，它包括了商业和非商业方面的种种广告。就每张海报而言，其针对性很强。商业中的商品海报主要以具有艺术表现力的摄影、造型写实的绘画和漫画形式表现较多，给消费者留下真实感人的画面和富有幽默情趣的感受。

非商业性的海报，内容广泛，形式多样，艺术表现力丰富。特别是文化艺术类的海报画，根据广告主题，可充分发挥想象力，尽情施展艺术手段。许多追求形式美的画家都积极投身到海报画的设计中，并且在设计中用自己的绘画语言，设计出风格各异、形式多样的海报画。不少现代派画家的作品就是以海报画的面目出现的，美术史上也曾留下了诸多精彩的轶事和生动的画作。

3. 视觉效果强烈

为了使来去匆忙的人们留下印象，除了以上特点之外，海报设计还要充分体现定位设计的原理。以突出的商标、标志，标题、图形，对比强烈的色彩，或大面积空白、简练的视觉流程成为视觉焦点。如果就形式上区分广告与其他视觉艺术的不同，那么海报可以说更具广告的典型性。

4.3 海报的功能

优秀的海报设计不仅清楚地向受众传达了信息，而且在功能性与审美性上也具有其独特的风格。海报的主要功能有：传播信息、利于企业竞争和刺激大众需求。独特风格的海报效果如图4.3所示。

图4.3 独特风格的海报效果

1. 传播信息

传播信息是海报最基本、最重要的功能，特别是商业海报，其传播信息的功能首先表现在对商品的性能、规格、质量、成分、特点、使用方法等进行说明。这些商品信息若不能有效地传递给消费者，消费者就不会采取购买行动。海报作为一种有效的广告形式，正可以充当传递商品信息的角色，使消费者和生产者都可以节约时间，并以高速度及时解决各种需求问题。

2. 利于企业竞争

竞争作为市场经济的一个重要特征，对于企业来说是一种挑战，也是一种动力。当今企业与企业之间的竞争，主要表现在两个方面，其一是产品内在质量的竞争，其二就是广告宣传方面的竞争。随着科技水平的不断提高，产品与产品的内在质量差异性将越来越小，相对而言，各企业将愈来愈重视广告方面的竞争。海报作为广告宣传的一种有效媒体，可以用来树立企业的良好形象，提高产品的知名度，开拓市场，促进销售，利于竞争。

3. 刺激大众需求

消费者的某些需求是处于潜在状态之中的，企业如不对其进行刺激，就不可能有消费者的购买行动，企业的产品就卖不出去。海报作为刺激潜在需求的有力武器，其作用不可忽视。

4.4 海报的设计原则

　　海报作为一种宣传的形式，绝不能以某种强制性的理性说教来对待读者，而应首先使读者感到愉悦，继之让读者经诱导而接受海报宣传的意向。所以，现代海报都很注重设计原则，海报的设计原则有以下几个方面。精彩海报效果如图4.4所示。

图4.4 精彩海报效果

1. 真实性

　　海报设计首先要讲究真实，产品宣传要建立在可信的基础上，合理的美化能收到好的效果。如果言过其实，甚至欺骗消费者，会使人烦恼。

2. 引人注目性

　　海报广告能否吸引消费者的注意是个关键，合理的创意设计和艺术处理，使产品的功能或是其他方面能够突出，引起人们的注目，这样才能让消费者注目，刺激消费者的购买欲。

3. 艺术性

　　在海报广告的画面处理上，依据传达商品信息的不同需要采用不同的表现手法，如对比法、夸张法、寓言法、比喻法等，让海报设计看上去更像艺术品，美好的东西最容易让人们记住。

4.5 海报的表现手法

　　表现手法是设计师在艺术创作中所使用的设计手法，如在诗歌文章中行文措辞和表达思想感情时所使用的特殊的语句组织方式一样，它能够将一种概念、一种思想通过精美的构图、版式和色彩，传达给受众者，从而达到传达设计理念或中心思想的目的。

海报设计表现手法主要是通过将不同的图形按照一定的规则在平面上组合，然后制作出要表达的氛围，使受众者能从中体会到设计的理念，达到共鸣，从而起到宣传的目的，有时还会配合一些文字的叙述，更好地将主题思想或设计理念传达给读者，表达手法其实就是一种设计的表达技巧。

1. 直接表现手法

这种手法最为常见，一般将实体产品直接放在画面中，突出新产品本身的特点，给人以逼真的现实感，使消费者对所宣传的产品产生一种真实感、亲切感和信任感。

图 4.5 所示为使用直接展示法制作的海报广告。

图4.5 直接展示法制作的海报

2. 特征表现手法

这种手法主要表现产品的突出特点，就是与别的产品不同的特点，抓住与众不同的特点来加以艺术处理，使消费者能够在短时间内记住新产品的不同点，以此来刺激消费者购买的欲望。

图 4.6 所示为使用突出特征法，突出摄像机的"小巧"特征的海报广告。

图4.6 突出特征法制作的海报

3. 对比表现手法

这种手法是一种在对立冲突中体现艺术之美感的表现手法。它把产品中所描绘的事物的性质和特点放在鲜明的对照和直接对比中来表现，借彼显此，互比互衬，从对比所呈现的差别中，达到集中、简洁、曲折变化的表现。通过这种手法更鲜明地强调或提示产品的性能和特点，给消费者以深刻的视觉感受。

图 4.7 所示为使用对比衬托法制作的海报广告。

图4.7 对比衬托法制作的海报

4. 夸张表现手法

这种手法也是设计中较常使用的手法之一，运用夸张的想象力，对产品的品质或特性的某个方面进行夸大，以加深或扩大这些特征的认识。按其表现的特征，夸张可以分为形态夸张和神情夸张两种类型。通过夸张手法的运用，为广告的艺术美注入浓郁的感情色彩，使产品的个性鲜明、突出、动人。

图 4.8 所示为使用合理夸张法制作的海报广告。

图4.8 合理夸张法制作的海报

5. 联想表现手法

这种手法运用艺术的处理，让人们在看到画面的同时，能产生丰富的联想，突破时空的界限，加深画面的意境。

图4.9所示为运用联想法制作的海报广告。

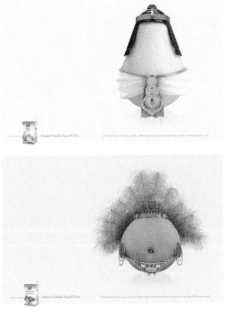

图4.9 运用联想法制作的海报

6. 幽默表现手法

这种手法可以在设计的作品中，巧妙地再现喜剧性特征，抓住生活现象中局部性的东西，或把人们的外貌和举止等某些可笑的特征表现出来，营造出一种充满情趣，引人发笑而又耐人寻味的幽默意境，以别具一格的方式，发挥艺术感染力的作用。

图 4.10 所示为使用幽默法制作的海报广告。

图4.10 使用幽默法制作的海报

7. 抒情表现手法

这种手法将作品赋予感情色彩，让人们在欣赏的同时产生感情的共鸣。"晓之以情，动之以理"说的就是这个意思。

图 4.11 所示为使用以情托物法制作的海报广告。

图4.11 以情托物法制作的海报

8. 偶像表现手法

这种表现手法，运用了人们的崇拜、仰慕或效仿的天性，使之获得心理上的满足，借助名人的形象和知名度，达到宣传诱发的作用，以此激发消费者的购买欲。

图 4.12 所示为选择偶像法制作出的海报广告。

图4.12 选择偶像法制作的海报

4.6 钻戒主题海报设计

◆实例分析

　　本例讲解钻戒主题海报设计。本例在设计过程中，以漂亮的波点作为背景元素，同时将心形图文与钻戒素材图像相结合，整个海报表现出不错的主题效果，最终效果如图 4.13 所示。

难　　度：★ ★ ★
素材文件：第 4 章 \ 钻戒主题海报设计
案例文件：第 4 章 \ 钻戒主题海报背景效果 .ai、钻戒主题海报设计 .psd
在线视频：第 4 章 \4.6 钻戒主题海报设计 .avi

图4.13 最终效果

◆本例知识点

1．"渐变工具" ▨
2．"高斯模糊" 命令
3．"多边形工具" ⬡
4．"内发光" "渐变叠加" 样式

◆操作步骤

4.6.1 使用Illustrator制作圆点背景

01 执行菜单栏中的"文件"|"新建"命令，在弹出的对话框中设置"宽度"为70mm，"高度"为100mm，新建一个空白画板。

02 选择工具箱中的"矩形工具" ▢，绘制1个与画板相同大小的矩形，选择工具箱中的"渐变工具" ▨，在图形上拖动为其填充浅红色（R：255，G:205，B:208）到浅红色（R:242，G:163，B:169）的线性渐变。

03 选择工具箱中的"椭圆工具" ⬭，按住Shift键绘制1个圆形，将"填色"更改为白色，"描边"为无，如图4.14所示。

04 选中圆形，将其"不透明度"更改为20%，如图4.15所示。

图4.14 绘制图形　　　　　　图4.15 更改不透明度

05 以同样的方法再绘制数个圆形，并调整大小、位置及不透明度，如图4.16所示。

图4.16 绘制图形

> **提示**
>
> 绘制图形之后可以适当调整图形的位置及大小。

06 选中左侧圆形，执行菜单栏中的"效果"|"模糊"|"高斯模糊"命令，在弹出的对话框中将"半径"更改为5像素，完成之后单击"确定"按钮，以同样的方法为其他几个圆形添加高斯模糊效果，如图4.17所示。

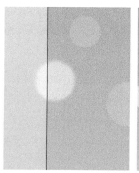

图4.17 添加高斯模糊

07 选择工具箱中的"矩形工具"▦，绘制1个矩形，将"填色"更改为浅红色（R:250，G:153，B:160），"描边"为无，如图4.18所示。

08 选中矩形，按Ctrl+C组合键将其复制，再按Ctrl+F组合键将其粘贴，再将粘贴的图形"填色"更改为红色（R:245，G:100，B:117），再将其高度缩小，如图4.19所示。

图4.18 绘制图形　　　　　　图4.19 复制图形

09 选中最下方矩形，按Ctrl+C组合键将其复制，再按Ctrl+F组合键将其粘贴，按Ctrl+Shift+]组合键将对象移至所有对象上方，如图4.20所示。

10 同时选中所有对象，单击鼠标右键，从弹出的快捷菜单中选择"建立剪切蒙版"命令，将部分图像隐藏，如图4.21所示。

图4.20 复制图形　　　　　　图4.21 建立剪切蒙版

4.6.2 使用Photoshop制作文字及主视觉图像

01 执行菜单栏中的"文件"|"打开"命令，打开"钻戒主题海报背景效果.ai"文件，如图4.22所示。

02 执行菜单栏中的"图层"|"新建"|"图层背景"命令,将普通图层转换为背景图层。

03 选择工具箱中的"钢笔工具" ✐,在选项栏中单击"选择工具模式" 路径 按钮,在弹出的选项中选择"形状",将"填充"更改为红色(R:250,G:96,B:114),"描边"更改为无。

04 在背景靠顶部位置绘制1个不规则图形,将生成一个"形状 1"图层,如图4.23所示。

图4.22 打开素材　　　　图4.23 绘制图形

05 在"图层"面板中,选中"形状 1"图层,单击面板底部的"添加图层样式" *fx* 按钮,在菜单中选择"内发光"命令。

06 在弹出的对话框中将"不透明度"更改为100%,"颜色"更改为白色,"大小"更改为20像素,完成之后单击"确定"按钮,如图4.24所示。

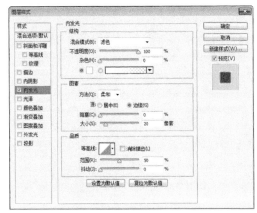

图4.24 设置内发光

07 在"形状1"图层样式名称上单击鼠标右键,从弹出的快捷菜单中选择"创建图层"命令,将

生成1个"'形状 1'的内发光"图层。

08 在"图层"面板中,选中"'形状 1'的内发光"图层,单击面板底部的"添加图层蒙版" ◻ 按钮,为其添加图层蒙版,如图4.25所示。

09 选择工具箱中的"画笔工具" ✐,在画布中单击鼠标右键,在弹出的面板中选择1种圆角笔触,将"大小"更改为150像素,"硬度"更改为0,将前景色更改为黑色,如图4.26所示。

 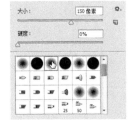

图4.25 添加图层蒙版　　图4.26 设置笔触

10 在图像中心形边缘部分区域涂抹,将部分发光效果隐藏,如图4.27所示。

11 选择工具箱中的"横排文字工具" **T**,在背景中添加文字,如图4.28所示。

图4.27 隐藏发光效果　　图4.28 添加文字

12 选择工具箱中的"多边形工具" ⬡,在选项栏中将"填充"更改为白色,"描边"为无,单击 ⚙ 按钮,在弹出的小面板选择中分别勾选"星形"及"平滑缩进"复选框,"缩进边依据"更改为70%,在文字左侧绘制1个星形,将生成一个"多边形1"图层,如图4.29所示。

13 选中星形,在画布中按住Alt键拖动,将图形复制数份,并将部分星形缩小,如图4.30所示。

图4.29 绘制星形

图4.30 复制图形

18 选择工具箱中的"横排文字工具" **T**，在图形位置添加文字，如图4.33所示。

19 在"图层"面板中，选中文字所在图层，单击鼠标右键，从弹出的快捷菜单中选择"转换为形状"命令，如图4.34所示。

图4.33 添加文字

图4.34 转换为形状

14 选择工具箱中的"钢笔工具" **≥**，在选项栏中单击"选择工具模式" 路径 ÷ 按钮，在弹出的选项中选择"形状"，将"填充"更改为红色（R:253，G:59，B:68），"描边"更改为无。

15 在心形底部位置绘制1个不规则图形，将生成一个"形状2"图层，如图4.31所示。

图4.31 绘制图形

16 在"图层"面板中，选中"形状2"图层，单击面板底部的"添加图层样式" **fx** 按钮，在菜单中选择"渐变叠加"命令。

17 在弹出的对话框中将"混合模式"更改为叠加，"渐变"更改为透明到白色再到透明，将白色色标"位置"更改为50%，"角度"更改为0度，完成之后单击"确定"按钮，如图4.32所示。

图4.32 设置渐变叠加

20 选中文字图层，按Ctrl+T组合键对其执行"自由变换"命令，单击鼠标右键，从弹出的快捷菜单中选择"变形"命令，拖动变形框控制点将文字变形，完成之后按Enter键确认，如图4.35所示。

21 选择工具箱中的"横排文字工具" **T**，在图形位置添加文字，如图4.36所示。

图4.35 将文字变形

图4.36 添加文字

22 在"图层"面板中，选中"形状1"图层，将其拖至面板底部的"创建新图层" **⊡** 按钮上，复制1个"形状1 副本"图层。

23 选中"形状1"图层，在画布中按住Alt键向左下角拖动，将图形复制1份并缩小及旋转，如图4.37所示。

24 选中"形状1"图层，在画布中按住Alt+Shift组合键向右侧拖动，将图形复制两份，如图4.38所示。

图4.37 缩小图形　　　图4.38 复制图形

25 执行菜单栏中的"文件"|"打开"命令，打开"戒指.psd"文件，将图像拖入画布中等比缩小，如图4.39所示。

图4.39 添加素材

26 选择工具箱中的"椭圆工具" ⬭，在选项栏中将"填充"更改为黑色，"描边"为无，在戒指图像底部绘制1个椭圆，将生成一个"椭圆 1"图层，如图4.40所示。

27 在"图层"面板中，选中"椭圆 1"图层，将其图层混合模式更改为叠加，如图4.41所示。

图4.40 绘制图形　　　图4.41 设置图层混合模式

28 执行菜单栏中的"滤镜"|"模糊"|"高斯模糊"命令，在弹出的对话框中将"半径"更改为5像素，完成之后单击"确定"按钮，如图4.42所示。

图4.42 添加高斯模糊

29 选择工具箱中的"横排文字工具" **T**，在背景中添加文字，这样就完成了效果制作，最终效果如图4.43所示。

图4.43 最终效果

4.7 音乐海报设计

◆实例分析

　　本例讲解音乐海报设计，本例中海报以音乐为主题，使用神秘高雅紫作为主色调，以不规则图形作为装饰，整个海报视觉效果十分出色，最终效果如图 4.44 所示。

难　度：★★★★
素材文件：第 4 章 \ 音乐海报设计
案例文件：第 4 章\音乐海报背景效果.ai、音乐海报设计.psd
在线视频：第 4 章 \4.7 音乐海报设计 .avi

图4.44 最终效果

◆本例知识点

1．"旋转工具" ↻
2．"画笔"面板
3．"多边形工具" ⬡
4．"内发光" "外发光" "描边" 样式

◆操作步骤

4.7.1 使用Illustrator制作圆点背景

01 执行菜单栏中的"文件"|"新建"命令，在弹出的对话框中设置"宽度"为70mm，"高度"为100mm，新建一个空白画板。

02 选择工具箱中的"矩形工具" ▢，绘制1个与画板相同大小的矩形，选择工具箱中的"渐变工具" ▢，在图形上拖动为其填充紫色（R:25，G:0，B:30）到紫色（R:107，G:5，B:117）的线性渐变。

03 选择工具箱中的"矩形工具" ▢，在画板左上角按住Shift键绘制1个矩形，将"填色"更改为白色，"描边"为无。

04 选中图形，选择工具箱中的"旋转工具" ↻，按住Shift键将图形旋转45度，如图4.45所示。

05 选中图形，按住Alt+Shift组合键向右侧拖动将其复制，如图4.46所示。

图4.45 旋转图形　　　　图4.46 复制图形

06 按Ctrl+D组合键数次，将图形复制多份，如图4.47所示。

07 同时选中几个图形，在"路径查找器"面板中，单击"联集" ⬚ 按钮，在"透明度"面板中，将其混合模式更改为叠加，"不透明度"更改为20%，如图4.48所示。

图4.47 复制多份图形　　　　图4.48 更改混合模式

08 选中图形，选择工具箱中的"渐变工具" ▢，在图形上拖动为其填充透明到白色的线性渐变，如图4.49所示。

图4.49 填充渐变

09 选中图形，按住Alt键向下拖动，将图形复制1份，再同时选中两排图形，按住Alt+Shift组合键向下方拖动将其复制，如图4.50所示。

图4.50 复制图形

10 按Ctrl+D组合键数次，将图形复制多份，如图4.51所示。

图4.51 复制多份图形

11 选择工具箱中的"矩形工具" ▣，在画板左上角绘制1个矩形，将"填色"更改为白色，"描边"为无，如图4.52所示。

12 选中矩形，在"透明度"面板中，将其混合模式更改为叠加，"不透明度"更改为30%，如图4.53所示。

图4.52 绘制图形　　　　图4.53 更改混合模式

13 选择工具箱中的"直接选择工具" ▷，选中矩形左下角锚点向上拖动，将图形变形，如图4.54所示。

14 选中图形，按住Alt+Shift组合键向右侧拖动将其复制，如图4.55所示。

图4.54 拖动锚点　　　　图4.55 复制图形

15 选中右侧图形，双击工具箱中的"镜像工具" ▷∖，在弹出的对话框中勾选"垂直"单选按钮，完成之后单击"确定"按钮，如图4.56所示。

16 以同样方法将图形复制多份，如图4.57所示。

图4.56 将图形翻转　　　　图4.57 复制图形

17 同时选中画板顶部区域图形，按住Alt+Shift组合键向底部拖动将其复制，如图4.58所示。

18 双击工具箱中的"镜像工具" ▷∖，在弹出的对话框中勾选"水平"单选按钮，完成之后单击"确定"按钮，如图4.59所示。

图4.58 复制图形　　　　图4.59 变换图形

19 选中最底部矩形，按Ctrl+C组合键将其复制，再按Ctrl+F组合键将其粘贴，按Ctrl+Shift+]组合键将对象移至所有对象上方，如图4.60所示。

20 同时选中所有对象，单击鼠标右键，从弹出的快捷菜单中选择"建立剪切蒙版"命令，将部分图像隐藏，如图4.61所示。

图4.60 复制图形　　　图4.61 建立剪切蒙版

4.7.2 使用Photoshop制作主题文字

01 执行菜单栏中的"文件"|"打开"命令，打开"音乐海报背景效果.ai"文件，如图4.62所示。

02 执行菜单栏中的"图层"|"新建"|"图层背景"命令，将普通图层转换为背景图层。

03 选择工具箱中的"椭圆工具" ，在选项栏中将"填充"更改为白，"描边"为无，按住Shift键绘制1个圆形，将生成一个"椭圆 1"图层，如图4.63所示。

图4.62 打开素材　　　图4.63 绘制图形

04 在"图层"面板中，选中"椭圆 1"图层，将其拖至面板底部的"创建新图层" 按钮上，复制

1个"椭圆 副本"图层。

05 在"图层"面板中，选中"椭圆1 副本"图层，单击面板底部的"添加图层样式" **fx**按钮，在菜单中选择"内发光"命令。

06 在弹出的对话框中将"颜色"更改为青色（R:0，G:255，B:246），"大小"更改为50像素，如图4.64所示。

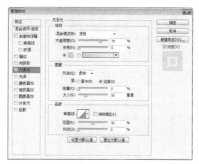

图4.64 设置内发光

07 勾选"外发光"复选框，将"混合模式"更改为正常，"颜色"更改为青色（R:0，G:255，B:246），"大小"更改为60像素，完成之后单击"确定"按钮，如图4.65所示。

图4.65 设置外发光

08 在"图层"面板中，选中"椭圆1 副本"图层，将其图层"填充"更改为0，如图4.66所示。

图4.66 更改填充

09 选中"椭圆 1"图层,将其"填充"更改为无,"不透明度"更改为70%,在选项栏中将"描边"更改为白色,"描边宽度"更改为7点,再按Ctrl+T组合键对其执行"自由变换"命令,当出现变形框以后按住Shift+Alt组合键将图形等比缩小,完成之后按Enter键确认,如图4.67所示。

图4.67 缩小图形

10 选择工具箱中的"横排文字工具" **T**,在背景中添加文字,如图4.68所示。

11 选中"嘉华 音乐节"图层,按Ctrl+T组合键对其执行"自由变换"命令,单击鼠标右键,从弹出的快捷菜单中选择"斜切"命令,拖动变形框控制点将文字变形,完成之后按Enter键确认,如图4.69所示。

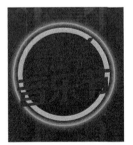

图4.68 添加文字　　　　图4.69 将文字变形

12 在"图层"面板中,选中"嘉华 音乐节"图层,单击面板底部的"添加图层样式" **fx**按钮,在菜单中选择"描边"命令。

13 在弹出的对话框中将"大小"更改为7像素,"位置"更改为居中,"颜色"更改为白色,如图4.70所示。

图4.70 设置描边

14 勾选"内发光"复选框,将"混合模式"更改为叠加,"不透明度"更改为100%,"颜色"更改为白色,"阻塞"更改为10%,"大小"更改为17像素,如图4.71所示。

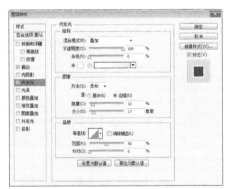

图4.71 设置内发光

15 勾选"外发光"复选框,将"混合模式"更改为叠加,"不透明度"更改为100%,"颜色"更改为白色,"大小"更改为15像素,如图4.72所示。

图4.72 设置外发光

16 勾选"投影"复选框，将"混合模式"更改为正常，"颜色"更改为紫色（R:138，G:12，B:149），"不透明度"更改为100%，"距离"更改为10像素，"扩展"更改为100%，"大小"更改为2像素，完成之后单击"确定"按钮，如图4.73所示。

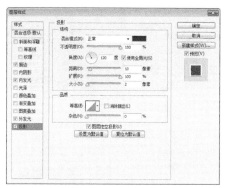

图4.73 设置投影

17 在"画笔"面板中，选择1个圆角笔触，将"大小"更改为20像素，"间距"更改为1000%，如图4.74所示。

18 勾选"形状动态"复选框，将"大小抖动"更改为100%，如图4.75所示。

图4.74 设置画笔笔尖形状   图4.75 设置形状动态

19 单击面板底部的"创建新图层"按钮，在文字图层下方新建一个"图层1"图层。

20 将前景色更改为白色，在画布中拖动添加图像，如图4.76所示。

图4.76 添加图像

21 在"图层"面板中，选中"图层1"图层，将其图层混合模式更改为叠加，如图4.77所示。

22 将"图层1"拖至面板底部的"创建新图层"按钮上，复制1个"图层1 副本"图层，如图4.78所示。

图4.77 设置图层混合模式   图4.78 复制图层

4.7.3 使用Photoshop制作装饰元素

01 选择工具箱中的"多边形工具"，在选项栏中将"填充"更改为白色，"描边"为无，单击按钮，在弹出的小面板选择中勾选"星形"复选框，"缩进边依据"更改为50%，在圆形顶部绘制1个星形，将生成一个"多边形 1"图层，如图4.79所示。

图4.79 绘制图形

02 在"图层"面板中，选中"多边形 1"图层，单击面板底部的"添加图层样式"**fx**按钮，在菜单中选择"外发光"命令。

03 在弹出的对话框中将"混合模式"更改为正常，"颜色"更改为紫色（R:255，G:0，B:222，"大小"更改为10像素，完成之后单击"确定"按钮，如图4.80所示。

图4.80 设置外发光

04 选中"多边形1"图层，在画布中按住Alt键向左侧拖动，将图形复制1份，将复制生成的图形等比缩小，以同样的方法将星形向右侧拖动将图形复制1份，如图4.81所示。

图4.81 复制图形

05 执行菜单栏中的"文件"|"打开"命令，打开"喇叭和爵士鼓.psd"文件，将图像拖入画布中等比缩小，并将这两个图层移至"背景"图层上方，如图4.82所示。

06 在"图层"面板中，选中"喇叭"图层，将其拖至面板底部的"创建新图层" 按钮上，复制1个"喇叭 副本"图层。

07 选中"喇叭 副本"图层，按Ctrl+T组合键对其执行"自由变换"命令，单击鼠标右键，从弹出的快捷菜单中选择"水平翻转"命令，完成之后按Enter键确认，将图像向右侧移动，如图4.83所示。

图4.82 添加素材　　　　　图4.83 复制图像

08 选择工具箱中的"钢笔工具" ，在选项栏中单击"选择工具模式" 路径 按钮，在弹出的选项中选择"形状"，将"填充"更改为白色，"描边"更改为无。

09 在画布左上角位置绘制1个三角形，将生成一个"形状1"图层，如图4.84所示。

图4.84 绘制图形

10 选中"形状1"图层，执行菜单栏中的"滤镜"|"模糊"|"动感模糊"命令，在弹出的对话框中将"角度"更改为-60度，"距离"更改为300像素，完成之后单击"确定"按钮，如图4.85所示。

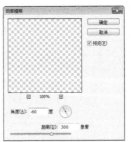

图4.85 设置动感模糊

11 在"图层"面板中，选中"形状1"图层，将其图层混合模式更改为叠加，如图4.86所示。

图4.86 设置图层混合模式

12 在"图层"面板中，选中"形状1"图层，将其拖至面板底部的"创建新图层" 🔲 按钮上，复制1个"形状1 副本"图层，将其"不透明度"更改为50%，如图4.87所示。

图4.87 复制图层

13 同时选中"形状1"及"形状1 副本"图层，按住Alt键向右上角稍微拖动，将图像复制，再按Ctrl+T组合键对其执行"自由变换"命令，当出现变形框以后按住Shift+Alt组合键将图像等比缩小，完成之后按Enter键确认，如图4.88所示。

14 同时选中所有和形状1相关的图层，按住Alt键向右侧拖动，将图像复制，再按Ctrl+T组合键对其执行"自由变换"命令，当出现变形框以后单击鼠标右键，从弹出的快捷菜单中选择"水平翻转"命令，完成之后按Enter键确认，如图4.89所示。

图4.88 复制图像

图4.89 复制并变换图像

15 选择工具箱中的"横排文字工具" **T**，在背景中添加文字，如图4.90所示。

图4.90 添加文字

16 在"图层"面板中，选中刚才添加的文字图层，单击面板底部的"添加图层样式" **fx** 按钮，在菜单中选择"渐变叠加"命令。

17 在弹出的对话框中将"渐变"更改为紫色（R:175，G:47，B:186）到紫色（R:254，G:163，B:255），如图4.91所示。

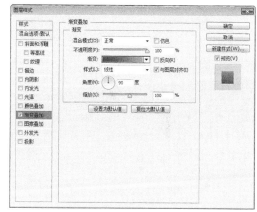

图4.91 设置渐变叠加

18 勾选"投影"复选框，将"混合模式"更改为正常，"颜色"更改为紫色（R:114，G:8，B:137），"不透明度"更改为100%，取消"使用全局光"复选框，"距离"更改为2像素，"扩展"更改为50%，"大小"更改为1像素，完成之后单击"确定"按钮，如图4.92所示。

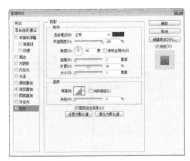

图4.92 设置投影

19 选择工具箱中的“横排文字工具”T，在背景中添加文字，这样就完成了效果制作，最终效果如图4.93所示。

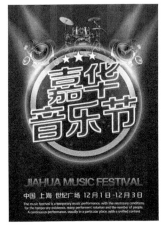

图4.93 最终效果

4.8 美食大优惠海报设计

◆实例分析

本例讲解美食大优惠海报，本例的海报制作过程比较简单，主要以美食为主视觉图像，同样添加变形文字，构成完整的海报效果，最终效果如图 4.94 所示。

难　　度：★★★	
素材文件：第 4 章 \ 美食大优惠海报	
案例文件：第 4 章 \ 美食大优惠海报设计 .ai、美食大优惠海报设计 .psd	
在线视频：第 4 章 \4.8　美食大优惠海报设计 .avi	

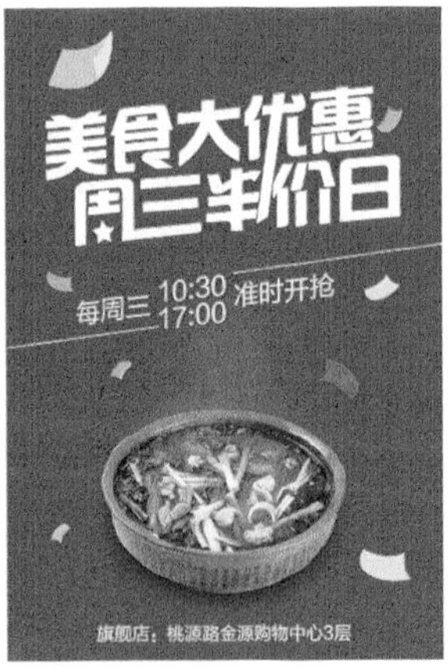

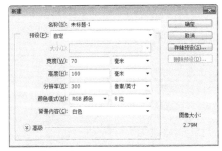

图4.94 最终效果

◆本例知识点

1. “高斯模糊”命令
2. “画笔工具”
3. “直接选择工具”
4. “星形工具”

◆操作步骤

4.8.1 使用Photoshop制作海报背景

01 执行菜单栏中的“文字”|“新建”命令，在弹出的对话框中设置“宽度”为70mm，“高度”为100mm，“分辨率”为300像素/英寸，新建一个空白画布，如图4.95所示。

图4.95 新建画布

02 将画布填充为红色（R:230，G:50，B:67），执行菜单栏中的"文件"|"打开"命令，打开"菜.psd"文件，将打开的素材拖入画布中靠底部并缩小，如图4.96所示。

03 选择工具箱中的"椭圆工具" ⬤，在选项栏中将"填充"更改为深红色（R:80，G:5，B:12），"描边"为无，在菜图像底部绘制1个椭圆图形，如图4.97所示。

图4.96 添加素材　　　　图4.97 绘制图形

04 执行菜单栏中的"滤镜"|"模糊"|"高斯模糊"命令，在弹出的对话框中将"半径"更改为20像素，完成之后单击"确定"按钮，如图4.98所示。

图4.98 添加高斯模糊

05 单击面板底部的"创建新图层" ▣ 按钮，新建一个"图层1"图层，如图4.99所示。

06 按D键恢复默认前景色及背景色，执行菜单栏中的"滤镜"|"渲染"|"云彩"命令，如图4.100所示。

图4.99 新建图层　　　　图4.100 添加云彩

07 选中"图层1"图层，将其图层混合模式设置为"滤色"，"不透明度"更改为50%，如图4.101所示。

图4.101 设置图层混合模式

08 在"图层"面板中，选中"图层1"图层，单击面板底部的"添加图层蒙版" ▣ 按钮，为其图层添加图层蒙版，如图4.102所示。

09 选择工具箱中的"画笔工具" ✏，在画布中单击鼠标右键，在弹出的面板中选择1种圆角笔触，将"大小"更改为300像素，"硬度"更改为0，如图4.103所示。

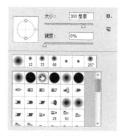

图4.102 添加图层蒙版　　　图4.103 设置笔触

10 将前景色更改为黑色，在图像上部分区域涂抹将其隐藏，如图4.104所示。

图4.104 隐藏图像

4.8.2 使用Illustrator添加图文及装饰

01 执行菜单栏中的"文件"|"打开"命令，打开"背景.psd"文件。

02 在弹出的对话框中勾选"将图层拼合为单个图像"单选按钮，完成之后单击确定按钮。

03 选择工具箱中的"横排文字工具" **T**，添加文字，如图4.105所示。

04 同时选中两个文字，单击鼠标右键，在弹出的菜单中选择"创建轮廓"命令，如图4.106所示。

图4.105 添加文字　　　　图4.106 创建轮廓

05 选中上方文字，选择工具箱中的"自由变换工具" ，将鼠标指针移至变形框右侧位置向上拖动将其斜切变形，以同样方法将下方文字斜切变形，如图4.107所示。

图4.107 将文字变形

06 选择工具箱中的"直接选择工具" ，拖动文字部分锚点将其变形，如图4.108所示。

07 选中"周"字部分结构，将其删除，如图4.109所示。

图4.108 将文字变形　　　　图4.109 删除结构

08 选择工具箱中的"星形工具" ☆，将"填色"更改为白色，"描边"为无，在"周"字空缺位置绘制1个星形，如图4.110所示。

图4.110 绘制图形

09 选择工具箱中的"横排文字工具" **T**，添加文字。

10 以刚才同样方法将文字斜切变形，如图4.111所示。

图4.111 将文字变形

11 选择工具箱中的"直线段工具" ，将"填色"更改为无，"描边"为白色，"粗细"为0.5，在刚才添加的文字位置绘制两条线段，如图4.112所示。

图4.112 绘制线段

12 选择工具箱中的"钢笔工具" ，在海报左上角绘制1个不规则图形，将"填色"更改为黄色（R:255，G:208，B:12），在海报顶部绘制1个不规则图形。

13 以同样方法再绘制1个黄色（R:255，G:238，B:114）图形，如图4.113所示。

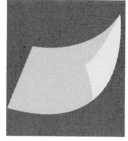

图4.114 复制图形　　　　图4.115 建立剪切蒙版

16 以同样的方法在其他位置绘制数个相似图形，如图4.116所示。

17 选择工具箱中的"横排文字工具" **T**，添加文字，这样就完成了效果制作，最终效果如图4.117所示。

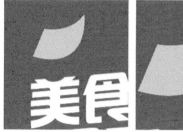

图4.113 绘制图形

14 选中下方图形，按Ctrl+C组合键将其复制，再按Ctrl+Shift+V组合键将其粘贴，如图4.114所示。

15 同时选中3个图形，单击鼠标右键，在弹出的菜单中选择"建立剪切蒙版"命令，如图4.115所示。

图4.116 绘制图形　　　　图4.117 最终效果

4.9 饮料海报设计

◆ 实例分析

　　本例讲解饮料海报设计制作，此款海报的背景以突出渐变颜色为主，将两个区域的高光图像组合形成一种虚拟的立体感，在制作过程中应当留意为素材图像添加绿色渲染，这样可以更好地与背景相对应，最终效果如图 4.118 所示。

难　度：★★★★
素材文件：第 4 章 \ 饮料海报
案例文件：第 4 章 \ 饮料海报背景 .ai、饮料海报设计 .psd
在线视频：第 4 章 \4.9 饮料海报设计 .avi

图4.118 最终效果

◆操作步骤

4.9.1 使用Illustrator制作背景

01 执行菜单栏中的"文件"|"新建"命令，在弹出的对话框中设置"宽度"为7cm，"高度"为9cm，新建一个空白画板，如图4.119所示。

图4.119 新建文档

02 选择工具箱中的"矩形工具" ■，将"填色"更改为绿色（R:47，G:86，B:20），绘制一个与画板大小相同的矩形，如图4.120所示。

03 选择工具箱中的"椭圆工具" ●，将"填色"更改为绿色（R:85，G:146，B:50），在画板中间位置绘制一个椭圆图形，如图4.121所示。

图4.120 绘制矩形

图4.121 绘制椭圆

04 选中绘制的图形，执行菜单栏中的"效果"|"模糊"|"高斯模糊"命令，在弹出的对话框中将"半径"更改为90像素，完成之后单击"确定"按钮，如图4.122所示。

图4.122 设置高斯模糊

05 选中添加高斯模糊后的图像，按Ctrl+C组合键将其复制，再按Ctrl+F组合键将其粘贴至当前图像前方，如图4.123所示。

06 缩小上方图像高度，并将其移至画板靠底部位置，如图4.124所示。

图4.123 复制并粘贴图像

图4.124 变换图像

4.9.2 使用Photoshop添加素材并处理

01 执行菜单栏中的"文件"|"打开"命令，打开"饮料海报背景.ai"文件，其图层名称将更改为"图层1"，如图4.125所示。

02 选中"图层1"图层，执行菜单栏中的"图层"|"新建"|"图层背景"命令，如图4.126所示。

图4.125 打开素材　　　图4.126 转换图层背景

03 执行菜单栏中的"文件"|"打开"命令，打开"饮料.psd"文件，将打开的素材拖入画布中并适当缩小，如图4.127所示。

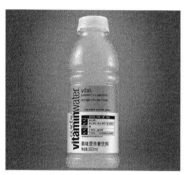

图4.127 添加素材

04 在"图层"面板中，选中"饮料"图层，单击面板底部的"添加图层样式" *fx* 按钮，在菜单中选择"渐变叠加"命令，在弹出的对话框中将"混合模式"更改为叠加，"渐变"更改为绿色（R:42，G:82，B:20）到绿色（R:87，G:160，B:44），完成之后单击"确定"按钮，如图4.128所示。

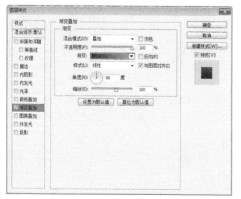

图4.128 设置渐变叠加

05 在"图层"面板中，选中"饮料"图层，将其拖至面板底部的"创建新图层" 按钮上，复制一个"饮料 拷贝"图层，选中"饮料 拷贝"图层，在其图层名称上单击鼠标右键，从弹出的快捷菜单中选择"栅格化图层样式"命令，如图4.129所示。

06 选中"饮料 拷贝"图层，按Ctrl+T组合键对其执行"自由变换"命令，单击鼠标右键，从弹出的快捷菜单中选择"垂直翻转"命令，完成之后按Enter键确认，将图像与原图像底部对齐，如图4.130所示。

　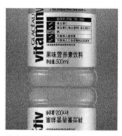

图4.129 复制图层　　　图4.130 变换图像

07 在"图层"面板中，选中"饮料 拷贝"图层，单击面板底部的"添加图层蒙版" 按钮，为其添加图层蒙版，如图4.131所示。

08 选择工具箱中的"渐变工具" ，编辑黑色到白色的渐变，单击选项栏中的"线性渐变" 按钮，在其图像上拖动将部分图像隐藏，如图4.132所示。

　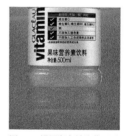

图4.131 添加图层蒙版　　　图4.132 设置渐变并隐藏图形

09 执行菜单栏中的"文件"|"打开"命令，打开"苹果和冰.psd"文件，将打开的素材拖入画布中饮料底部位置并适当缩小，如图4.133所示。

10 选中部分冰和苹果图像，按住Alt键将其复制数份并适当缩放，如图4.134所示。

图4.133 添加素材

图4.134 复制图像

11 同时选中所有和"冰"相关的图层,按Ctrl+G组合键将其编组,将生成的组名称更改为"冰",如图4.135所示。

12 在"图层"面板中,选中"冰"组,将其拖至面板底部的"创建新图层" 按钮上,复制1个"冰 拷贝"组,选中"冰 拷贝"组按Ctrl+E组合键将其合并,此时将生成一个"冰 拷贝"图层,如图4.136所示。

图4.135 将图层编组

图4.136 复制及合并组

13 在"图层"面板中,选中"冰 拷贝"图层,单击面板上方的"锁定透明像素" 按钮,将透明像素锁定,将图像填充为绿色(R:42,G:82,B:20),填充完成之后再次单击此按钮将其解除锁定,再将其图层混合模式更改为柔光,"不透明度"更改为80%,如图4.137所示。

图4.137 锁定透明像素并填充颜色

14 同时选中除"背景""饮料"及"饮料 拷贝"图层之外的所有图层,按Ctrl+G组合键将其编组,此时将生成一个"组1"组,如图4.138所示。

15 在"图层"面板中,选中"组1"组,将其拖至面板底部的"创建新图层" 按钮上,复制1个"组1 拷贝"组,选中"组1"组,按Ctrl+E组合键将其合并,此时将生成一个"组1"图层,如图4.139所示。

图4.138 将图层编组

图4.139 复制及合并组

16 选中"组1"图层,按Ctrl+T组合键对其执行"自由变换"命令,单击鼠标右键,从弹出的快捷菜单中选择"垂直翻转"命令,完成之后按Enter键确认,将图像与原图像对齐,如图4.140所示。

17 在"图层"面板中,选中"组1"图层,单击面板底部的"添加图层蒙版" 按钮,为其添加图层蒙版,如图4.141所示。

图4.140 变换图像

图4.141 添加图层蒙版

18 选择工具箱中的"渐变工具" ,编辑黑色到白色的渐变,单击选项栏中的"线性渐变"按钮,在其图像上拖动将部分图像隐藏,如图4.142所示。

图4.142 隐藏图像制作倒影

19 选择工具箱中的"椭圆工具"，在选项栏中将"填充"更改为浅绿色（R:165，G:203，B:125），"描边"为无，在画布中饮料瓶位置绘制一个椭圆图形，此时将生成一个"椭圆1"图层，将其移至"背景"图层上方，如图4.143所示。

图4.143 绘制图形

20 选中"椭圆1"图层，按Ctrl+Alt+F组合键打开"高斯模糊"命令对话框，在弹出的对话框中将"半径"更改为100像素，完成之后单击"确定"按钮，如图4.144所示。

图4.144 设置高斯模糊

4.9.3 绘制光线特效

01 选择工具箱中的"钢笔工具"，沿着饮料图像位置绘制一条弯曲的路径，如图4.145所示。

02 在"图层"面板中，单击面板底部的"创建新图层"按钮，新建一个"图层1"图层，如图4.146所示。

图4.145 绘制路径　　　　　图4.146 新建图层

03 选择工具箱中的"画笔工具"，在画布中右击鼠标，在弹出的面板中，选择一种圆角笔触，将"大小"更改为18像素，"硬度"更改为0，如图4.147所示。

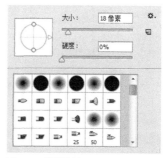

图4.147 设置笔触

04 选中"图层1"图层，将前景色更改为绿色（R:198，G:240，B:116），在"路径"面板中路径名称上单击鼠标右键，从快捷菜单中选择"描边路径"命令，在弹出的对话框中勾选"模拟压力"复选框，设置完成之后单击"确定"按钮，如图4.148所示。

图4.148 设置描边路径

05 选中"图层1"图层，执行菜单栏中的"滤镜"|"模糊"|"高斯模糊"命令，在弹出的对话框中将"半径"更改为5像素，设置完成之后单击"确定"按钮，如图4.149所示。

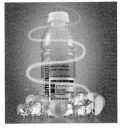

图4.149 设置高斯模糊

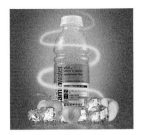

图4.153 隐藏图像

06 在"图层"面板中，选中"图层1"图层，将其拖至面板底部的"创建新图层" 按钮上，复制一个"图层1 拷贝"图层。

07 选中"图层1"图层，在画布中按Ctrl+Alt+F组合键打开"高斯模糊"命令对话框，在弹出的对话框中将"半径"更改为10像素，完成之后单击"确定"按钮，如图4.150所示。

11 在"画笔"面板中，选择一个圆角笔触，将"大小"更改为20像素，"硬度"更改为100%，"间距"更改为300%，如图4.154所示。

12 勾选"形状动态"复选框，将"大小抖动"更改为85%，如图4.155所示。

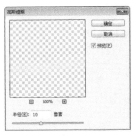

图4.150 设置高斯模糊

图4.154 设置画笔笔尖形状　　图4.155 设置形状动态

08 选中"图层1 拷贝"图层，按Ctrl+E组合键向下合并，此时将生成一个"图层1"图层，单击面板底部的"添加图层蒙版" 按钮，为其添加图层蒙版，如图4.151所示。

09 选择工具箱中的"画笔工具" ，在画布中单击鼠标右键，在弹出的面板中选择一种圆角笔触，将"大小"更改为100像素，"硬度"更改为0，如图4.152所示。

13 勾选"散布"复选框，将"散布"更改为200%，将"数量抖动"更改为100%，如图4.156所示。

14 勾选"平滑"复选框，如图4.157所示。

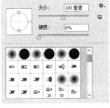

图4.151 添加图层蒙版　　图4.152 设置画笔

图4.156 设置散布　　图4.157 勾选平滑

10 将前景色更改为黑色，在其图像上部分区域涂抹将其隐藏，如图4.153所示。

15 选中"椭圆1"图层,单击面板底部的"创建新图层" ⬚ 按钮,新建一个"图层2"图层,如图4.158所示。

16 将前景色更改为白色,选中"图层2"图层,在饮料图像位置涂抹添加圆点图像,如图4.159所示。

图4.158 新建图层

图4.159 添加图像

17 选中"图层 2"图层,执行菜单栏中的"滤镜"|"模糊"|"高斯模糊"命令,在弹出的对话框中将"半径"更改为5像素,完成之后单击"确定"按钮,如图4.160所示。

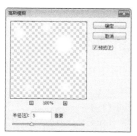

图4.160 设置高斯模糊

18 在"图层"面板中,选中"图层2"图层,单击面板上方的"锁定透明像素" ⬚ 按钮,将透明像素锁定,如图4.161所示。

19 选择工具箱中的"画笔工具" ✏, 在画布中单击鼠标右键,在弹出的面板中选择一种圆角笔触,将"大小"更改为130像素,"硬度"更改为0,如图4.162所示。

图4.161 锁定透明像素

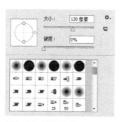

图4.162 设置笔触

20 将前景色更改为绿色(R:176, G:233, B:132), 选中"图层2"图层,在其图像上单击添加颜色,如图4.163所示。

图4.163 更改部分图像颜色　　图4.164 添加文字

01 选择工具箱中的"横排文字工具" T, 在画布适当位置添加文字,如图4.164所示。

02 在"图层"面板中,选中"PURE FRUIT JUNICE DELICIOUS"图层,单击面板底部的"添加图层样式" fx 按钮,在菜单中选择"渐变叠加"命令,在弹出的对话框中将"渐变"更改为绿色(R:183, G:222, B:153)到绿色(R:130, G:175, B:96),完成之后单击"确定"按钮,如图4.165所示。

图4.165 设置渐变叠加

03 将鼠标指针放在"PURE FRUIT JUNICE DELICIOUS"图层上,单击鼠标右键,从弹出的快捷菜单中选择"拷贝图层样式"命令,将鼠标指针放在"FRESH FRUIT JUNICE DRINKS"图层上,单击鼠标右键,从弹出的快捷菜单中选择"粘贴图层样式"命令,双击"FRESH FRUIT JUNICE DRINKS"图层样式名称,在弹出的对话框中将"不透明度"更改为50%，如图4.166所示。

图4.166 拷贝并粘贴图层样式

04 单击面板底部的"创建新图层" ⬚ 按钮，新建一个"图层3"图层，如图4.167所示。

05 选中"图层3"图层，按Ctrl+Alt+Shift+E组合键执行盖印可见图层命令，如图4.168所示。

图4.167 新建图层　　　图4.168 盖印可见图层

06 在"图层"面板中，选中"图层 3"图层，将其图层混合模式设置为"叠加"，"不透明度"更改为50%，这样就完成了效果制作，最终效果如图4.169所示。

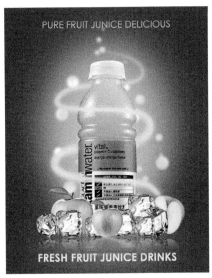

图4.169 最终效果

4.10 知识拓展

　　海报是以图形、文字、色彩等诸多视觉元素为表现手段，迅速直观地传递政策、商业、文化等各类信息的一种视觉传媒。本章通过 4 个精选实例，讲解了海报的制作过程。通过本章的学习，可以掌握商业海报的设计技巧。

4.11 拓展训练

　　海报设计是视觉传达的表现形式之一，通过版面的构成在第一时间内将人们的目光吸引，并使其获得瞬间的刺激。本章安排了 3 个拓展训练供读者练习，以巩固本章所学到的知识。

训练4-1 3G宣传海报设计

◆实例分析

　　本例主要讲解的是 3G 宣传海报设计制作，本广告的图形及色彩搭配十分舒适，将扭曲的图形

搭配添加的素材，使整个广告十分协调。最终
效果如图 4.170 所示。

难　度：★★★★
素材文件：第 4 章\3G 宣传海报设计
案例文件：第 4 章\3G 宣传海报设计 .ai、3G 宣传海报背景处理 .psd
在线视频：第 4 章\训练 4-1 3G 宣传海报设计 .avi

图4.170　最终效果

◆本例知识点

1．"直线工具" ✏
2．"合并形状" 命令
3．"斜面和浮雕" "描边" "渐变叠加" 样式
4．"色相 / 饱和度" 命令

训练4-2 地产海报设计

◆实例分析

　　本例讲解地产海报设计，本例的制作比较
简单，以渐变颜色为背景，添加的光晕装饰图
像使整个海报有一个视觉焦点，制作过程虽简
单，但效果却不错，经过变形后的文字在视觉
上更显眼，同时商业效应相当出色，最终效果
如图 4.171 所示。

难　度：★★★★
素材文件：无
案例文件：第 4 章\地产海报设计 .ai、地产海报背景处理 .psd
在线视频：第 4 章\训练 4-2 地产海报设计 .avi

图4.171　最终效果

◆本例知识点

1．"椭圆工具" ⬭
2．"镜头光晕" 命令
3．"画笔" 面板
4．"自由变换工具" ▦

训练4-3 环保手机海报设计

◆实例分析

　　本例讲解的是环保手机海报设计制作，本
例制作的过程始终遵循一种环保的原则，从素
材图像的添加到整体的配色都围绕着产品本身
的卖点进行设计。最终效果如图 4.172 所示。

难　度：★★★★★
素材文件：第 4 章\ 环保手机海报设计
案例文件：第 4 章\ 环保手机海报设计 .ai、环保手机海报背景处理 .psd
在线视频：第 4 章\ 训练 4-3 环保手机海报设计 .avi

图4.172　最终效果

◆本例知识点

1．"曲线" "曝光度" 命令
2．"线性减淡（添加）" 混合模式
3．"添加图层蒙版" ▣
4．"收缩" 命令

第 **5** 章

艺术POP广告设计

本章讲解艺术 POP 设计，POP 是指商业销售中的一种店头促销工具，其型式不拘，但以摆设在店头的展示物为主要，如吊牌、小海报、贴纸等，其主要商业用途是刺激和引导消费以及活跃卖场气氛，能有效地吸引顾客的视点，唤起购买欲，整个制作的重点在于体现卖点，以直接有效的方式快速传递信息，通过本章的学习可以掌握艺术 POP 设计的原则与重点。

教学目标

了解 POP 广告的功能和分类
了解 POP 广告的表现形式
掌握 POP 广告的设计方法和技巧

POP 广告起源于美国的超级市场和自助商店里的店头广告。POP 广告在商业宣传中占有非常重要的地位，其主要功能表现在以下几点。

1. 新产品宣传

POP 广告一般用来宣传新产品，大部分的 POP 广告都属于新产品宣传广告。新的产品问世，商家为了抢占市场将新产品推出去，在销售场所进行促销宣传，此时使用 POP 广告再合适不过。POP 广告简单、直接、迅速、经济，可以直观地表现商品信息，吸引消费者并刺激其消费，是最为有效的广告宣传手段之一。

2. 假日促销

POP 广告以其快捷、直观的特点成为假日促销广告的首选。利用有效的时间和空间，最大限度地即时宣传商品信息，POP 广告能瞬间营造出一种欢乐的节日节气，为节假日销售旺季起到了推波助澜的作用。

3. 扮演营业员角色

POP 广告有"无声的售货员"和"最忠实的推销员"的美名。POP 广告在店面中陈列，直接与消费者面对面，并将商品的信息传递给消费者，当消费者面对诸多商品选择迷茫时，POP 广告像一个无声的售货员，不断地向消费者传达商品信息，使消费者从中得到启示并做出购买决定。

4. 渲染销售氛围

POP 广告设计一般色彩比较鲜艳，颜色冲突感强烈，外观设计灵活多样，既起到美化环境的作用，还可以吸引消费者的眼球，再加上幽默的画面和生动的广告宣传语句，如现在网上流行的超市大妈货品摆放，可以创造出强烈的销售气氛，给消费者营造良好的购物环境，从而激发消费者的购买欲望，达到销售的目的。

5. 引起顾客注意

大家知道，顾客在逛商场时有很多的消费并不是事先计划的，而是被外在环境等因素影响后做出的临时性决定。虽然现在大众传媒也很发达，但当消费者步入商店后，可能已经忘记了这些广告内容，而此时 POP 广告的现场效果优势便显示出来，通过这可以唤起消费者的潜在意识，增强对产品的认识，引起顾客注意并进店消费。

6. 引顾客驻足

POP 广告可以凭借其新颖的图案、绚丽的色彩、独特的构思、多变的造型等形式引起顾客注意，使之驻足停留，进而对广告中的商品产生兴趣。

7. 提升企业知名度

POP 广告除了宣传商品之外，还可以起到树立和提升企业形象的作用，POP 广告中的设计元素可以与企业视觉识别系统保持一致，将企业标识、标准色、图案等放在 POP 广告中，在宣传商品的同时，还可以塑造富有特色的企业形象，一举两得。不同 POP 广告效果如图5.1所示。

图5.1 不同POP广告效果

图5.1 不同POP广告效果（续）

POP 广告是在一般广告形式的基础上发展起来的一种新型的商业广告形式。与一般的广告相比，其特点主要体现在广告展示和陈列的方式、地点和时间 3 个方面。POP 广告的种类很多，分类方法也不尽相同。

1. 按时间长短分类

POP 广告在使用过程中的时间性及周期性很强。按照不同的使用时间，可把 POP 广告分为 3 大类型，即长期型、中期型和短期型。

- **长期型**：长期型POP广告是指使用周期在一个季度以上的POP广告，主要包括招牌POP广告、柜台POP广告、企业形象POP广告等。表现形式有奖杯、奖牌、灯箱、霓虹灯、装饰以及手提袋等。由于时间因素，一般制作比较精美，由一个企业或商场经营者来完成，针对企业形象和产品形象进行设计宣传。
- **中期型**：中期型POP广告是指使用周期在一个季度左右的POP广告，一般为针对季节性商品设计的POP广告，如服装、风扇、冰箱、空调

等，因为这些商品一般为一个季度的展示销售，所以POP广告也要随着这些产品的下架而进行更换。表现形式有海报、招贴、传单等。中期型POP广告由于时间的原因，可以在设计和制作费用上稍做调整，档次也可以适当比长期型低些。

- **短期型**：短期型POP广告是指周期在一个季度以内，有时可能只是一周，甚至一天或几个小时的POP广告。短期型POP广告属于促销性质的广告，一般在节假日促销时使用，随着节日的离去，该促销广告也就无存在的价值了。当然有时也会用在大减价、大甩卖商品时，销售完商品，广告也就撤换了。表现形式有节日促销海报、短促展架、大折扣招牌等。设计和制作上投资可以少些，当然效果可能也简单、粗糙些。

2. 按位置分类

按位置分类，POP 广告分为室外 POP 广告和室内 POP 广告两大系统。室内和窗外 POP 广告如图 5.2 所示。

- 室外POP广告。指商店门前及周边的POP广告，包括商店招牌、门面装饰、橱窗布置、商品陈列、招贴、条幅、海报、传单广告以及广告牌、霓虹灯、灯箱等。
- 室内POP广告。指商店内部的各种广告，包括空中悬挂广告、柜台广告、货架陈列广告、模特广告、模特广告、室内电子和灯箱广告等。POP 广告主要是刺激消费者的现场消费，因为销售现场的广告有助于唤起消费者以前对商品的记忆，也有助于营造现场的购买气氛，刺激消费者的购买欲望。

图5.2 室内和窗外POP广告

5.3 POP广告主要表现形式

POP 广告是现在广告中非常常用的一种，特别是一些超市、商场、各种购物中心，随处可以 POP 广告的影子。可以说，POP 广告是商家现场宣传促销最直接、最重要的手段。POP 广告因其特殊的展示及陈列方式不同，其表现形式也非常多样。

1. 置于店头

置于店头的 POP 广告叫店头 POP 广告，是店铺的品牌构成部分，如招牌、看板、海报、店招、立场招牌、吉祥物实物、高空气球、广告伞等。店头 POP 广告一般非常直观，常常以商品实物或象征传达商店的个性特色。店头 POP 广告效果如图 5.3 所示。

图5.3 店头POP广告效果

2. 悬挂在空中

悬挂在空中的 POP 广告叫悬挂 POP 广告。在商场或商店上部空间将 POP 广告悬挂起来，在各类 POP 广告中使用量最大，使用率最高。商场作为营业场所，墙面和地面需要对商品的陈列和顾客的流动做有效的考虑和利用，而上部空

间则不会对陈列和行人造成影响，可以充分地利用，所以悬挂 POP 可以充分利用这些空间优势，360 度全方位展示商品广告，易引起注目。最典型的悬挂式 POP 分为吊旗式和吊挂物两种，吊旗式是吊挂起的 POP，吊挂物则相比吊旗更加具有立体感。悬挂 POP 广告效果如图 5.4 所示。

图5.4 悬挂POP广告效果

3. 放置在地面

放置在地面的 POP 广告也叫地面 POP 广告。利用商场地面的空间，将 POP 广告放置在商场门口、商场内、外空间的地面、通道或通往商场的街道上；为了吸引顾客的注意力，一般体积较大和高度较高，超过人的高度为益，表现形式有商品陈列台、立体形象板、电子显示屏、灯箱、易拉宝、商品资料台等。放置在地面上的 POP 广告效果如图 5.5 所示。

图5.5 放置在地面上的POP广告效果

4. 粘贴在壁面上

粘贴在墙壁上的 POP 广告也叫壁面 POP 广告。利用墙壁、柜台、隔断、门窗、货架立面、柱子表面等壁面将 POP 广告粘贴在立面上，既美化壁面起到装饰效果，还可以渲染气氛起到告知功能。其表现形式有粘贴海报、招贴画、告示牌、贴纸、挂旗、壁面镶板等。粘贴在壁面上的 POP 广告如图 5.6 所示。

图5.6 粘贴在壁面上的POP广告

5. 利用柜台、货架展示

利用柜台、货架展示即柜台式 POP 广告。我们知道，柜台主要用来陈列商品，在满足商品陈列功能后，可以利用柜台、货架的空隙，设置些小型的 POP 广告，如展示卡片、标价卡、封条、DM 单、商品宣传册、广告牌、台卡、商品模型、货架卡、柜台篮子、小吉祥物等，使顾客近距离接收商品信息。柜台、货架展示 POP 广告效果如图 5.7 所示。

图5.7 柜台、货架展示POP广告效果

6. 利用专卖指引展示

在商场中行走，经常会看到各种箭头标志、指示牌等，利用这些元素在无形中也能起到 POP 广告的作用，这些指示性的标志具有引导作用，诱导顾客跟随箭头所指方向行走，进而吸引顾客到达所需位置。表现形式有商品销售区域划分指示、商品位置指示、导购图示等。指引展示 POP 广告效果如图 5.8 所示。

图5.8 指引展示POP广告效果

利用视觉和听觉展示 POP 广告其实就是视听 POP 广告。在店内视野较为开阔的地方放置彩色显示器，不间断播放商品广告、店面形象广告、商品信息介绍等视听内容，或利用广播系统传达语音商品信息，以动态画面和听觉效果，引导顾客购买商品。

5.4 盛大开业POP设计

◆实例分析

本例讲解盛大开业 POP 设计，在设计过程中，以极富热情的国风传统元素为主视觉，将其与传统书法图像相结合，整个 POP 版式十分漂亮，最终效果如图 5.9 所示。

难　　　度：★★★★
素材文件：第 5 章\盛大开业 POP 设计
案例文件：第 5 章\盛大开业 POP 设计 .ai、盛大开业 POP 背景效果 .psd
在线视频：第 5 章\5.4 盛大开业 POP 设计 .avi

图5.9 最终效果

◆本例知识点

1．"添加杂色"命令
2．"反向"命令
3．"圆角矩形工具"⬛

◆操作步骤

5.4.1 使用Photoshop制作主视觉图像

01 执行菜单栏中的"文字"|"新建"命令，在弹出的对话框中设置"宽度"为80mm，"高度"为100mm，"分辨率"为300像素/英寸，新建一个空白画布。

02 执行菜单栏中的"文件"|"打开"命令，打开"纸.jpg""插画.psd"文件，将图像拖入画布中缩放，如图5.10所示。

03 选择工具箱中的"圆角矩形工具"⬛，在选项栏中将"填充"更改为红色（R:237，G:0，B:0），"描边"为无，"半径"为150像素，绘制1个矩形，将生成一个"圆角矩形 1"图层，将其移至"插画"图层下方，如图5.11所示。

图5.10 添加素材

图5.11 绘制图形

04 选择工具箱中的"横排文字工具" T，在背景中添加文字，如图5.12所示。

05 同时选中4个文字图层，按Ctrl+G组合键将其编组，将生成的组名称更改为"文字"，如图5.13所示。

图5.12 添加文字

图5.13 将图层编组

06 在"图层"面板中，单击面板底部的"创建新图层" 按钮，新建1个"图层2"图层，将图层填充为白色。

07 执行菜单栏中的"滤镜"|"杂色"|"添加杂色"命令，在弹出的对话框中分别勾选"平均分布"单选按钮及"单色"复选框，完成之后单击"确定"按钮，如图5.14所示。

图5.14 设置添加杂色

08 在"图层"面板中，选中"图层2"图层，将其图层混合模式更改为正片叠底，如图5.15所示。

图5.15 设置图层混合模式

09 在"图层"面板中，按住Ctrl键单击"盛"指示文本图层，将其载入选区，在按住Ctrl键的同时按住Shift键单击其他几个文字图层的指示文本图层，将其添加至选区，如图5.16所示。

图5.16 载入选区

10 执行菜单栏中的"选择"|"反向"命令，将选区反向，选中"图层2"图层，按Delete键将选区中多余图像删除，完成之后按Ctrl+D组合键将选区取消，如图5.17所示。

11 执行菜单栏中的"文件"|"打开"命令，打开"碎金.psd"文件，单击"打开"按钮，将图像拖入画布中等比缩小，再将其移至"圆角矩形1"图层上方，如图5.18所示。

图5.17 删除多余图像

图5.18 添加素材

12 在"图层"面板中，按住Ctrl键单击"圆角矩形1"图层缩览图将其载入选区，如图5.19所示。

13 执行菜单栏中的"选择"|"反向"命令将选区反向，选中"图层3"图层，按Delete键将选区中多余图像删除，完成之后按Ctrl+D组合键将选区取消，如图5.20所示。

图5.19 载入选区　　　　图5.20 删除图像

5.4.2 使用Illustrator制作 POP装饰效果

01 执行菜单栏中的"文件"|"打开"命令，打开"盛大开业POP背景.psd"文件，在打开的对话框中勾选"将图层拼合为单个图像"单选按钮，完成之后单击"确定"按钮，如图5.21所示。

图5.21 打开素材

02 选择工具箱中的"矩形工具"，在左上角位置绘制1个细长矩形将"填色"更改为紫色（R:220，G:91，B:121），"描边"为无，如图5.22所示。

03 将图形"不透明度"更改为70%，如图5.23所示。

图5.22 绘制图形　　　　图5.23 更改不透明度

04 以同样的方法绘制多个相似细长矩形，如图5.24所示。

图5.24 绘制矩形

05 选择工具箱中的"椭圆工具"，在左侧细长矩形底部位置按住Shift键绘制1个圆形，将"填色"更改为紫色（R:220，G:91，B:121），"描边"为无，以同样的方法在其他几个图形位置再绘制数个相似图形，如图5.25所示。

图5.25 绘制图形

06 执行菜单栏中的"文件"|"打开"命令，打开"祥云.png"文件，将打开的素材拖入画板右下角位置并适当缩小，如图5.26所示。

07 选中祥云图像，按住Alt键向左侧拖动，将图像复制并将其缩小，如图5.27所示。

图5.26 添加素材

图5.27 复制图像

08 选择工具箱中的"文字工具" **T**，添加文字，如图5.28所示。

图5.28 添加文字

09 选择工具箱中的"矩形工具" ，在左下角位置绘制1个细长矩形，将"填色"更改为红色（R:237，G:0，B:0），"描边"为无，如图5.29所示。

10 选中细长矩形，按住Alt+Shift组合键向右侧拖动，将图形复制，如图5.30所示。

图5.29 绘制图形

图5.30 复制图形

11 选择工具箱中的"文字工具" **T**，添加文字，这样就完成了效果制作，最终效果如图5.31所示。

图5.31 最终效果

5.5 旅游季POP设计

◆实例分析

　　本例讲解旅游季 POP 设计，在设计过程中采用卡通化风格，整体的版式十分活跃，同时在色彩使用及文字变形上十分出色，整个制作过程比较简单，最终效果如图 5.32 所示。

难　度：★★★★★
素材文件：第 5 章 \ 旅游季 POP 设计
案例文件：第 5 章 \ 旅游季 POP 背景效果 .ai、旅游季 POP 设计 .psd
在线视频：第 5 章 \5.5 旅游季 POP 设计 .avi

图5.32 最终效果

◆本例知识点

1. "渐变工具" ▨
2. "镜像工具" ▨
3. "转换为形状"命令
4. "描边""渐变叠加"样式

◆操作步骤

5.5.1 使用Illustrator制作POP背景

01 执行菜单栏中的"文件"|"新建"命令，在弹出的对话框中设置"宽度"为80mm，"高度"为100mm，新建一个空白画板。

02 选择工具箱中的"矩形工具" ▨，绘制1个与画板相同大小的矩形，选择工具箱中的"渐变工具" ▨，在图形上拖动为其填充蓝色（R:32，G:176，B:226）到紫色（R:154，G:112，B:252）的线性渐变，在下半部分位置再绘制1个青色（R:39，G:228，B:230）矩形，如图5.33所示。

图5.33 绘制图形

03 选择工具箱中的"钢笔工具" ▨，绘制1个不规则图形，设置"填色"为白色，"描边"为无，如图5.34所示。

04 选中图形，在"透明度"面板中，将其"透明度"更改为60%，如图5.35所示。

图5.34 绘制图形 　　　　图5.35 更改透明度

05 以同样的方法再绘制多个相似不规则图形，并降低图形透明度，在画板靠底部位置绘制1个黄色（R:247，G:237，B:208）不规则图形，如图5.36所示。

图5.36 绘制图形

06 选择工具箱中的"钢笔工具" ▨，绘制1个云状图形，选择工具箱中的"渐变工具" ▨，在图形上拖动为其填充透明到白色的线性渐变，如图5.37所示。

图5.37 绘制图形

07 选中图形，双击工具箱中的"镜像工具"，在弹出的对话框中勾选"垂直"单选按钮，完成之后单击"复制"按钮，将图形向右侧平移后等比缩小，如图5.38所示。

08 以同样的方法再绘制两朵稍小的云彩图像，如图5.39所示。

图5.38 复制图形

图5.39 绘制云彩图像

5.5.2 使用Photoshop制作主题文字

01 执行菜单栏中的"文件"|"打开"命令，打开"旅游季POP背景.ai"文件。

02 执行菜单栏中的"图层"|"新建"|"图层背景"命令，将普通图层转换为背景图层。

03 选择工具箱中的"横排文字工具"，在背景中添加文字，如图5.40所示。

04 在"图层"面板中，同时选中所有文字，单击鼠标右键，从弹出的快捷菜单中选择"转换为形状"命令，如图5.41所示。

图5.40 添加文字

图5.41 转换为形状

05 选中"旅"图层，按Ctrl+T组合键对其执行"自由变换"命令，单击鼠标右键，从弹出的快捷菜单中选择"扭曲"命令，拖动变形框控制点将文字变形，完成之后按Enter键确认，以同样的方法将其他几个文字变形，如图5.42所示。

图5.42 将文字变形

06 在"图层"面板中，选中"旅"图层，将其拖至面板底部的"创建新图层"按钮上，复制1个"旅 副本"图层，将"旅 副本"图层中文字更改为白色，如图5.43所示。

07 选中"旅"图层，按Ctrl+T组合键对其执行"自由变换"命令，单击鼠标右键，从弹出的快捷菜单中选择"扭曲"命令，拖动变形框控制点将文字变形，完成之后按Enter键确认，如图5.44所示。

图5.43 复制图层　　　　　　图5.44 将文字变形

08 在"图层"面板中，单击面板底部的"创建新图层"按钮，在"旅"图层上方新建1个"图层1"图层，在"图层 1"图层名称上单击鼠标右键，从弹出的快捷菜单中选择"创建剪贴蒙版"命令，再将其图层混合模式更改为叠加，如图5.45所示。

09 选择工具箱中的"画笔工具"，在画布中单击鼠标右键，在弹出的面板中选择1种圆角笔触，将"大小"更改为110像素，"硬度"更改为0，将前景色更改为白色，在文字左下角位置单击添加高光效果，如图5.46所示。

图5.45 新建图层

图5.46 添加图像

10 以同样的方法将其他几个文字所在图层复制，并新建图层及添加高光效果制作出立体文字效果，如图5.47所示。

图5.47 制作立体文字

11 在"图层"面板中，选中"旅 副本"图层，单击面板底部的"添加图层样式"**fx**按钮，在菜单中选择"描边"命令。

12 在弹出的对话框中将"大小"更改为4像素，"位置"更改为内部，"颜色"更改为橙色（R:255，G:198，B:26），完成之后单击"确定"按钮，如图5.48所示。用同样的方法，为其他几个文字添加相同的描边样式。

图5.48 设置描边

13 选择工具箱中的"钢笔工具"，在选项栏中单击"选择工具模式" 路径 按钮，在弹出的选项中选择"形状"，将"填充"更改为白色，"描边"更改为无。

14 在文字位置绘制1个不规则图形，将生成一个"形状 1"图层，将其移至文字图层下方，如图5.49所示。

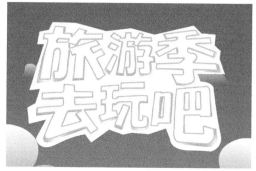

图5.49 绘制图形

15 在"图层"面板中，选中"形状1"图层，单击面板底部的"添加图层样式"**fx**按钮，在菜单中选择"渐变叠加"命令。

16 在弹出的对话框中将"渐变"更改为深红色（R:143，G:0，B:57）到蓝色（R:72，G:14，B:132），"角度"更改为0度，完成之后单击"确定"按钮，如图5.50所示。

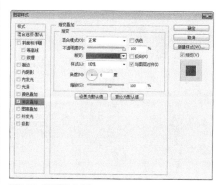

图5.50 设置渐变叠加

17 在"图层"面板中，选中"形状1"图层，将其拖至面板底部的"创建新图层" 按钮上，复制1个"形状1 副本"图层，如图5.51所示。

18 双击"形状"图层样式名称，在弹出的对话框中将"渐变"更改为紫色（R:220，G:87，B:168）到蓝色（R:112，G:42，B:236），完成之后单击"确定"按钮。

图5.51 复制图层

19 选中"形状1"图层,按Ctrl+T组合键对其执行"自由变换"命令,单击鼠标右键,从弹出的快捷菜单中选择"扭曲"命令,拖动变形框控制点将图形变形,完成之后按Enter键确认,如图5.52所示。

图5.52 将文字变形

20 执行菜单栏中的"文件"|"打开"命令,打开"海鸥.psd"文件,将图像拖入画布中文字右侧位置,如图5.53所示。

21 选中"海鸥"图层,按住Alt键向左上角拖动,将图像复制,如图5.54所示。

图5.53 添加素材　　　　图5.54 复制图像

5.5.3 使用Photoshop制作装饰元素

01 执行菜单栏中的"文件"|"打开"命令,打开

"装饰元素.psd"文件,将图像拖入画布中适当位置,如图5.55所示。

02 选择工具箱中的"矩形工具"▭,在选项栏中将"填充"更改为橙色(R:252,G:217,B:5),"描边"为无,绘制1个矩形,将生成一个"矩形1"图层,如图5.56所示。

图5.55 添加素材　　　　图5.56 绘制图形

03 选择工具箱中的"添加锚点工具"➕,在矩形左侧边缘单击添加锚点,如图5.57所示。

04 选择工具箱中的"转换点工具"▷,单击添加的锚点,选择工具箱中的"直接选择工具"▷,选中经过转换的锚点,向内侧拖动,将图形变形,如图5.58所示。

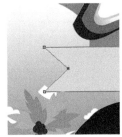

图5.57 添加锚点　　　　图5.58 拖动锚点

05 以同样的方法在矩形右侧相对位置添加锚点,并将其变形,如图5.59所示。

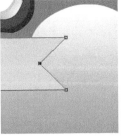

图5.59 将图形变形

06 选择工具箱中的"横排文字工具" **T**，在背景中添加文字，如图5.60所示。

07 同时选中文字及"矩形 1"图层，按Ctrl+E组合键将其合并，将生成1个文字图层，按Ctrl+T组合键对其执行"自由变换"命令，单击鼠标右键，从弹出的快捷菜单中选择"变形"命令，当出现变形框以后单击选项栏中的 $\boxed{\text{自定}~~\blacktriangledown}$ 按钮，在弹出的选项中选择"波浪"，完成之后按Enter键确认，如图5.61所示。

图5.60 添加文字　　　　　　图5.61 将图文变形

08 在"图层"面板中，选中刚才合并后的图文图层，单击面板底部的"添加图层样式" **fx** 按钮，在菜单中选择"投影"命令。

09 在弹出的对话框中将"混合模式"更改为正常，"颜色"更改为橙色（R:238，G:128，B:53），"不透明度"更改为100%，"距离"更改为4像素，"扩展"更改为100%，"大小"更改为2像素，完成之后单击"确定"按钮，如图5.62所示。

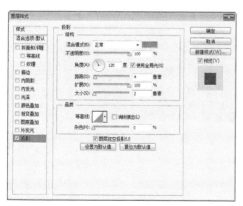

图5.62 设置投影

10 选择工具箱中的"椭圆工具" ⬭ ，在选项栏中将"填充"更改为黑色，"描边"为无，在左侧人物底部绘制1个椭圆，将生成一个"椭圆 1"图层，将其移至"背景"图层上方，如图5.63所示。

11 在"图层"面板中，选中"椭圆 1"图层，将其图层混合模式更改为叠加，如图5.64所示。

图5.63 绘制图形　　　　　　图5.64 更改混合模式

12 选中"椭圆 1"图层，按住Alt键向右侧拖动，将图像复制，这样就完成了效果制作，最终效果如图5.65所示。

图5.65 最终效果

◆实例分析

　　本例讲解厨卫电器促销 POP 设计，在设计过程中以放射图像作为背景，整体视觉效果相当出色，同时以折纸图形与文字信息相结合，整个 POP 具有不错的实用效果，最终效果如图 5.66 所示。

难　　度: ★ ★ ★ ★
素材文件: 第 5 章 \ 厨卫电器促销 POP
案例文件: 第 5 章 \ 厨卫电器促销 POP 设计 .ai、厨卫电器促销 POP 背景 .psd
在线视频: 第 5 章 \5.6 厨卫电器促销 POP 设计 .avi

图5.66 最终效果

◆本例知识点

1．"径向渐变"
2．"极坐标" "动感模糊" 命令
3．"联集"

◆操作步骤

5.6.1 使用Photoshop制作 POP背景

01 执行菜单栏中的 "文字" | "新建" 命令，在弹出的对话框中设置 "宽度" 为70mm， "高度" 为100mm， "分辨率" 为300像素/英寸，新建一个空白画布，如图5.67所示。

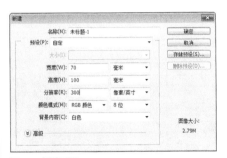

图5.67 新建画布

02 选择工具箱中的 "渐变工具" ，编辑蓝色（R:102，G:210，B:255）到蓝色（R:0，G:146，B:210）的渐变，单击选项栏中的 "径向渐变" 按钮，从画布中间向右上角方向拖动填充渐变，如图5.68所示。

图5.68 填充渐变

03 选择工具箱中的 "矩形工具" ，在选项栏中将 "填充" 更改为白色，"描边" 为无，在画布靠左侧绘制一个矩形，将生成一个 "矩形 1" 图层，如图5.69所示。

04 按Ctrl+Alt+T组合键将矩形向右侧平移复制1份，如图5.70所示。

图5.69 绘制矩形

图5.70 变换复制

05 按住Ctrl+Alt+Shift组合键同时按T键多次，执行多重复制命令，将图形复制多份，如图5.71所示。

06 执行菜单栏中的"滤镜"|"扭曲"|"极坐标"命令，在弹出的对话框中勾选"平面坐标到极坐标"单选按钮，完成之后单击"确定"按钮，如图5.72所示。

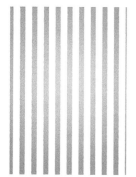

图5.71 多重复制

图5.72 将图像变形

07 选中"矩形 1"图层，将其图层混合模式设置为"柔光"，"不透明度"更改为30%，如图5.73所示。

图5.73 设置图层混合模式

08 单击面板底部的"创建新图层" 按钮，新建一个"图层1"图层，将其填充为白色。

09 执行菜单栏中的"滤镜"|"杂色"|"添加杂色"命令，在弹出的对话框中分别勾选"高斯分布"单选按钮及"单色"复选框，将"数量"更改为400%，完成之后单击"确定"按钮，如图5.74所示。

10 执行菜单栏中的"滤镜"|"模糊"|"动感模糊"命令，在弹出的对话框中将"角度"更改为90度，"距离"更改为2000像素，完成之后单击"确定"按钮，如图5.75所示。

图5.74 添加杂色

图5.75 添加动感模糊

11 执行菜单栏中的"图像"|"调整"|"色阶"命令，在弹出的对话框中将数值更改为（162，0.4，205），完成之后单击确定按钮，如图5.76所示。

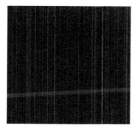

图5.76 调整色阶

12 选中"图层1"图层，将其图层混合模式设置为"滤色"，如图5.77所示。

图5.77 设置图层混合模式

13 执行菜单栏中的"滤镜"|"扭曲"|"极坐标"命令，在弹出的对话框中勾选"平面坐标到极坐标"单选按钮，完成之后单击"确定"按钮，如图5.78所示。

14 将当前图层"不透明度"更改为30%，如图5.79所示。

图5.78 添加极坐标　　　　图5.79 更改不透明度

15 选择工具箱中的"椭圆工具" ●，在选项栏中将"填充"更改为白色，"描边"为无，在画布中间位置按住Shift键绘制一个圆形，将生成一个"椭圆1"图层，如图5.80所示。

图5.80 绘制圆形

16 执行菜单栏中的"滤镜"|"模糊"|"高斯模糊"命令，在弹出的对话框中将"半径"更改为130像素，完成之后单击"确定"按钮，如图5.81所示。

图5.81 添加高斯模糊

17 选中"图层1"图层，将其图层混合模式设置为"叠加"，如图5.82所示。

图5.82 设置图层混合模式

5.6.2 使用Illustrator添加主图文信息

01 执行菜单栏中的"文件"|"打开"命令，打开"背景.psd""电器.psd"文件，将打开的电器素材拖入画布靠底部位置并适当缩小，如图5.83所示。

02 选择工具箱中的"椭圆工具" ●，将"填色"更改为黑色，"描边"为无，电器图像底部绘制1个椭圆图形，如图5.84所示。

图5.83 添加素材　　　　图5.84 绘制椭圆

03 执行菜单栏中的"效果"|"模糊"|"高斯模糊"命令，在弹出的对话框中将"半径"更改为2像素，完成之后单击"确定"按钮，如图5.85所示。

图5.85 添加高斯模糊

04 选择工具箱中的"钢笔工具" ✐ ，设置"填色"为橙色（R:243，G:176，B:25），"描边"为无，绘制1个三角形，如图5.86所示。

05 以同样的方法绘制多个相似图形制作折纸效果，如图5.87所示。

图5.86 绘制图形 　　　　　图5.87 绘制折纸图形

06 选择工具箱中的"横排文字工具" **T** ，添加文字，如图5.88所示。

07 选中两段文字，单击鼠标右键，在弹出的菜单中选择"创建轮廓"命令。

08 选中文字，选择工具箱中的"自由变换工具" ，将鼠标指针移至变形框右侧位置向上拖动将其斜切变形，如图5.89所示。

图5.88 添加文字 　　　　　图5.89 将文字变形

09 同时选中两段文字，在"路径查找器"面板中，单击"联集" ▣ 按钮。

10 再按Ctrl+C组合键将其复制，按Ctrl+Shift+V组合键将其粘贴，单击鼠标右键，在弹出的菜单中选择"选择"|"下方的下一个对象"，在选项栏中将"描边"更改为橙色（R:255，G:171，B:0），"粗细"为1，如图5.90所示。

11 执行菜单栏中的"效果"|"风格化"|"投影"命令，在弹出的对话框中将"不透明度"更改为30%，"X位移"更改为0.2，"Y位移"更改

为0.2，"模糊"更改为0.5，完成之后单击"确定"按钮，如图5.91所示。

图5.90 添加描边 　　　　　图5.91 添加投影

12 选择工具箱中的"钢笔工具" ✐ ，绘制1个云朵图形，如图5.92所示。

13 选择工具箱中的"渐变工具" ▣ ，在图形上拖动为其填充白色到蓝色（R:170，G:227，B:255）的线性渐变，如图5.93所示。

图5.92 绘制图形 　　　　　图5.93 填充渐变

14 选中云朵图形，将其复制多份，如图5.94所示。

15 执行菜单栏中的"文件"|"打开"命令，打开"图示.ai"文件，将打开的素材拖入适当位置并适当缩小，如图5.95所示。

图5.94 复制图形 　　　　　图5.95 添加素材

16 选择工具箱中的"横排文字工具" **T**，添加文字，这样就完成了效果制作，最终效果如图5.96所示。

图5.96　最终效果

5.7 商场促销POP设计

◆ **实例分析**

　　本例讲解商场促销 POP 设计，此款 POP 具有很强的设计感，整个制作过程比较简单，重点在于文字的特效处理，同时装饰元素能很好地提升整体效果，最终效果如图 5.97 所示。

难　　度：★ ★ ★ ★
素材文件：第 5 章 \ 商场促销 POP
案例文件：第 5 章 \ 商场促销 POP.ai、商场促销 POP 设计 .psd
在线视频：第 5 章 \5.7 商场促销 POP 设计 .avi

图5.97　最终效果

◆ **本例知识点**

1．"创建轮廓"命令
2．"直接选择工具"
3．"星形工具"
4．"分割"

◆ **操作步骤**

5.7.1　使用Illustrator制作POP主体文字

01 执行菜单栏中的"文件"|"新建"命令，在弹出的对话框中设置"宽度"为70mm，"高度"为100mm，新建一个空白画板，如图5.98所示。

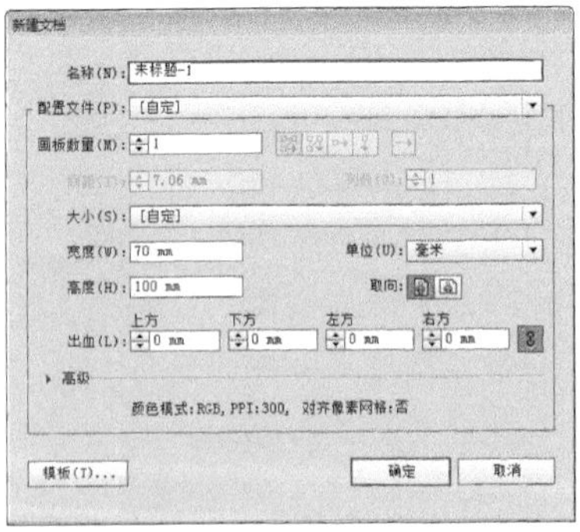

图5.98　新建文档

02 选择工具箱中的"矩形工具" ，绘制1个与画板相同大小的矩形。

03 选择工具箱中的"渐变工具" ![] ，在图形上拖动为其填充白色到浅黄色（R:253，G:242，B:210）的线性渐变，如图5.99所示。

图5.99 填充渐变

04 选择工具箱中的"横排文字工具" **T** ，添加文字，如图5.100所示。

05 同时选中4个文字，单击鼠标右键，在弹出的菜单中选择"创建轮廓"命令，选择工具箱中的"直接选择工具" ![] ，拖动文字锚点将其变形，如图5.101所示。

图5.100 添加文字　　　　图5.101 拖动锚点

> **提示**
>
> 在拖动锚点对文字进行变形时，可以根据文字结构之间的距离进行拖动锚点操作，整个变形的目的是使文字间的结构距离及大小更加协调。

06 选择工具箱中的"横排文字工具" **T** ，添加文字，如图5.102所示。

07 选中文字，按Ctrl+C组合键将其复制，再按Ctrl+Shift+V组合键将其粘贴，单击鼠标右键，

从弹出的快捷菜单中选择"选择"|"下方的下一个对象"命令，将其"描边"更改为蓝色（R:11，G:32，B:63），"粗细"为2，如图5.103所示。

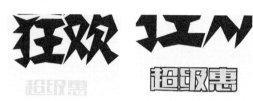

图5.102 添加文字　　　　图5.103 添加描边

08 选择工具箱中的"星形工具" ☆ ，在画板中单击鼠标，在弹出的对话框中，将"半径1"更改为9mm，"半径2"更改为10mm，"角点数"更改为50，设置"填色"为橙色（R:244，G:61，B:27），绘制1个多边形，如图5.104所示。

图5.104 绘制多边形

09 选择工具箱中的"横排文字工具" **T** ，添加文字并适当旋转（方正兰亭中粗黑），如图5.105所示。

图5.105 添加文字

10 选择工具箱中的"矩形工具" ![] ，绘制1个矩形，将"填充"更改为黑色，"描边"为无，绘制1个黑色矩形，如图5.106所示。

11 选择工具箱中的"横排文字工具" **T** ，在矩形位置添加文字，如图5.107所示。

图5.106 绘制矩形　　　　图5.107 添加文字

12 在文字上单击鼠标右键，在弹出的菜单中选择"创建轮廓"命令，同时选中文字及其下方矩形，在"路径查找器"面板中，单击"分割" ▣ 按钮，如图5.108所示。

13 在文字上单击鼠标右键，从弹出的快捷菜单中选择"取消编组"命令，再选中文字结构，执行菜单栏中的"选择"|"相同"|"外观"命令，将文字删除，如图5.109所示。

图5.108 创建轮廓　　　　图5.109 修剪图形

14 选择工具箱中的"横排文字工具" T，添加文字，如图5.110所示。

图5.110 添加文字

5.7.2 使用Photoshop添加装饰元素

01 执行菜单栏中的"文件"|"打开"命令，打开"商场促销POP.ai"文件，单击"打开"按钮，如图5.111所示。

02 执行菜单栏中的"图层"|"新建"|"背景图层"命令，将普通图层转换为背景图层。

图5.111 打开素材

03 选择工具箱中的"钢笔工具" ✐，在选项栏中单击"选择工具模式" ▭ 按钮，在弹出的选项中选择"形状"，将"填充"更改为白色，"描边"更改为无。

04 在文字位置绘制1个不规则图形，将生成一个"形状 1"图层，如图5.112所示。

05 选中"形状 1"图层，将其图层混合模式设置为"柔光"，如图5.113所示。

图5.112 绘制图形　　　　图5.113 设置图层混合模式

06 以同样的方法绘制数个相似图形，并为其设置图层混合模式，如图5.114所示。

图5.114 绘制图形

07 选择工具箱中的"直线工具" ╱，在选项栏中将"填充"更改为青色（R:0，G:255，B:255），"描边"为无，"粗细"更改为1像素，在适当位置绘制一条线段，将生成一个"形状9"图层，如图5.115所示。

08 在"图层"面板中，选中"形状9"图层，单击面板底部的"添加图层蒙版" 按钮，为其添加图层蒙版，如图5.116所示。

图5.115 绘制线段

图5.116 添加图层蒙版

09 选择工具箱中的"渐变工具" ，编辑黑色到白色再到黑色的渐变，单击选项栏中的"线性渐变" 按钮，在线段上拖动将部分线段隐藏，以同样的方法绘制数条相似线段，如图5.117所示。

图5.117 绘制线段

10 选择工具箱中的"椭圆工具" ，在选项栏中将"填充"更改为橙色（R:215，G:107，B:42），"描边"为无，在画布靠底部绘制1个椭圆，将生成一个"椭圆1"图层，如图5.118所示。

图5.118 绘制椭圆

11 选择工具箱中的"钢笔工具" ，在选项栏中单击"选择工具模式" 按钮，在弹出的选项中选择"形状"，将"填充"更改为黑色，"描边"更改为无。

12 在椭圆靠左侧位置绘制1个不规则图形，将生成一个"形状18"图层，如图5.119所示。

13 选中"形状18"图层，将其图层混合模式设置为"柔光"，"不透明度"更改为50%，如图5.120所示。

图5.119 绘制图形   图5.120 设置图层混合模式

14 以同样的方法再次绘制数个相似图形，如图5.121所示。

图5.121 绘制图形

15 执行菜单栏中的"文件"|"打开"命令，打开"素材.psd"文件，将打开的素材拖入画布适当位置并缩小，如图5.122所示。

16 将气球图像复制数份，并执行菜单栏中的"图像"|"调整"|"色相/饱和度"命令，在弹出的对话框中调整其色相，这样就完成了效果制作，最终效果如图5.123所示。

图5.122 添加素材   图5.123 最终效果

5.8 知识拓展

本章通过 4 个精选 POP 设计,再现 POP 的制作过程,详细讲解了 POP 制作的方法和技巧,为读者快速掌握 POP 设计精髓奠定基础。

5.9 拓展训练

POP 广告形式几乎随处可见,如超级市场、百货公司、图书中心、餐厅、快餐店、流行服饰店等场所,可见该设计的重要性,本章课后安排了 2 个 POP 拓展训练,供读者课下练习使用,更好地掌握 POP 广告设计的技巧。

训练5-1 蛋糕POP设计

◆实例分析

本例主要讲解的是蛋糕 POP 设计制作,在制作之初就从蛋糕本身出发,采用了比较符合蛋糕的复古背景,并且在颜色上进行搭配,有视觉冲击力的主体文字则是更加强调了这是一款促销的蛋糕广告制作。最终效果如图 5.124 所示。

难　度: ★ ★ ★ ★
素材文件: 第 5 章 \ 蛋糕 POP 设计
案例文件: 第 5 章 \ 蛋糕 POP 设计 .ai、蛋糕 POP 背景处理 .psd
在线视频: 第 5 章 \ 训练 5-1 蛋糕 POP 设计 .avi

图5.124 最终效果

◆本例知识点

1．"色相 / 饱和度""色阶""添加杂色"命令
2．"添加图层蒙版" ▢
3．"创建轮廓"命令
4．"自由变换工具" ▦

训练5-2 地产POP设计

◆实例分析

本例主要讲解的是地产 POP 设计制作,在设计的过程中考虑到楼盘的定位及针对性,利用绘制拟物化的图形方法彰显广告的特征。最终效果如图 5.125 所示。

难　度: ★ ★ ★
素材文件: 第 5 章 \ 地产 POP 设计
案例文件: 第 5 章 \ 地产 POP 设计 .ai、地产 POP 背景处理 .psd
在线视频: 第 5 章 \ 训练 5-2 地产 POP 设计 .avi

图5.125 最终效果

◆本例知识点

1．"色相 / 饱和度""色阶""照片滤镜"命令
2．"渐变叠加""投影"样式
3．"创建新图层" ▢

第**3**篇

精通篇

第**6**章

DM广告设计

本章讲解 DM 广告制作，DM 广告区别于传统的广告刊载媒体，它是一种新型广告发布载体，最大的优点是通过邮寄、投递等方式直达目标消费者，整体的内容制作以体现传递重点信息为主，在制作过程中以体现产品本身及卖点的特点为中心，整体的色彩鲜明，信息简单易读，同时制作要有新颖有创意，DM 本身的设计并无固定形式，可根据实际的内容灵活掌握，通过本章的学习可以实现熟练掌握 DM 广告设计。

教学目标

了解 DM 广告的表现形式
了解 DM 广告的分类和优点
学习 DM 广告的设计要点
掌握 DM 广告的设计方法和技巧

6.1 关于DM广告

　　DM 是英文 Direct Mail advertising 的省略表述，直译为"直接邮寄广告"，意为快讯商品广告，还曾被叫作"邮送广告""直邮广告""小报广告"等，通常由 8 开或 16 开广告纸正反面彩色印刷而成，通常采取邮寄、定点派发、选择性派送等形式。直接地说，其就是将宣传品邮递到消费者住处、公司等地方，直接送到消费者手里的宣传广告，厚的像书刊、黄页，薄的像传单、优惠券等。美国直邮及直销协会（ DM/MA ）对 DM 的定义是：对广告主所选定的对象，将印就的印刷品，用邮寄的方法传达广告主所要传达的信息的一种手段。

　　DM 除了用邮寄、定点派发以外，还可以借助其他媒体进行传送，如电视、电话、传真、电子邮件、柜台散发、来函索取、随商品包装发出等。DM 与其他媒介的最大区别在于：DM 可以直接将广告信息传送给真正的受众，而其他广告媒体形式只能将广告信息笼统地传递给所有受众，不管受众是否是广告信息的真正受众。

　　DM 广告有狭义和广义之分。狭义的 DM 广告是指将直邮限定为附有收件人名址的邮件或是仅指装订成册的广告宣传画册。广义上的 DM 广告是指通过直接投递服务，将特定的信息直接给目标对象的各种形式广告，称为直接邮寄广告或直投广告，包括广告单页等，如大家熟悉的街头巷尾、商场超市散布的传单，各种优惠券等。最关键的一点，DM 广告不能出售，不能收取订户发行费，只能免费赠送。精彩 DM 广告效果如图 6.1 所示。

图6.1　精彩DM广告效果

6.2 DM广告的表现形式

　　常见的 DM 广告表现形式有：销售函件、图表、商品目录、商品说明书、小册子、名片、订货单、日历、明信片、贺年卡、挂历、宣传册、折价券、传单、请柬、销售手册、公司指南等，免费杂志是近几年 DM 广告中发展得比较快的媒介，目前主要分布在既具备消费实力，又有足够高素质人群的大中型城市中。DM 广告的表现形式效果如图 6.2 所示。

图6.2 DM广告的表现形式效果

6.3 DM广告的分类

DM 广告按内容和形式分，可以分为优惠券、商品目录和海报 3 种。DM 广告的分类效果如图 6.3 所示。

1. 优惠券。商家开展促销活动时，为吸引消费者而印刷的一种折价券，上面附有优惠的条件信息，如打几折、消费满多少赠多少等。

2. 商品目录。商家将所销售的商品图片以清单的形式罗列，详细地介绍商品的一些重点信息，供消费者选购。

3. 海报招贴。商家通过设计师，精心设计并印刷出宣传企业形象、商品等信息的精美海报招贴。

图6.3 DM广告的分类效果

131

DM 广告按传递方式，可以分为附带夹页、信件寄送、随定期服务信函寄送和雇佣人员派送 4 种。DM 广告的不同效果如图 6.4 所示。

1. 附带夹页。与报社、杂志社或当地邮局合作，将企业广告作为报刊的附带夹页，随报刊投递到读者手中，这种方式已为不少企业所采用，日常订的报纸杂志中已经非常多见。

2. 信件寄送。可以根据一些顾客信息，将 DM 以信件寄送的方式，直接邮递到顾客手中，多适用于大宗商品买卖。例如，对于大宗商品买卖，特别是从厂家到零售商，从批发商到零售商，可用顾客名录进行寄送，又如杂志社或出版社针对目标客户寄送征订单。

3. 随定期服务信函寄送。例如，许多商业银行针对信用卡客人，每月随对账单寄送相应广告，这也是现今非常常见的一种方式。

4. 雇佣人员派送。企业雇佣人员，按要求直接向潜在的目标顾客本人或其住所、单位派送 DM 广告。例如，大型超市针对周边小区居民定期雇人派送优惠商品目录，房地产销售商

雇人派送宣传资料，小区会所请物业人员派送宣传信函等。

图6.4 DM广告的不同效果

6.4 DM广告的优点

DM 广告与其他媒介相比，有其自己的独特优点，具体的优点包括以下 8 点。

1. 具有强大的目标群体性。由于 DM 广告不同于其他传统广告媒体，它可以直接将广告信息传递给真正的受众，所以可以有针对性地选择目标对象，一对一地直接发送，减少信息传递过程中的客观挥发，使广告效果达到最大化，有的放矢，减少浪费。

2. 具有强大的专业性。DM 是对事先选定的对象直接实施广告，故而广告主在付诸实际行动之前，可以参照人口统计因素和地理区域因素选择受传对象，以保证最大限度地使广告

信息为受传对象所接受，摆脱中间商的控制，广告接受者容易产生其他传统媒体无法比拟的优越感，使其更自主关注产品。

3. 较长的保存性。DM 广告送达后，在受传者做出最后决定之前，可以反复翻阅直邮广告信息，并以此作为参照物来详尽了解产品的各项性能指标，直到最后做出购买或舍弃决定。

4. 具有较强的灵活性。可以根据自身具体情况来任意选择版面大小，并自行确定广告信息的长短及选择全色或单色的印刷形式，可以

自主选择广告时间、区域，更加适应善变的市场，不会引起同类产品的直接竞争，有利于中小型企业避开与大企业的正面交锋，潜心发展壮大企业。

5. 具有隐蔽性。DM 广告是一种深入潜行的非轰动性广告，不易引起竞争对手的察觉和重视。

6. 内容自由，形式不拘。想说就说，不为篇幅所累，广告主不再被"手心手背都是肉，厚此不忍，薄彼难为"困扰，可以尽情赞誉商品，让消费者全方位了解产品，有利于第一时间抓住消费者的眼球。

7. 较强的互动性。广告主可以根据市场的变化，随行就市，对广告活动进行调控，信息反馈及时、直接，有利于买卖双方双向沟通，随行就市，灵活变通。

8. DM 广告效果客观可测。广告主可根据这个效果重新调配广告费和调整广告计划，广告主在发出直邮广告之后，可以借助产品销售数量的增减变化情况及变化幅度，来了解广告信息传出之后产生的效果。

6.5 DM广告的设计要点

DM 是一种有效的广告形式，是指采用排版印刷技术制作，以图文作为传播载体的视觉媒体广告。其传播方式独特，针对性强，有着其他媒体不可比拟的优越性，这类广告一般采用宣传单页或杂志、报纸、手册等形式出现，是进行广告传播的有效手段。在进行广告传播的过程中，DM 能否起到真正的广告作用，DM 广告设计技法的表现是相当重要的。

好的 DM 设计并非盲目而定。在设计 DM 时，假若事先围绕它的优点考虑更多一点，将对提高 DM 的广告效果大有帮助。DM 的设计制作方法，大致有如下几点。

1. 爱美之心，人皆有之，DM 设计与创意要新颖别致，印刷要精致美观，内容设计要让人不舍得丢弃，确保其有吸引力和保存价值，设计师要透彻地了解商品，熟知消费者的心理习惯和规律，知己知彼，才能够百战不殆。

2. 主题口号一定要响亮，要能抓住消费者的眼球。好的标题是成功的一半，好的标题不仅能给人耳目一新的感觉，而且还会产生较强的诱惑力，引发读者的好奇心，吸引他们不由自主地看下去，使 DM 的广告效果最大化。

3. 设计制作 DM 广告时要充分考虑其折叠方式、尺寸大小、实际重量应便于邮寄。一般画面的选铜版纸；文字信息类的选新闻纸，打报纸的擦边球。对于选新闻纸的一般规格最好是报纸的一个整版面积，至少也要一个半版；彩页类，一般不能小于 B5 纸，太小了不行，一些二折页、三折页更不要夹，因为读者拿报纸时，很容易将它们抖掉。

4. 随报投递应根据目标消费者的接触习惯，选择合适的报纸。例如，针对男性的就可选新闻和财经类报刊，如参考消息、环球时报、中国经营报和当地的晚报等。

5. 设计师可以在 DM 广告的折叠方法上玩一些小花样，如借鉴中国传统折纸艺术，让人耳目一新，但切记要使接受邮寄者能够方便地拆阅。

6. 在为 DM 广告配图时，多选择与所传递信息有强烈关联的图案，刺激记忆。

7. 设计制作 DM 广告时，设计者需要充分考虑到色彩的魅力，合理地运用色彩可以达到更好的宣传作用，给受众群体留下深刻印象。

8. 好的 DM 广告还需要纵深拓展，形成系列，借助一些有效的广告技巧来提高所设计的 DM 效果，以积累广告资源。

6.6 美食主题DM单设计

◆ 实例分析

本例讲解美食主题 DM 单设计，在设计过程中着重表现 DM 单的直观视觉效果，通过添加高清的素材图像表现出很强的美食主题特征，最终效果如图 6.5 所示。

难　度：★ ★ ★
素材文件：第 6 章 \ 美食主题 DM 单设计
案例文件：第 6 章 \ 美食主题 DM 单设计 .ai、美食主题 DM 单背景效果 .psd
在线视频：第 6 章 \6.6 美食主题 DM 单设计 .avi

图6.5　最终效果

◆ 本例知识点

1. "叠加"图层混合模式
2. "创建轮廓"命令
3. "星形工具"

◆ 操作步骤

6.6.1 使用Photoshop制作主视觉图像

01 执行菜单栏中的"文件"|"新建"命令，在弹出的对话框中设置"宽度"为210mm，"高度"为285mm，"分辨率"为72像素/英寸，新建一个空白画布。

02 选择工具箱中的"渐变工具" ，编辑红色（R:142，G:25，B:31）到深黄色（R:20，G:15，B:11）再到黑色的渐变，单击选项栏中的"线性渐变" 按钮，在画布中拖动填充渐变，如图6.6所示。

03 执行菜单栏中的"文件"|"打开"命令，打开"美食.psd"文件，将图像拖入画布中，如图6.7所示。

图6.6　填充渐变　　　　　图6.7　添加素材

04 选择工具箱中的"钢笔工具" ，在选项栏中单击"选择工具模式" 路径 按钮，在弹出的选项中选择"形状"，将"填充"更改为红色（R:128，G:25，B:29），"描边"更改为无。

05 在下半部分位置绘制1个不规则图形，将生成一个"形状1"图层，如图6.8所示。

06 在"图层"面板中，选中"形状1"图层，将其拖至面板底部的"创建新图层" 按钮上，复制1个"形状1 副本"图层，将"形状1"图层中图形"填充"更改为橙色（R:239，G:144，B:6）。

07 选择工具箱中的"直接选择工具"，拖动"形状1"图层中图形左上角锚点，将其稍微变形，如图6.9所示。

图6.8 绘制图形

图6.9 将图形变形

08 选择工具箱中的"钢笔工具"，在选项栏中单击"选择工具模式"按钮，在弹出的选项中选择"形状"，将"填充"更改为白色，"描边"更改为无。

09 在画布底部位置绘制1个不规则图形，将生成一个"形状 2"图层，如图6.10所示。

10 在"图层"面板中，选中"形状 2"图层，将其图层混合模式更改为叠加，"不透明度"更改为40%，如图6.11所示。

图6.10 绘制图形

图6.11 设置图层混合模式

11 在"图层"面板中，选中"形状2"图层，单击面板底部的"添加图层蒙版"按钮，为其添加图层蒙版，如图6.12所示。

12 选择工具箱中的"画笔工具"，在画布中单击鼠标右键，在弹出的面板中选择1种圆角笔触，将"大小"更改为100像素，"硬度"更改为0，将前景色更改为黑色，如图6.13所示。

图6.12 添加图层蒙版

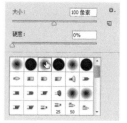
图6.13 设置笔触

13 将前景色更改为黑色，在图像上部分区域涂抹，将部分图像隐藏，如图6.14所示。

14 以同样的方法绘制多个相似图像，如图6.15所示。

图6.14 隐藏图形

图6.15 绘制图像

6.6.2 使用Illustrator制作DM单文字效果

01 执行菜单栏中的"文件"|"打开"命令，打开"美食主题DM单背景.psd"文件，在打开的对话框中勾选"将图层拼合为单个图像"单选按钮，完成之后单击"确定"按钮，如图6.16所示。

图6.16 打开素材

02 选择工具箱中的"文字工具" **T**,添加文字,如图6.17所示。

03 选中文字,单击鼠标右键,从弹出的快捷菜单中选择"创建轮廓"命令,再选择工具箱中的"自由变换工具" ,在文字右侧位置按住Shift+Ctrl组合键向上拖动,将文字变形,再按Ctrl+C组合键将其复制,如图6.18所示。

图6.17 添加文字　　　　　图6.18 将文字变形

04 同时选中两部分文字,将其"描边"更改为红色(R:128,G:25,B:29),"描边粗细"更改为5,如图6.19所示。

05 按Ctrl+F组合键粘贴文字,选择工具箱中的"渐变工具" ,在图形上拖动为其填充黄色(R:255,G:218,B:106)到白色再到黄色(R:255,G:218,B:106)的渐变,如图6.20所示。

图6.19 添加描边　　　　　图6.20 粘贴文字

06 选择工具箱中的"文字工具" **T**,添加文字

（方正品尚黑简体）,如图6.21所示。

07 选择工具箱中的"矩形工具" ,绘制1个矩形,将"填色"更改为白色,"描边"为无,如图6.22所示。

图6.21 添加文字　　　　　图6.22 绘制图形

08 选择工具箱中的"文字工具" **T**,添加文字,如图6.23所示。

图6.23 添加文字

09 选择工具箱中的"矩形工具" ,在文字下方绘制1个细长矩形,将"填色"更改为白色,"描边"为无,如图6.24所示。

10 选择工具箱中的"文字工具" **T**,添加文字,如图6.25所示。

图6.24 绘制矩形　　　　　图6.25 添加文字

11 选中细长矩形,按住Alt+Shift组合键向下方拖动将其复制,如图6.26所示。

12 选择工具箱中的"文字工具" **T**，添加文字，如图6.27所示。

图6.26 复制图形

图6.27 添加文字

13 选择工具箱中的"星形工具" ⭐，在画板中单击鼠标，在弹出的对话框中将"半径1"更改为25mm，"半径2"更改为20mm，"角点数"更改为30，绘制1个多边形，如图6.28所示。

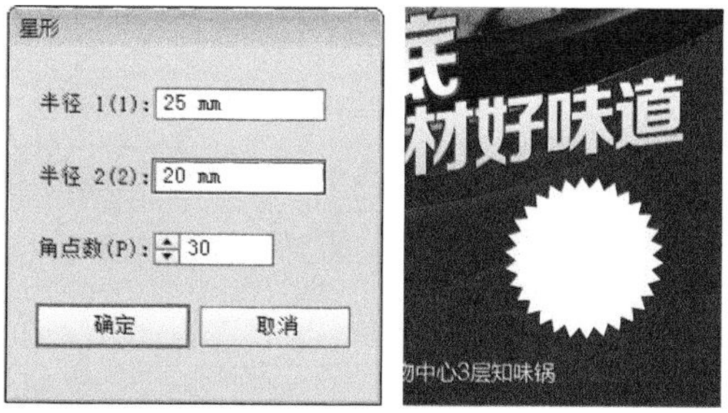

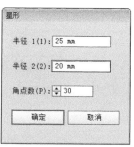

图6.28 绘制多边形

14 选中多边形，选择工具箱中的"渐变工具" ▥，在图形上拖动为其填充黄色（R:255，G:190，B:21）到白色再到黄色（R:255，G:190，B:21）的线性渐变，如图6.29所示。

15 选择工具箱中的"椭圆工具" ⬭，在多边形内部按住Shift键绘制1个圆形，将"填色"更改为白色，"描边"为无，如图6.30所示。

图6.29 填充渐变

图6.30 绘制图形

16 选择工具箱中的"矩形工具" ▬，绘制1个矩形，将"填色"更改为红色（R:128，G:25，B:29），"描边"为无，如图6.31所示。

17 选中细长矩形，按住Alt+Shift组合键向下方拖动将其复制，如图6.32所示。

图6.31 绘制矩形

图6.32 复制图形

18 选择工具箱中的"文字工具" **T**，添加文字，如图6.33所示。

图6.33 添加文字

19 选择工具箱中的"星形工具" ⭐，绘制1个五角形，将"填色"更改为红色（R:128，G:25，B:29），如图6.34所示。

20 选中五角星，按住Alt+Shift组合键向右侧拖动将其复制，如图6.35所示。

图6.34 绘制星形

图6.35 复制图形

21 按Ctrl+D组合键数次，将五角星复制多份，如图6.36所示。

22 执行菜单栏中的"文件"|"打开"命令，打开"logo.png""厨师.png"和"火爆辣椒.png"文件，将打开的素材拖入画板适当位置并适当缩小，这样就完成了效果制作，最终效果如图6.37所示。

提示

在添加素材之后，需要注意将厨师图像移至文字下方。

图6.36 复制图形

图6.37 最终效果

6.7 秋景旅游季DM单设计

◆实例分析

本例讲解秋景旅游季 DM 单设计，整个色调以秋景为主，采用红、黄、深红等颜色为主色调，突出秋景效果，并以醒目的主题字达到宣传目的。最终效果如图 6.38 所示。

难　　度：★★★
素材文件：第 6 章 \ 秋景旅游季 DM 单设计
案例文件：第 6 章 \ 秋景旅游季 DM 单 .ai、秋景旅游季 DM 单背景效果 .psd
在线视频：第 6 章 \6.7 秋景旅游季 DM 单设计 .avi

图6.38 最终效果

◆本例知识点

1. "添加图层蒙版" ▣
2. "路径选择工具" ▸
3. "创建剪贴蒙版"命令
4. "联集" ▣

◆操作步骤

6.7.1 使用Photoshop制作主视觉图像

01 执行菜单栏中的"文字"|"新建"命令，在弹出的对话框中设置"宽度"为210mm，"高度"为285mm，"分辨率"为72像素/英寸，新建一个空白画布。

02 执行菜单栏中的"文件"|"打开"命令，打开"纹理背景.jpg""草地.psd"和"热气球.psd"文件，将图像拖入画布中，如图6.39所示。

图6.39 添加素材

03 选择工具箱中的"椭圆工具" ▣，在选项栏中将"填充"更改为黄色（R:251，G:247，B:233），"描边"为无，绘制1个与画布相同大小的矩形，将生成一个"矩形 1"图层。

04 在"图层"面板中，选中"矩形 1"图层，单击面板底部的"添加图层蒙版" ▣按钮，为其添加图层蒙版，如图6.40所示。

05 选择工具箱中的"矩形选框工具" ▣，在画布中绘制1个矩形选区，如图6.41所示。

图6.40 添加图层蒙版　　　　图6.41 绘制选区

06 将选区填充为黑色，完成之后按Ctrl+D组合键将选区取消，如图6.42所示。

图6.42 隐藏部分图形

07 选择工具箱中的"椭圆工具" ▣，在选项栏中将"填充"更改为黄色（R:248，G:231，B:195），"描边"为无，在画布左上角绘制1个细长矩形并适当旋转，将生成一个"矩形 2"图层，如图6.43所示。

08 选择工具箱中的"路径选择工具" ▶，选中矩形，再选中"矩形 2"图层，在画布中按Ctrl+Alt+T组合键将图形向右下角拖动复制1份，完成之后按Enter键确认，如图6.44所示。

图6.43 绘制图形　　　　图6.44 变换复制

09 按住Ctrl+Alt+Shift组合键同时按T键多次，执行多重复制命令，将图形复制多份，如图6.45所示。

10 在"图层"面板中，选中"矩形 2"图层，执行菜单栏中的"图层"|"创建剪贴蒙版"命令，如图6.46所示。

图6.45 多重复制　　　　图6.46 创建剪贴蒙版

6.7.2 使用Illustrator添加DM单信息

01 执行菜单栏中的"文件"|"打开"命令，打开"秋景旅游季DM单背景.psd"文件，在打开的对话框中勾选"将图层拼合为单个图像"单选按钮，完成之后单击"确定"按钮，如图6.47所示。

图6.47 打开素材

02 选择工具箱中的"文字工具"**T**，添加文字，如图6.48所示。

03 选中所有文字，单击鼠标右键，从弹出的快捷菜单中选择"创建轮廓"命令，在"路径查找器"面板中，单击"联集"按钮，再选择工具箱中的"渐变工具"，在图形上拖动为其填充红色（R:227，G:59，B:30）到深红色（R:54，G:36，B:33）的径向渐变，如图6.49所示。

图6.48 添加文字　　　　图6.49 将文字变形

04 执行菜单栏中的"文件"|"打开"命令，打开"墨迹.png"文件，将打开的素材拖入画板适当位置并适当缩小。

05 选择工具箱中的"文字工具"**T**，添加文字，如图6.50所示。

图6.50 添加文字

06 选择工具箱中的"矩形工具"，绘制1个矩形，将"填色"更改为无，"描边"为黑色，"描边粗细"为1，如图6.51所示。

07 选中矩形，按Ctrl+C组合键将其复制，再按Ctrl+F组合键将其粘贴，将粘贴的图形"填充"更改为黑色，"描边"更改为无，再将其宽度缩小，如图6.52所示。

图6.51 绘制图形　　　　图6.52 复制图形

08 选择工具箱中的"文字工具"**T**，添加文字，如图6.53所示。

图6.53 添加文字

09 选择工具箱中的"矩形工具"，绘制1个矩形，将"填色"更改为白色，"描边"为无，将矩形"不透明度"更改为80%，如图6.54所示。

图6.54 绘制矩形

10 选择工具箱中的"文字工具"**T**，添加文字，如图6.55所示。

图6.55 添加文字

11 选择工具箱中的"矩形工具"■，在文字左侧绘制1个细长矩形，将"填色"更改为黑色，"描边"为无，如图6.56所示。

12 选中矩形，按住Alt+Shift组合键向右侧拖动将其复制，如图6.57所示。

图6.56 绘制矩形　　　　图6.57 复制图形

13 选择工具箱中的"星形工具"☆，在刚才添加的文字左上角位置绘制1个星形，将"填色"更改为红色（R:227，G:59，B:30），"描边"为无，如图6.58所示。

14 选中星形，按住Alt+Shift组合键向下方拖动将其复制，如图6.59所示。

图6.58 绘制星形　　　　图6.59 复制图形

15 按Ctrl+D组合键数次，将星形复制数份，这样就完成了效果制作，最终效果如图6.60所示。

图6.60 最终效果

6.8 家电DM广告设计

◆ **实例分析**

　　本例讲解家电 DM 广告设计，此款 DM 具有不错的科技感，视觉效果相当突出，整个制作过程比较简单，最终效果如图 6.61 所示。

难　度：★★★	
素材文件：第 6 章 \ 家电 DM 广告	
案例文件：第 6 章 \ 家电 DM 广告设计 .ai、家电 DM 广告 .psd	
在线视频：第 6 章 \6.8 家电 DM 广告设计 .avi	

图6.61 最终效果

◆本例知识点

1. "通过拷贝的图层"命令
2. "渐变叠加"样式
3. "投影"命令

◆操作步骤

6.8.1 使用Photoshop制作特效

01 执行菜单栏中的"文字"|"新建"命令，在弹出的对话框中设置"宽度"为100mm，"高度"为60mm，"分辨率"为300像素/英寸，新建一个空白画布，如图6.62所示。

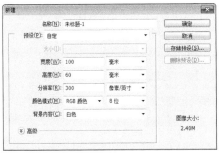

图6.62 新建画布

02 选择工具箱中的"渐变工具" ▊，编辑浅蓝色（R:218，G:235，B:247）到蓝色（R:160，G:217，B:255）的渐变，单击选项栏中的"线性渐变" ▊按钮，在画布中从左向右拖动填充渐变，如图6.63所示。

图6.63 填充渐变

03 执行菜单栏中的"文件"|"打开"命令，打开"空气净化器.psd"文件，将打开的素材拖入画布中靠右侧位置并适当缩小，如图6.64所示。

图6.64 添加素材

04 选择工具箱中的"钢笔工具" ✐，沿素材图像底座区域绘制1个不规则选区，如图6.65所示。

05 按Ctrl+Enter键将路径转换为选区，如图6.66所示。

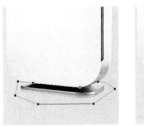 

图6.65 绘制路径　　　　图6.66 转换选区

06 执行菜单栏中的"图层"|"新建"|"通过拷贝的图层"命令，此时将生成1个"图层 1"图层，将其移至"空气净化器"图层下方，如图6.67所示。

图6.67 通过拷贝的图层

07 执行菜单栏中的"滤镜"|"模糊"|"高斯模糊"命令，在弹出的对话框中将"半径"更改为2像素，完成之后单击"确定"按钮，如图6.68所示。

图6.68 添加高斯模糊

08 选中"图层1"图层，将其图层混合模式设置为"正片叠底"，"不透明度"更改为50%，如图6.69所示。

图6.69 设置图层混合模式

09 在"图层"面板中，选中"空气净化器"图层，单击面板底部的"添加图层样式" *fx* 按钮，在菜单中选择"渐变叠加"命令。

10 在弹出的对话框中将"混合模式"更改为柔光，"不透明度"更改为60%，"渐变"更改为黑色到白色，"角度"为-118度，完成之后单击"确定"按钮，如图6.70所示。

图6.70 设置渐变叠加

11 执行菜单栏中的"文件"|"打开"命令，打开"树叶.psd"文件，将打开的素材拖入画布中并适当缩小，如图6.71所示。

12 将树叶图像复制多份，并将部分图像等比缩小

或适当旋转，如图6.72所示。

图6.71 添加素材　　　　　　　图6.72 复制图像

13 选中经过空气净化器顶部孔洞位置的绿叶所在图层，单击面板底部的"添加图层蒙版" □ 按钮，为其添加图层蒙版，如图6.73所示。

14 选择工具箱中的"钢笔工具" ∅ ，在绿叶图像右侧区域绘制1个不规则路径，如图6.74所示。

图6.73 添加图层蒙版　　　　　图6.74 绘制路径

15 按Ctrl+Enter组合键将路径转换为选区，如图6.75所示。

16 将选区填充为黑色将部分图像隐藏，完成之后按Ctrl+D组合键将选区取消，如图6.76所示。

图6.75 转换为选区　　　　　　图6.76 隐藏图像

6.8.2 使用Illustrator添加图文及装饰

01 执行菜单栏中的"文件"|"打开"命令，打开

"背景.psd"文件，如图6.77所示。

图6.77 打开素材

02 选择工具箱中的"矩形工具" ▦，绘制1个矩形，将"填充"更改为蓝色（R:162，G:218，B:254），"描边"为无，如图6.78所示。

03 选择工具箱中的"直接选择工具" ▸，选中矩形底部锚点并拖动将其变形，如图6.79所示。

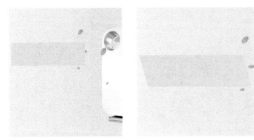

图6.78 绘制矩形　　　　图6.79 拖动锚点

04 以同样的方法在左侧位置再次绘制1个相似图形，将"填充"更改为浅蓝色（R:180，G:225，B:249），"描边"为无，并保留一定空隙。

05 选择工具箱中的"钢笔工具" ✎，在两个图形之间位置绘制1个图形将其结合，将"填充"更改为蓝色（R:150，G:203，B:226），"描边"为无，如图6.80所示。

图6.80 绘制图形

06 以同样的方法在下方位置再次绘制数个相似图形，组合成立体图形，如图6.81所示。

07 选择工具箱中的"横排文字工具" T，添加文字，如图6.82所示。

图6.81 绘制图形　　　　图6.82 添加文字

08 同时选中所有文字，单击鼠标右键，从弹出的快捷菜单中选择"创建轮廓"命令，如图6.83所示。

09 执行菜单栏中的"效果"|"风格化"|"投影"命令，在弹出的对话框中将"不透明度"更改为30%，"模糊"为0.2，完成之后单击"确定"按钮，如图6.84所示。

图6.83 创建轮廓　　　　图6.84 添加投影

10 选择工具箱中的"矩形工具" ▦，在图形下方绘制1个矩形，将"填充"更改为白色，"描边"为无，如图6.85所示。

11 选择工具箱中的"渐变工具" ▮，在图形上拖动为其填充白色系线性透明渐变，如图6.86所示。

图6.85 绘制矩形　　　　图6.86 填充渐变

图6.87 最终效果

12 选择工具箱中的"横排文字工具" T，添加文字，这样就完成了效果制作，最终效果如图6.87所示。

6.9 街舞三折页DM广告设计

◆ 实例分析

　　本例讲解的是街舞三折页 DM 广告设计制作，在设计中将配色与人物素材颜色进行搭配，将人物素材的造型与所要表达的主题内容相呼应，最后为其制作立体效果使整个三折页的效果十分完美。最终效果如图 6.88 所示。

难　　度：★★★★
素材文件：第 6 章 \ 街舞三折页 DM 广告设计
案例文件：第 6 章 \ 街舞三折页 DM 广告设计 .ai、街舞三折页 DM 广告设计展示效果 .psd
在线视频：第 6 章 \6.9 街舞三折页 DM 广告设计 .avi

图6.88 最终效果

◆ 本例知识点

1．"渐变工具"
2．"添加锚点工具"
3．"合并图层"命令
4．"多边形套索工具"

◆ 操作步骤

6.9.1 使用Illustrator制作平面效果

01 执行菜单栏中的"文件"|"新建"命令，在弹出的对话框中设置"宽度"为285mm，"高度"为210mm，设置完成后单击"确定"按钮，新建一个画板，如图6.89所示。

图6.89 新建画板

02 选择工具箱中的"矩形工具" ，绘制一个与画板大小相同的矩形，如图6.90所示。

03 选中所绘制的矩形，选择工具箱中的"渐变工具" ，在"渐变"面板中将"类型"更改为径向，渐变填充为白色到灰色（R:220，G:220，B:220），如图6.91所示。

图6.90 绘制图形

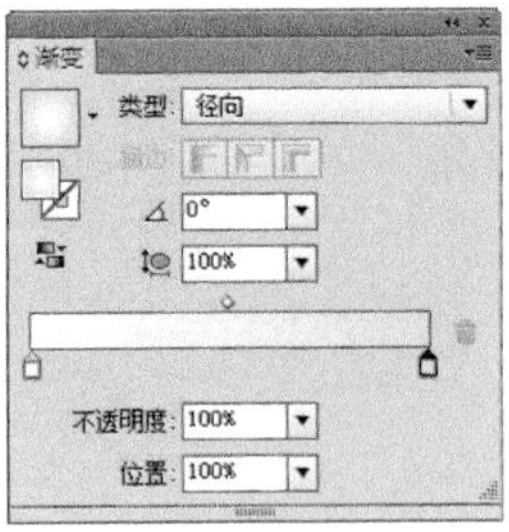

图6.91 设置渐变

04 选中刚才所绘制的矩形，从右侧位置向左侧拖动，为图形填充渐变，如图6.92所示。

图6.92 填充渐变

05 选择工具箱中的"矩形工具"█，沿画板左侧位置绘制一个矩形，将其填充为紫色（R:213，G:91，B:147），如图6.93所示。

06 选择工具箱中的"直接选择工具"▷，选中刚才所绘制的矩形右下角锚点，按Delete键将其删除，如图6.94所示。

图6.93 绘制图形 　　　图6.94 删除锚点

07 选择工具箱中的"矩形工具"█，绘制一个与画板大小相同的矩形并将其填充为任意颜色，如图6.95所示。

图6.95 绘制图形

08 选择工具箱中的"添加锚点工具"♦️，在刚才所绘制的图形靠右上角位置单击添加锚点，如图6.96所示。

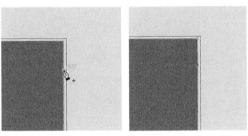

图6.96 添加锚点

09 选择工具箱中的"直接选择工具"▷，选中刚才所绘制的矩形右下角锚点，按Delete键将其删除，如图6.97所示。

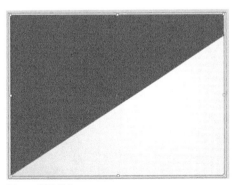

图6.97 删除锚点

10 选中所绘制的矩形，选择工具箱中的"渐变工具"█，在"渐变"面板中将"类型"更改为径向，渐变填充为紫色（R:204，G:88，B:135）到紫色（R:152，G:55，B:104），如图6.98所示。

图6.98 设置渐变

11 选中刚才所绘制的矩形，从右上角位置向左侧拖动，为图形填充渐变，如图6.99所示。

图6.99 填充渐变

12 选中刚才所绘制的图形，按Ctrl+[组合键将其后移一层，如图6.100所示。

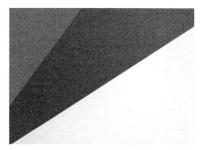

图6.100 更改图层顺序

13 选中刚才填充渐变的图形，按Ctrl+C组合键将其复制，再按Ctrl+F组合键将其粘贴至原图形的前面，如图6.101所示。

图6.101 复制并粘贴图形

14 选择工具箱中的"直接选择工具"，选中刚才复制所生成的图形右上角下方的锚点向下拖动，将图形变形，如图6.102所示。

图6.102 变形图形

15 选中经过变形的矩形，选择工具箱中的"渐变工具"，在"渐变"面板中将"类型"更改为径向，渐变填充为灰色（R:230，G:230，B:230）到灰色（R:198，G:198，B:198），如图6.103所示。

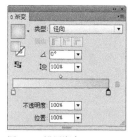

图6.103 设置渐变

16 选择工具箱中的"文字工具"T，在画板中适当位置添加文字，如图6.104所示。

图6.104 添加文字

17 选择工具箱中的"椭圆工具"，在画板中靠左下角位置，按住Shift键绘制一个圆形，并将其填充为灰色（R:65，G:65，B:65），如图6.105所示。

18 选择工具箱中的"文字工具" T ，在绘制的圆形上添加文字，如图6.106所示。

图6.105 绘制图形　　　　图6.106 添加文字

19 同时选中绘制的圆形及添加的文字，单击鼠标右键，从弹出的快捷菜单中选择"编组"命令，将图形与文字编组，再将其适当旋转，如图6.107所示。

图6.107 将图形编组并旋转图形

20 执行菜单栏中的"文件"|"打开"命令，打开"人物.psd"文件，将打开的素材图像拖入画板靠右下角位置，如图6.108所示。

21 选择工具箱中的"矩形工具" ▇ ，沿画板右下角位置绘制一个矩形，将其填充为灰色（R:65，G:65，B:65），如图6.109所示。

图6.108 添加素材　　　　图6.109 绘制图形

22 选择工具箱中的"直接选择工具" ▶ ，选中刚才所绘制的矩形左上角的锚点，按Delete键将其

删除，这样就完成了街舞三折页DM广告设计平面效果制作，最终平面效果如图6.110所示。

图6.110 平面效果

6.9.2 使用Photoshop制作展示效果

01 执行菜单栏中的"文件"|"新建"命令，在弹出的对话框中设置"宽度"为12cm，"高度"为9cm，"分辨率"为150像素/英寸，"颜色模式"为RGB颜色，新建一个空白画布，如图6.111所示。

图6.111 新建画布

02 选择工具箱中的"渐变工具" ▇ ，设置从灰色（R:224，G:224，B:224）到灰色（R:176，G:176，B:176）的渐变，单击选项栏中的"径向渐变" ▇ 按钮，如图6.112所示。

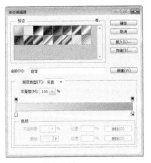

图6.112 设置渐变

03 在画布中从左上角向右下角方向拖动，为画布填充渐变，如图6.113所示。

图6.113 填充渐变

提示

在填充渐变的时候单击"图层1"图层名称前方的"指示图层可见性" 👁 图标将其隐藏以方便观察填充的渐变效果。

04 执行菜单栏中的"文件"|"打开"命令，在弹出的对话框中选中刚才所制作的街舞三折页DM广告设计.ai文档，如图6.114所示。将其拖动到新建的画布中，生成"图层1"，并将其适当缩小。

图6.114 打开素材图

05 选择工具箱中的"矩形选框工具" ⬚，在画布中绘制一个矩形选区，如图6.115所示。

图6.115 新建选区

06 单击"图层"面板底部的"创建新图层" 🗅 按钮，新建一个"图层2"图层。

技巧

将指针移至参考线上按 Alt 键可以在垂直或水平之间转换。

07 选中"图层2"图层，在画布中执行菜单栏中的"编辑"|"描边"命令，在弹出的对话框中将"宽度"更改为1像素，"颜色"更改为灰色（R:212，G:212，B:212），勾选"居外"单选按钮，完成后单击"确定"按钮，如图6.116所示。

08 选择工具箱中的任意一个选区工具，在画布中单击鼠标右键，从弹出的快捷菜单中选择"变形选区"命令，将指针移至变形框右侧向内稍微拖动，再将光标移至变形框底部按住Alt键向下方拖动，将选区变形，再按Enter键确认，如图6.117所示。

图6.116 设置描边

图6.117 变形选区

09 选中"图层 2"图层，将选区中的部分描边图形删除，完成后按Ctrl+D组合键将选区取消。

10 在"图层"面板中，同时选中"图层2"及"图层1"图层，执行菜单栏中的"图层"|"合并图层"命令，将图层合并，此时将生成一个"图层2"图层，如图6.118所示。

图6.118 合并图层

11 选中"图层2"图层，按Ctrl+T组合键对其执行"自由变换"命令，单击鼠标右键，从弹出的

快捷菜单中选择"扭曲"命令，将指针移至变形
框不同的控制点拖动将图形变形，完成后按
Enter键确认，如图6.119所示。

图6.119 扭曲图形

12 选择工具箱中的"钢笔工具" ✐，沿着刚绘
制的图形上方边缘位置绘制一个不规则封闭路
径，如图6.120所示。

图6.120 绘制路径

13 在画布中按Ctrl+Enter组合键将刚才所绘制的
封闭路径转换成选区，如图6.121所示。
14 单击"图层"面板底部的"创建新图层" ▣ 按
钮，新建一个"图层3"图层，如图6.122所示。

图6.121 转换选区　　　　　图6.122 新建图层

15 选中"图层3"图层，将选区填充为紫色
（R:192，G:82，B:129），填充完成后按
Ctrl+D组合键将选区取消，如图6.123所示。

图6.123 填充颜色

16 在"图层"面板中，选中"图层 3"图层，单
击面板上方的"锁定透明像素" ▣ 按钮，将当前
图层中的透明像素锁定，如图6.124所示。
17 选择工具箱中的"多边形套索工具" ▷，在画
布中绘制一个不规则选区，如图6.125所示。

图6.124 锁定透明像素　　　图6.125 绘制选区

18 选中"图层 3"图层，在画布中将选区填充
为紫色（R:213，G:91，B:147），填充完成
后按Ctrl+D组合键，将选区取消，如图6.126
所示。

图6.126 填充颜色

19 选择工具箱中的"钢笔工具" ✐，沿着图形底
部边缘位置绘制一个不规则封闭路径，如图6.127
所示。

图6.127 绘制路径

图6.132 设置高斯模糊

20 按Ctrl+Enter组合键，将路径转换成选区，如图6.128所示。

21 选中"图层2"图层，按Delete键，将选区中的图形删除，如图6.129所示。然后将"图层2"和"图层3"合并，并重命名为"图层3"。

图6.128 转换选区　　　图6.129 删除图形

22 单击"图层"面板底部的"创建新图层" 按钮，新建一个"图层4"图层，如图6.130所示。

23 选中"图层4"图层，将选区填充为黑色，填充完成后按Ctrl+D组合键，将选区取消，如图6.131所示。

图6.130 新建图层　　　图6.131 填充颜色

24 选中"图层4"图层，执行菜单栏中的"滤镜"|"模糊"|"高斯模糊"命令，在弹出的对话框中，将"半径"更改为0.5像素，设置完成后单击"确定"按钮，如图6.132所示。

25 选中"图层4"图层，将其图层"不透明度"更改为50%，再将其向下移至"图层3"下方，在画布中将其向下稍微移动，如图6.133所示。

图6.133 更改图层不透明度

26 选择工具箱中的"钢笔工具" ，在适当位置绘制一个不规则封闭路径，如图6.134所示。

图6.134 绘制路径

27 按Ctrl+Enter组合键，将封闭路径转换成选区，如图6.135所示。

28 单击"图层"面板底部的"创建新图层" 按钮，新建一个"图层5"图层，如图6.136所示。

图6.135 转换选区　　　图6.136 新建图层

151

29 选中"图层5"图层,在画布中将选区填充为黑色,填充完成后按Ctrl+D组合键将选区取消,如图6.137所示。

图6.137 填充颜色

30 在"图层"面板中,选中"图层 5"图层,单击面板底部的"添加图层蒙版" ◻ 按钮,为图层添加图层蒙版,如图6.138所示。

31 选择工具箱中的"渐变工具" ▬ ,在选项栏中单击"点按可编辑渐变"按钮,设置白色到黑色的渐变,如图6.139所示,单击选项栏中的"线性渐变" ◻ 按钮。

图6.138 添加图层蒙版　　图6.139 设置渐变

32 单击"图层 5"图层蒙版缩览图,从左向右拖动图形,将部分图形隐藏,如图6.140所示。

图6.140 隐藏图形

33 选中"图层 5"图层,将其图层"不透明度"更改为50%,如图6.141所示。

图6.141 更改图层不透明度

34 以同样的方法,在右侧折页位置,再次绘制路径并转换选区,新建图层填充颜色,利用图层蒙版制作阴影效果,如图6.142所示。

图6.142 绘制图形

35 选择工具箱中的"多边形套索工具" ▷ ,在图形右侧边缘位置,绘制一个不规则选区,如图6.143所示。

36 单击面板底部的"创建新图层" ◻ 按钮,新建一个"图层 7"图层。

37 选中"图层 7"图层,将选区填充为黑色,填充完成后按Ctrl+D组合键,将选区取消,再将其向下移至"图层3"下方,如图6.144所示。

图6.143 绘制选区　　图6.144 填充颜色

38 选中"图层 7"图层,执行菜单栏中的"滤镜"|"模糊"|"高斯模糊"命令,在弹出的对话框中,将"半径"更改为5像素,设置完成后单击

"确定"按钮，如图6.145所示。

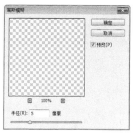

图6.145 设置高斯模糊

39 选中"图层 7"图层，将其图层"不透明度"更改为30%，如图6.146所示。

图6.146 更改图层不透明度

40 单击"图层"面板底部的"创建新图层" 按钮，新建一个"图层 8"图层。

41 选择工具箱中的"画笔工具" ✐，在画布中单击鼠标右键，在弹出的面板中，选择一种圆角笔触，将"大小"更改为2像素，"硬度"更改为1%。

42 将前景色设置为深灰色（R:50，G:50，B:50），在画布中三折页的棱角上绘制线条以增加质感，如图6.147所示。

图6.147 绘制图形

43 选中"图层 8"图层，将其图层"不透明度"更改为30%，如图6.148所示。

图6.148 更改图层不透明度

44 以同样的方法在图形不同的棱角位置绘制图形，如图6.149所示。

图6.149 绘制图形

提示

在绘制图形的时候可以选中"图层9"图层，在画布中进行绘制，无需新建图层。

45 选择工具箱中的"减淡工具" ✎，在画布中单击鼠标右键，在弹出的面板中，选择一种圆角笔触，将"大小"更改为900像素，"硬度"更改为0，如图6.150所示。

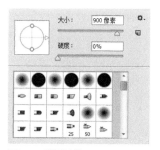

图6.150 设置笔触

46 选中"图层 3"图层，在画布中其图形上部分区域涂抹，将部分图形颜色减淡，如图6.151所示。

47 选择工具箱中的"钢笔工具" ✐，在图形靠左侧位置绘制一个封闭路径，如图6.152所示。

图6.151 减淡图形颜色

图6.152 绘制路径

48 按Ctrl+Enter组合键，将刚才所绘制的封闭路径转换成选区，如图6.153所示。

49 单击"图层"面板底部的"创建新图层" 🖼 按钮，新建一个"图层9"图层，如图6.154所示。

图6.153 转换选区

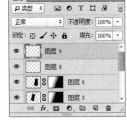

图6.154 新建图层

50 选中"图层9"图层，在画布中将选区填充为白色，填充完成后按Ctrl+D组合键将选区取消，如图6.155所示。

图6.155 填充颜色

51 选中"图层9"，执行菜单栏中的"滤镜"|"模糊"|"高斯模糊"命令，在弹出的对话框中

将"半径"更改为15像素，设置完成后单击"确定"按钮，如图6.156所示。

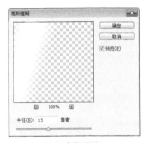

图6.156 设置高斯模糊

52 选中"图层9"图层，将其图层"不透明度"更改为30%，如图6.157所示。

图6.157 更改图层不透明度

53 这样就完成了效果制作，最终效果如图6.158所示。

图6.158 最终效果

6.10 知识拓展

DM 是英文 Direct Mail 的缩写，意为快讯商品广告，通常采取邮寄、定点派发、选择性派送到消费者住处等多种方式广为宣传，是超市最重要的促销方式之一。本章通过 4 个实例，详细讲解了 DM 单设计的方法。

6.11 拓展训练

根据不同的形式，本章安排了 2 个拓展训练以供练习，用于强化前面所学的知识，不断提升设计能力。

训练6-1 博览会DM广告设计

◆ 实例分析

本例讲解的是博览会 DM 广告设计制作，制作过程比较简单，注意在制作初期海报的光线背景的整体把握，在文字信息及绘制图形的摆放上力求直观、大气。最终效果如图 6.159 所示。

难　度：★★★

素材文件：第 6 章\博览会 DM 广告设计

案例文件：第 6 章\博览会 DM 广告设计 .ai、博览会 DM 广告设计 .psd

在线视频：第 6 章\训练 6-1 博览会 DM 广告设计 .avi

图6.159 最终效果

◆ 本例知识点

1. "渐变工具"
2. "描边路径" 命令
3. "合并组" 命令
4. "高斯模糊" 命令

训练6-2 地产DM单页广告设计

◆ 实例分析

本例主要讲解的是地产 DM 单页广告设计制作，本广告利用 PS 和 AI 两个软件制作而成，首先利用 PS 打开广告所需的背景为其调色，然后在 AI 中绘制图形并添加文字，整个制作过程简单，步骤明确，同时添加的第一人称视角图像，使整个广告视觉效果不凡，在配色中采用的深黄色及棕色系也和整个广告主题信息相呼应。最终效果如图 6.160 所示。

难　度：★★★★

素材文件：第 6 章\地产 DM 单页广告设计

案例文件：第 6 章\地产 DM 单页广告设计 .ai、地产 DM 单页 .psd

在线视频：第 6 章\训练 6-2 地产 DM 单页广告设计 .avi

图6.160 最终效果

◆ 本例知识点

1. "色相 / 饱和度" "色彩平衡" "照片滤镜" 命令
2. "添加锚点工具"
3. "转换锚点工具"
4. "渐变工具"

第 **7** 章

UI图标及界面设计

本章讲解 UI 图标及界面设计，在如今互联网时代越来越多
的智能设备丰富了人们的生活，智能设备通常通过触摸屏幕
与使用者进行交互，此种途径在操作过程中具有极大的便
利性，这与屏幕中的图标与界面是分不开的。本章从图标
与界面的使用角度进行设计与制作，通过绘制与应用对应
的图标与功能图像提升了交互界面的美观与使用性，整体
的制作比较简单，重点在于对图标及界面本身定位的把握，
如漂亮的外观、较强的可识别性等。通过本章的学习可以熟
练掌握 UI 图标及界面的设计与制作。

教学目标

了解 UI 设计单位及图像格式

了解 UI 设计准则

了解 UI 设计与团队的使用关系

了解智能手机操作系统

学习 UI 设计的配色

掌握 UI 图标及界面的设计技巧

7.1 认识UI设计

UI（User Interface）即用户界面，UI 设计是指对软件的人机交互、操作逻辑、界面美观的整体设计。它是系统和用户之间进行交互和信息交换的媒介，它实现信息的内部形式与人类可以接受形式之间的转换，好的 UI 设计不仅是让软件变得有个性有品位，还要让软件的操作变得舒适、简单、自由、充分体现软件的定位和特点，如今人们所提起的 UI 设计大体由以下 3 个部分组成。

1. 图形界面设计（Graphical User Interface）

图形界面设计是指采用图形方式显示的用户操作界面，图形界面对于用户来说在完美视觉效果上感觉十分明显。图形界面向用户展示了功能、模块、媒体等信息。

在国内通常人们提起的视觉设计师就是指设置图形界面的设计师，一般从事此类行业的设计师大多经过专业的美术培训，有一定的专业背景或者相关的其他从事设计行业的人员。

2. 交互设计（Interaction Design）

交互设计在于定义人造物的行为方式（人工制品在特定场景下的反应方式）相关的界面。

交互设计的出发点在于研究人在和物交流过程中，人的心理模式和行为模式，并在此研究基础上，设计出可提供的交互方式以满足人对使用人工物的需求。交互设计是设计方法，

而界面设计是交互设计的自然结果。同时界面设计不一定由显意识交互设计驱动，然而界面设计必然自然包含交互设计（人和物是如何进行交流的）。

交互设计师首先进行用户及潜在用户的研究，设计人造物的行为，并从有用、可用及易用性等方面来评估设计质量。

3. 用户研究（user study）

同软件开发测试一样，UI 设计中也会有用户测试，工作的主要内容是测试交互设计的合理性以及图形设计的美观性。一款应用经过交互设计、图形界面设计等工作之后需要最终的用户测试才可上线，此项的工作尤为重要，通过测试可以发现应用中某个地方的不足，或者不合理性。

7.2 常用单位解析

在 UI 界面设计中，单位的应用非常关键，下面了解常用单位的使用。

1. 英寸

长度单位，从电脑的屏幕到电视机再到各类多媒体设备的屏幕大小通常指屏幕对角的长度。而手持移动设备、手机等屏幕也沿用了这个概念。

2. 分辨率

屏幕物理像素的总和，用屏幕宽乘以屏幕高的像素数来表示，如笔记本电脑上的 1366 像素 ×768 像素，液晶电视上的 1200 像素 × 1080 像素，手机上的 480 像素 ×800 像素，

640 像素 ×960 像素等。

3. 网点密度

屏幕物理面积内所包含的像素数，以 DPI（每英寸像素点数或像素／英寸）为单位来计量，DPI 越高，显示的画面质量就越精细，在手机 UI 设计时，DPI 要与手机相匹配，因为低分辨率的手机无法满足高 DPI 图片对手机硬件的要求，显示效果十分糟糕，所以在设计过程中就涉及一个全新的名词——屏幕密度。

4. 屏幕密度（Screen Densities）

屏幕密度以搭载 Android 操作系统的手机为例分别如下所示。

iDPI（低密度）：120 像素／英寸

mDPI（中密度）：160 像素／英寸

hDPI（高密度）：240 像素／英寸

xhDPI（超高密度）：320 像素／英寸

与 Android 相比，iPhone 手机对密度版本的数量要求没有那么多，因为目前 iPhone 界面仅两种设计尺寸——960 像素 ×640 像素和 640 像素 ×1136 像素，而网点密度（DPI）采用 mDPI，即 160 像素／英寸就可以满足设计要求。

7.3 UI设计准则

UI 设计是一个系统化整套的设计工程，看似简单，其实不然，在这套"设计工程"中一定要按照设计原则进行设计，UI 的设计原则主要有以下几点。

1. 简易性

在整个 UI 设计的过程中一定要注意设计的简易性，界面的设计一定要简洁、易用且好用，让用户便于使用，便于了解，并能最大限度地减少选择性的错误。

2. 一致性

一款成功的应用应该拥有一个优秀的界面，同时也是所有优秀界面所具备共同的特点，应用界面的应用必须清晰一致，风格与实际应用内容相同，所以在整个设计过程中应保持一致性。

3. 提升用户的熟知度

在设计制作界面时，可以通过已经掌握的知识来设计界面，但不要超出一般常识，以提升用户的熟知度。例如，无论是拟物化的写实图标设计，还是扁平化的界面，都要以用户所掌握的知识为基准。

4. 可控性

可控性在设计过程中起到了先决性的一点，在设计之初就要考虑到用户想要做什么，需要做什么，而此时在设计中就要加入相应的操控提示。

5. 记性负担最小化

一定要科学的分配应用中的功能说明，力求操作最简化，从人脑的思维模式出发，不要打破传统的思维方式，不要给用户增加思维负担。

6. 从用户的角度考虑

想用户所想，思用户所思，研究用户的行为，因为大多数的用户是不具备专业知识的，他们往往只习惯于从自身的行为习惯出发进行思考和操作，在设计的过程中把自己列为用户，以切身体会去设计。

7. 顺序性

一款功能的应用应该在功能上按一定规律进行排列，一方面可以让用户在极短的时间内找到自己需要的功能，另一方面可以拥有直观的简洁易用的感受。

8. 安全性

无论任何应用在用户根据切身体会进行自由选择操作时，他所做出的这些动作都应该是可逆的。例如，在用户做出一个不恰当或者错误操作的时候应当有危险信息介入。

9. 灵活性

快速高效率及整体满意度在用户看来都是人性化的体验，在设计过程中需要尽可能地考虑到特殊用户群体的操作体验，如残疾人、色盲、语言障碍者等，在这一点可以在 IOS 操作系统上得到最直观的感受。

7.4 UI设计与团队合作关系

UI 设计与产品团队合作流程关系如下。

一、团队成员

1. 产品经理

对用户需求进行分析调研，针对不同的需求进行产品卖点规划，然后将规划的结果陈述给公司上级，以此来取得项目所要用到的各类资源（人力、物力和财力等）。

2. 产品设计师

产品设计师侧重功能设计，考虑技术可行性。例如，在设计一款多终端播放器的时候，是否在播放的过程中添加动画提示，甚至一些更复杂的功能，而这些功能的添加都是经过深思熟虑的。

3. 用户体验工程师

用户体验工程师需要了解更多商业层面的内容，其工作通常与产品设计师相辅相承，从产品的商业价值的角度出发，以用户的切身体验实际感觉出发，对产品与用户交互方面的环节进行设计方面的改良。

4. 图形界面设计师

图形界面设计师为应用设计一款能适应用户需求的界面，一款应用能否成功与图形界面也有着分不开的关系。图形界面设计师常用软件有 Photoshop、Illustrator 及 Fireworks 等。

二、UI设计与项目流程步骤

产品定位→产品风格→产品控件→方案制订→方案提交→方案选定。

7.5 UI界面设计常用的软件

如今 UI 界面设计中常用的主要软件有 Adobe 公司的 Photoshop 和 Illustrator，Corel 公司的 CorelDRAW 等，在这些软件中以 Photoshop 和 Illustrator 最为常用。

1. Photoshop

Photoshop 是 Adobe 公司旗下最为出名的图像处理软件之一，是集图像扫描、编辑修改、图像制作、广告创意、图像输入与输出于一体的图形图像处理软件，深受广大平面设计人员和电脑美术爱好者的喜爱。这款美国 Adobe 公司的软件一直是图像处理领域的巨无霸，在出版印刷、广告设计、美术创意、图像编辑等领域得到了极为广泛的应用。

Photoshop 的专长在于图像处理，而不是图形创作。有必要区分一下这两个概念。图像处理是对已有的位图图像进行编辑加工处理以及运用一些特殊效果，其重点在于对图像的处理加工；图形创作软件是按照自己的构思创意，使用矢量图形来设计图形，这类软件主要有 Adobe 公司的另一个著名软件 Illustrator 和 Macromedia 公司 的 Freehand，不过 Freehand 已经快要淡出历史舞台了。

平面设计是 Photoshop 应用最为广泛的领域，无论是我们正在阅读的图书封面，还是大街上看到的招贴、海报，这些具有丰富图像的平面印刷品，基本上都需要 Photoshop 软件对图像进行处理。

2. Illustrator

Illustrator 是美国 Adobe 公司推出的专业矢量绘图工具，是出版、多媒体和在线图像的工业标准矢量插画软件。公司为图形设计人员、专业出版人员、文档处理机构和 Web 设计人员，以及商业用户和消费者提供了首屈一指的软件。

无论是生产印刷出版线稿的设计者和专业插画家、生产多媒体图像的艺术家，还是互联网页或在线内容的制作者，都会发现 Illustrator 不仅是一个艺术产品工具，而且适合大部分小型设计到大型的复杂项目。

3. CorelDRAW

CorelDRAW Graphics Suite 是 一 款 由世界顶尖软件公司之一的加拿大的 Corel 公司开发的图形图像软件，是集矢量图形设计、矢量动画、页面设计、网站制作、位图编辑、印刷排版、文字编辑处理和图形高品质输出于一体的平面设计软件，深受广大平面设计人员的喜爱，目前主要在广告制作、图书出版等方面得到广泛的应用，功能与其类似的软件有 Illustrator、Freehand。

CorelDRAW 图像软件是一套屡获殊荣的图形、图像编辑软件，它包含两个绘图应用程序：一个用于矢量图及页面设计，一个用于图像编辑。这套绘图软件组合带给用户强大的交互式工具，使用户可创作出多种富于动感的特殊效果及点阵图像即时效果，在简单的操作中就可得到实现，而不会丢失当前的工作。通过 CorelDRAW 的全方位的设计及网页功能可以融合到用户现有的设计方案中，灵活性十足。

CorelDRAW 软件以其非凡的设计能力广泛地应用于商标设计、标志制作、模型绘制、插图描画、排版及分色输出等诸多领域。其被喜爱的程度可用事实说明，用于商业设计和美术设计的 PC 电脑上几乎都安装了 CorelDRAW。CorelDRAW 以其强大的功能及友好界面一直以来在标志制作、模型绘制、排版及分色输出等诸多领域都能看到它的身影，同时它的排版功能也十分强大，但是由于它与 Photoshop、Illustrator 不是同一家公司软件，所以在软件操作上互通性稍差。

对于目前刚流行的 UI 界面设计，由于没有具有针对性的专业设计软件，所以大部分设计师会选择使用这 3 款软件来制作 UI 界面，如图 7.1 所示。

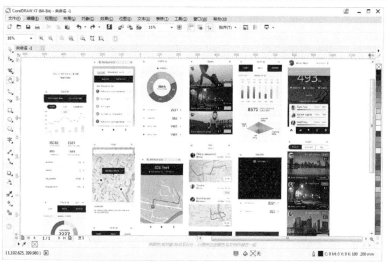

图7.1 3个软件的界面效果

在任何设计领域，颜色的搭配永远都是至关重要的，优秀的配色不仅带给用户完美的体验，更能让使用者的心情舒畅，提升整个应用的价值，下面是几种常见的配色对用户的心情影响。

1. 百搭黑白灰

提起黑白灰这三种色彩，人们总是觉得在任何地方都离不开它们。它们也是最常见到的色彩，既能和任何色彩做百搭的辅助色，同时又能作为主色调。通过对一些流行应用的观察，它们的主色调大多离不开这三种颜色，白色具有洁白、纯真、清洁的感受，黑色能带给人一种深沉、神秘、压抑的感受，灰色则具有中庸、平凡、中立和高雅的感觉，所以说在搭配方面这三种颜色几乎是万能的百搭色，同时最强的可识别性也是黑白灰配色里的一大特点。图7.2所示为黑白灰配色效果展示。

图7.2 黑白灰配色效果展示

2. 甜美温暖橙

　　橙色是一种介于红色和黄色之间的色彩，它不同于大红色过于刺眼，又比黄色更加富有视觉冲击感，在设计过程中这种色彩既可以大面积使用，也可以作为搭配色点缀，在搭配时和黄色、红色、白色等搭配，如果和绿色搭配则给人一种清新甜美的感觉，在大面积的橙色中稍添加绿色可以起到一种画龙点睛之笔的效果，这样可以避免只使用一种橙色而引起的视觉疲劳。图 7.3 所示为甜美温暖橙配色效果展示。

图7.3 甜美温暖橙配色效果展示

3. 气质冷艳蓝

　　蓝色给人的第一感觉就是舒适，没有过多的刺激感，给人一种非常直观的清新、静谧、专业、冷静的感觉，同时蓝色也很容易和别的色彩搭配。在界面设计过程中可以把蓝色做得相对大牌，也可以用得趋于小清新，假如在搭配的过程中找不出别的颜色搭配，此时选用蓝色总是相对安全的。在搭配时和黄色、红色、白色、黑色等搭配，蓝色是冷色系里最典型的代表，而红色、黄色、橙色则是暖色系里最典型的代表，这两种冷暖色系对比之下，会更加具有跳跃感，产生一种强烈的兴奋感，很容易感染用户的情绪；蓝色和白色的搭配会显得更清新、素雅，极具品质感；蓝色和黑色的搭配类似于红色和黑色搭配则能产生一种极强的时尚感，瞬间让人眼前一亮，通常在做一些质感类图形图标设计时用到较多。图 7.4 所示为气质冷艳蓝配色效果展示。

图7.4 气质冷艳蓝配色效果展示

4. 清新自然绿

　　和蓝色一样，绿色是一个和大自然相关的灵活色彩，它与不同的颜色进行搭配时带给人不同的心理感受。柠檬绿代表了一种潮流，橄榄绿则显得十分平和贴近，而淡绿色可以给人一种清爽的春天的感觉。紫色和绿色是奇妙的搭配，紫色神秘又成熟，绿色又代表希望和清新，所以它是一种非常奇妙的颜色。图7.5所示为清新自然绿配色效果展示。

图7.5　清新自然绿配色效果展示

5. 热情狂热红

　　大红色在界面设计中是一种不常见的颜色，一般作为点缀色使用，表示警告、强调、警示，使用过度的话容易造成视觉疲劳。和黄色搭配是中国比较传统的喜庆搭配。这种艳丽浓重的色彩向来会让我们想到节日庆典，因此喜庆感会更强。而红色和白色搭配相对会让人感觉更干净整洁，也容易体现出应用的品质感；红色和黑色的搭配比较常见，会带给人一种强烈的时尚气质感，如大红和纯黑搭配能带给人一种炫酷的感觉；红色和橙色的搭配则让人有一种甜美的感觉。图7.6所示为热情狂热红配色效果展示。

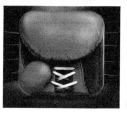

图7.6　热情狂热红配色效果展示

6. 靓丽醒目黄

　　黄色是亮度最高，灿烂、多用于大面积配色中的点睛色，它没有红色那么抢眼和俗气，却可以更加柔和地让人产生刺激感，在进行配色的过程中，应该和白色、黑色、蓝色进行搭配。黄色和黑色、白色的对比较强，容易形成较高层次的对比，突出主题；而与蓝色、紫色搭配，除强烈地对比刺激眼球外，还能够有较强的轻快时尚感；在日常店铺装修中最多地用于各种促俏活动的页面和红色进行搭配，这样能让人产生欢快、明亮的感觉，并且活跃度较高。图7.7所示为靓丽醒目黄配色效果展示。

图7.7　靓丽醒目黄配色效果展示

我们生活在一个充满色彩的世界，色彩一直刺激我们的视觉器官，而色彩也往往是作品给人的第一印象。

1. 色彩与生活

在认识色彩前要先建立一种观念，就是如果要了解色彩认识色彩，便要用心去感受生活，留意生活中的色彩，否则容易变成一个视而不见的色盲，就如人体的其他感官一样，色彩就像是我们的味觉，一样的材料但因用了不同的调味料而有了不同的味道，成功的好吃，失败的往往叫人难以下咽，而色彩对生理与心理都有重大的影响，如图 7.8 所示。

图7.8 色彩与生活

2. 色彩意象

当我们看到色彩时，除了会感觉其物理方面的影响，心理也会立即产生感觉，这种感觉我们一般难以用言语形容，称之为印象，也就是色彩意象，下面就是色彩意象的具体说明。

◆红的色彩意象

由于红色容易引起注意，所以在各种媒体中也被广泛地利用，除了具有较佳的明视效果之外，更被用来传达有活力、积极、热诚、温暖、前进等含义的企业形象与精神，另外红色也常用来作为警告、危险、禁止、防火等标示用色，人们在一些场合或物品上，看到红色标示时，常不必仔细看内容，就能了解警告危险之意，在工业安全用色中，红色即是警告、危险、禁止、防火的指定色。常见红色为大红、桃红、砖红、玫瑰红。常见红色 App 如图 7.9 所示。

图7.9 常见红色App

◆橙的色彩意象

橙色明视度高，在工业安全用色中，橙色即警戒色，如火车头、登山服装、背包、救生衣等，由于橙色非常明亮刺眼，有时会使人有负面低俗的印象，这种状况尤其容易发生在服饰的运用上，所以在运用橙色时，要注意选择搭配的色彩和表现方式，才能把橙色明亮活泼的特性发挥出来。常见橙色为鲜橙、橘橙、朱橙。

常见橙色 App 如图 7.10 所示。

图7.10 常见橙色App

◆黄的色彩意象

黄色明视度高，在工业安全用色中，黄色即警告危险色，常用来警告危险或提醒注意，如交通标志上的黄灯，工程用的大型机器，学生用雨衣、雨鞋等，都使用黄色。常见黄色为大黄、柠檬黄、柳丁黄、米黄。常见黄色 App 如图 7.11 所示。

图7.11 常见黄色App

◆绿的色彩意象

在商业设计中，绿色所传达的清爽、理想、希望、生长的意象，符合了服务业、卫生保健业的诉求，在工厂中为了避免操作时眼睛疲劳，

许多工作的机械也采用绿色，一般的医疗机构场所也常采用绿色作空间色彩规划，即标示医疗用品。常见绿色为大绿、翠绿、橄榄绿、墨绿。常见绿色 App 如图 7.12 所示。

图7.12 常见绿色App

◆蓝色的色彩意象

由于蓝色沉稳的特性，具有理智、准确的意象，在商业设计中，强调科技、效率的商品或企业形象，大多选用蓝色当标准色、企业色，如电脑、汽车、影印机、摄影器材等，另外蓝色也代表忧郁，这是受了西方文化的影响，这个意象也运用在文学作品或感性诉求的商业设计中。常见蓝色为大蓝、天蓝、水蓝、深蓝。常见蓝色 App 如图 7.13 所示。

图7.13 常见蓝色App

◆紫色的色彩意象

由于具有强烈的女性化性格，在商业设计用色中，紫色也受到相当的限制，除了和女性有关的商品或企业形象之外，其他类的设计不常采用其为主色。常见紫色为大紫、贵族紫、葡萄酒紫、深紫。常见紫色App如图7.14所示。

图7.14 常见紫色App

◆褐色的色彩意象

在商业设计上，褐色通常用来表现原始材料的质感，如麻、木材、竹片、软木等，或用来传达某些饮品原料的色泽及味感，如咖啡、茶、麦类等，或强调格调古典优雅的企业或商品形象。常见褐色为茶色、可可色、麦芽色、原木色。常见褐色 App 如图 7.15 所示。

图7.15 常见褐色App

◆白色的色彩意象

在商业设计中，白色具有高级、科技的意象，通常需和其他色彩搭配使用，纯白色会带给别人寒冷、严峻的感觉，所以在使用白色时，都会掺一些其他的色彩，如象牙白、米白、乳白、苹果白，在生活用品、服饰用色上，白色是永远流行的主要色，可以和任何颜色做搭配。常见白色 App 如图 7.16 所示。

图7.16 常见白色App

◆黑色的色彩意象

在商业设计中，黑色具有高贵、稳重、科技的意象，许多科技产品的用色，如电视、跑车、摄影机、音响、仪器的色彩，大多采用黑色，在其他方面，黑色是庄严的意象，也常用在一些特殊场合的空间设计，生活用品和服饰设计大多利用黑色来塑造高贵的形象，也是一种永远流行的主要颜色，适合和许多色彩做搭配。常见黑色 App 如图 7.17 所示。

图7.17 常见黑色App

图7.17 常见黑色App（续）

◆灰色的色彩意象

在商业设计中，灰色具有柔和、高雅的意象，而且属于中间性格，男女皆能接受，所以灰色也是永远流行的主要颜色，许多的高科技产品，尤其是和金属材料有关的，几乎都采用灰色来传达高级、科技的形象，使用灰色时，大多利用不同的层次变化组合或搭配其搭色彩，才不

会由于过于朴素、沉闷而有呆板、僵硬的感觉。常见灰色为大灰、老鼠灰、蓝灰、深灰。灰色UI界面如图7.18所示。

图7.18 常见灰色App

7.8 指南针图标设计

◆实例分析

本例讲解指南针图标设计，在设计过程中，使用引擎作为主题特征图像，将转动的风扇叶片作为指针，整个图标表现出很强的趣味性及实用性，最终效果如图7.19所示。

难　　度：★ ★ ★
素材文件: 无
案例文件: 第 7 章 \ 指南针图标设计 .psd
在线视频: 第 7 章 \7.8 指南针图标设计 .avi

图7.19 最终效果

◆本例知识点

1．"圆角矩形工具" ，
2．"渐变叠加" "斜面和浮雕" "投影" 样式
3．"钢笔工具"
4．"椭圆工具"

◆操作步骤

7.8.1 制作图标轮廓

01 执行菜单栏中的"文字"|"新建"命令，在弹出的对话框中设置"宽度"为800像素，"高度"为600像素，"分辨率"为72像素/英寸，"颜色模式"为RGB颜色，新建一个空白画布。

02 选择工具箱中的"渐变工具" ，编辑蓝色（R:134，G:199，B:253）到蓝色（R:192，G:236，B:247）的渐变，单击选项栏中的"径向渐变" 按钮，在画布中拖动填充渐变。

03 选择工具箱中的"圆角矩形工具" ，在画布中按住Shift键绘制1个圆角矩形，设置"填充"为白色，"描边"为无，"半径"为55像素，将生成1个"圆角矩形 1"图层，如图7.20所示。

图7.20 绘制图形

04 在"图层"面板中，选中"圆角矩形1"图层，单击面板底部的"添加图层样式"*fx*按钮，在菜单中选择"渐变叠加"命令。

05 在弹出的对话框中将"渐变"更改为蓝色（R:54，G:153，B:247）到蓝色（R:40，G:118，B:184），"样式"更改为径向，"角度"更改为-40度，"缩放"更改为150%，如图7.21所示。

图7.21 设置渐变叠加

06 勾选"斜面和浮雕"复选框，将"大小"更改为1像素，"软化"更改为5像素，"角度"更改为90度，"高光模式"中"不透明度"更改为50%，"阴影模式"中"不透明度"更改为50%，完成之后单击"确定"按钮，如图7.22所示。

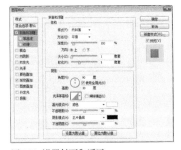
图7.22 设置斜面和浮雕

07 选择工具箱中的"椭圆工具"，在选项栏中将"填充"更改为白色，"描边"为无，在图标位

置按住Shift键绘制1个圆形，将生成一个"椭圆1"图层，将其图层"不透明度"更改为20%，如图7.23所示。

图7.23 绘制图形

08 选择工具箱中的"钢笔工具"，在选项栏中单击"选择工具模式"按钮，在弹出的选项中选择"形状"，将"填充"更改为灰色（R:223，G:226，B:235），"描边"更改为无，在圆形位置绘制1个小三角形，将生成一个"形状1"图层，如图7.24所示。

09 在"图层"面板中，选中"形状1"图层，将其拖至面板底部的"创建新图层"按钮上，复制1个"形状1 副本"图层。

10 选中"形状1 副本"图层，按Ctrl+T组合键对其执行"自由变换"命令，单击鼠标右键，从弹出的快捷菜单中选择"垂直翻转"命令，拖动变形框控制点将其变形，完成之后按Enter键确认，将图形与原图形对齐，如图7.25所示。

图7.24 绘制图形　　图7.25 变换图形

11 在"图层"面板中，同时选中"形状1"及"形状1 副本"图层，按Ctrl+E组合键将其复制，再将其拖至面板底部的"创建新图层"按钮上，复制1个"形状1 副本2"图层，如图7.26所示。

12 选中"形状1 副本2"图层，按Ctrl+T组合键对其执行"自由变换"命令，当出现变形框以后按住Shift键将其旋转90度，完成之后按Enter键确认，如图7.27所示。

图7.26 复制图层

图7.27 旋转图形

提示

按住 Shift 键可以 45 度倍数进行旋转。

13 以同样的方法将"形状1 副本2"与"形状1 副本"合并生成1个"形状1 副本 2"图层,再将其复制1份,并在画布中将图形旋转45度,如图7.28所示。

图7.28 复制图层并旋转图形

14 在"图层"面板中,同时选中"形状 1 副本 3"及"形状1 副本 2"图层,按Ctrl+E组合键将其合并,再单击面板底部的"添加图层样式"**fx**按钮,在菜单中选择"斜面和浮雕"命令。

15 在弹出的对话框中将"大小"更改为0像素,"软化"更改为1像素,"高光模式"中"不透明度"更改为50%,"阴影模式"中"不透明度"更改为50%,完成之后单击"确定"按钮,如图7.29所示。

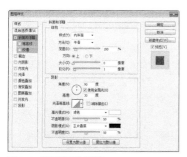

图7.29 设置斜面和浮雕

7.8.2 添加轮廓细节

01 选择工具箱中的"横排文字工具"**T**,在背景中添加文字,如图7.30所示。

图7.30 添加文字

02 在"图层"面板中,选中"N"图层,单击面板底部的"添加图层样式"**fx**按钮,在菜单中选择"斜面和浮雕"命令。

03 在弹出的对话框中将"大小"更改为0像素,"软化"更改为1像素,将"高光模式"中的"不透明度"更改为50%,"阴影模式"中的"不透明度"更改为50%,如图7.31所示。

图7.31 设置斜面和浮雕

04 勾选"投影"复选框,将"不透明度"更改为30%,"距离"更改为1像素,"大小"更改为1像素,完成之后单击"确定"按钮,如图7.32所示。

图7.32 设置投影

05 在"N"图层名称上单击鼠标右键,从弹出的快捷菜单中选择"拷贝图层样式"命令，同时选中其他几个文字所在图层，在其图层名称上单击鼠标右键，从弹出的快捷菜单中选择"粘贴图层样式"命令，如图7.33所示。

图7.33 粘贴图层样式

06 选择工具箱中的"椭圆工具"，在选项栏中将"填充"更改为灰色（R:223，G:226，B:235），"描边"为无，在图标中心位置按住Shift键绘制1个圆形，将生成一个"椭圆 2"图层，如图7.34所示。

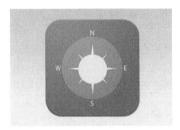

图7.34 绘制图形

07 在"图层"面板中，选中"椭圆 2"图层，单击面板底部的"添加图层样式"*fx*按钮，在菜单中选择"斜面和浮雕"命令。

08 在弹出的对话框中将"大小"更改为6像素，"高光模式"中的"不透明度"更改为100%，"阴影模式"中的"不透明度"更改为35%，如图7.35所示。

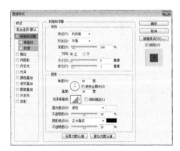

图7.35 设置斜面和浮雕

09 勾选"投影"复选框，将"混合模式"更改为正常，"颜色"更改为蓝色（R:18，G:73，B:120），"不透明度"更改为60%，"距离"更改为4像素，"大小"更改为13像素，完成之后单击"确定"按钮，如图7.36所示。

图7.36 设置投影

10 选择工具箱中的"椭圆工具"，在选项栏中将"填充"更改为深灰色（R:57，G:59，B:65），"描边"为无，在图标中心位置按住Shift键绘制1个圆形，将生成一个"椭圆 3"图层，如图7.37所示。

图7.37 绘制图形

11 在"图层"面板中，选中"椭圆 3"图层，单击面板底部的"添加图层样式"*fx*按钮，在菜单中选择"内发光"命令。

12 在弹出的对话框中将"混合模式"更改为正常，"不透明度"更改为40%，"颜色"更改为黑色，"大小"更改为15像素，如图7.38所示。

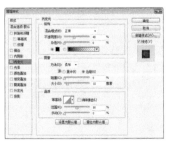

图7.38 设置内发光

13 勾选"外发光"复选框,将"混合模式"更改为正常,"不透明度"更改为80%,"颜色"更改为深灰色(R:57,G:59,B:65),"大小"更改为5像素,完成之后单击"确定"按钮,如图7.39所示。

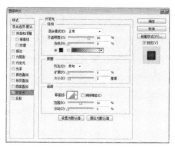

图7.39 设置外发光

14 选择工具箱中的"矩形工具"■,在选项栏中将"填充"更改为灰色(R:223,G:226,B:235),"描边"为无,在圆形位置绘制1个细长矩形,将生成一个"矩形1"图层,如图7.40所示。

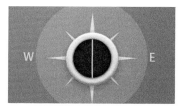

图7.40 绘制图形

15 在"图层"面板中,选中"矩形1"图层,单击面板底部的"添加图层样式"fx按钮,在菜单中选择"斜面和浮雕"命令。

16 在弹出的对话框中将"大小"更改为1像素,取消"使用全局光"复选框,将"角度"更改为0度,"高光模式"更改为滤色,"不透明度"更改为100%,"阴影模式"中"不透明度"更改为35%,完成之后单击"确定"按钮,如图7.41所示。

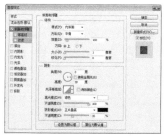

图7.41 设置斜面和浮雕

17 在"图层"面板中,选中"矩形 1"图层,将其拖至面板底部的"创建新图层"■按钮上,复制1个"矩形 1 副本"图层,如图7.42所示。

18 选中"形状1 副本"图层,按Ctrl+T组合键对其执行"自由变换"命令,当出现变形框以后按住Shift键将其旋转90度,完成之后按Enter键确认,如图7.43所示。

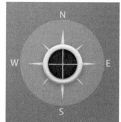

图7.42 复制图层   图7.43 旋转图形

19 在"图层"面板中,选中"矩形 1"及"矩形1 副本"图层,按Ctrl+G组合键将其编组,将组成的"组1"组拖至面板底部的"创建新图层"■按钮上,复制1个"组1 副本"组,如图7.44所示。

20 选中"组1 副本"组,按Ctrl+T组合键对其执行"自由变换"命令,当出现变形框以后按住Shift键将其旋转45度,完成之后按Enter键确认,如图7.45所示。

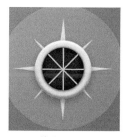

图7.44 复制组   图7.45 旋转图形

21 在"图层"面板中,选中"组 1 副本"组及"矩形1"组,按Ctrl+G组合键将其编组,将组成的"组 2"组拖至面板底部的"创建新图层"■按钮上,复制1个"组2 副本"组,如图7.46所示。

22 选中"形状1 副本"图层,按Ctrl+T组合键对其执行"自由变换"命令,当出现变形框以后在选项栏中"旋转"后方文本框中输入22.5,完成之后按Enter键确认,如图7.47所示。

图7.46 复制组

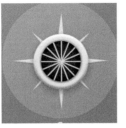

图7.47 旋转图形

图7.49 翻转图形

图7.50 旋转图形

7.8.3 绘制图标元素

01 选择工具箱中的"钢笔工具" ，在选项栏中单击"选择工具模式" 路径 按钮，在弹出的选项中选择"形状"，将"填充"更改为灰色（R:210，G:205，B:209），"描边"更改为无。

02 在图标中间位置绘制1个扇页图形，将生成一个"形状1"图层，如图7.48所示。

图7.48 绘制图形

03 在"图层"面板中，选中"形状1"图层，将其拖至面板底部的"创建新图层" 按钮上，复制1个"形状1 副本"图层，将"形状1 副本"图层中图形"填充"更改为红色（R:232，G:0，B:0）。

04 选中"形状1"图层，按Ctrl+T组合键对其执行"自由变换"命令，单击鼠标右键，从弹出的快捷菜单中选择"垂直翻转"命令，完成之后按Enter键确认，将图形与原图形对齐，如图7.49所示。

05 同时选中"形状 1 副本"及"形状1"图层，按Ctrl+T组合键对其执行"自由变换"命令，当出现变形框以后将图形适当旋转，完成之后按Enter键确认，如图7.50所示。

06 在"图层"面板中，选中"形状1"图层，单击面板底部的"添加图层样式" **fx**按钮，在菜单中选择"斜面和浮雕"命令。

07 在弹出的对话框中将"大小"更改为1像素，取消"使用全局光"复选框，将"角度"更改为90度，"高光模式"中"不透明度"更改为100%，"阴影模式"中"不透明度"更改为35%，如图7.51所示。

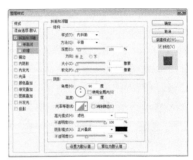

图7.51 设置斜面和浮雕

08 勾选"投影"复选框，将"混合模式"更改为正常，"颜色"更改为蓝色（R:18，G:73，B:120），"不透明度"更改为40%，取消"使用全局光"复选框，"角度"更改为80度，"距离"更改为40像素，"大小"更改为7像素，完成之后单击"确定"按钮，如图7.52所示。

图7.52 设置投影

09 在"形状1"图层名称上单击鼠标右键，从弹出的快捷菜单中选择"拷贝图层样式"命令，在"形状1 副本"图层名称上单击鼠标右键，从弹出的快捷菜单中选择"粘贴图层样式"命令，如图7.53所示。

图7.53 粘贴图层样式

10 选择工具箱中的"椭圆工具" ⬭，在选项栏中将"填充"更改为白色，"描边"为无，在中间位置按住Shift键绘制1个圆形，将生成一个"椭圆4"图层，如图7.54所示。

图7.54 绘制图形

11 在"图层"面板中，选中"椭圆4"图层，单击面板底部的"添加图层样式" *fx* 按钮，在菜单中选择"斜面和浮雕"命令。

12 在弹出的对话框中将"大小"更改为10像素，取消"使用全局光"复选框，将"角度"更改为90度，"高光模式"中"不透明度"更改为100%，"阴影模式"中"不透明度"更改为35%，如图7.55所示。

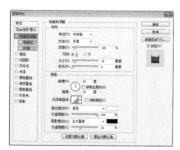

图7.55 设置斜面和浮雕

13 勾选"投影"复选框，将"混合模式"更改为正常，"颜色"更改为黑色，"不透明度"更改为80%，取"使用全局光"复选框，"角度"更改为80度，"距离"更改为2像素，"大小"更改为10像素，完成之后单击"确定"按钮，如图7.56所示。

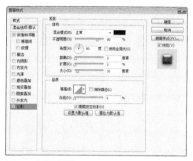

图7.56 设置投影

14 选择工具箱中的"椭圆工具" ⬭，在选项栏中将"填充"更改为黑色，"描边"为无，在图标底部绘制1个椭圆，将生成一个"椭圆5"图层，将其移至"背景"图层上方，如图7.57所示。

图7.57 绘制椭圆

15 选中"椭圆5"图层，执行菜单栏中的"滤镜"|"模糊"|"高斯模糊"命令，在弹出的对话框中将"半径"更改为2像素，完成之后单击"确定"按钮，如图7.58所示。

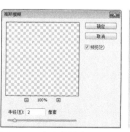

图7.58 添加高斯模糊

16 执行菜单栏中的"滤镜"|"模糊"|"动感模糊"命令，在弹出的对话框中将"角度"更改为0，"距离"更改为50，完成之后单击"确定"按钮，这样就完成了效果制作，最终效果如图7.59所示。

图7.59 最终效果

7.9 质感电话图标设计

◆实例分析

本例讲解质感电话图标设计，在设计过程中绘制圆角矩形作为图标主体轮廓，再将电话图标与之相结合，整个图标表现出很强的光感，最终效果如图 7.60 所示。

难　度: ★ ★ ★
素材文件: 第 7 章 \ 质感电话图标设计
案例文件: 第 7 章 \ 质感电话图标设计 .psd
在线视频: 第 7 章 \7.9 质感电话图标设计 .avi

图7.60 最终效果

◆本例知识点

1．"圆角矩形工具"
2．"内发光""斜面和浮雕""投影"样式
3．"高斯模糊""动感模糊"命令
4．"渐变工具"

◆操作步骤

7.9.1 绘制图标轮廓

01 执行菜单栏中的"文件"|"新建"命令，在弹出的对话框中设置"宽度"为800像素，"高度"为600像素，"分辨率"为72像素/英寸，"颜色模式"为RGB颜色，新建一个空白画布。将画面填充为紫色（R:48，G:34，B:59）到深紫色（R:28，G:26，B:43）的径向渐变。

02 选择工具箱中的"圆角矩形工具"，在画布中按住Shift键绘制1个圆角矩形，设置"填充"为深蓝色（R:78，G:86，B:116），"描边"为无，"半径"为60像素，将生成1个"圆角矩形 1"图层，如图7.61所示。

图7.61 绘制图形

03 在"图层"面板中，选中"圆角矩形1"图层，单击面板底部的"添加图层样式"fx按钮，在菜单中选择"斜面和浮雕"命令。

04 在弹出的对话框中将"大小"更改为25像素，"软化"更改为8像素，取消"使用全局光"复选框，将"角度"更改为90度，"高光模式"更改为叠加，"不透明度"更改为10%，"阴影模式"更改为叠加，"不透明度"更改为10%，如图7.62所示。

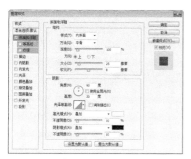

图7.62 设置斜面和浮雕

05 勾选"内发光"复选框，将"混合模式"更改为叠加，"不透明度"更改为20%，"颜色"更改为深蓝色（R:65，G:74，B:105），"大小"更改为40像素，如图7.63所示。

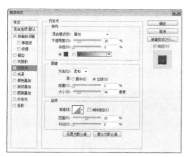

图7.63 设置内发光

06 勾选"投影"复选框，将"混合模式"更改为正常，"不透明度"更改为60%，取消"使用全局光"复选框，"角度"更改为90度，"距离"更改为3像素，"大小"更改为20像素，完成之后单击"确定"按钮，如图7.64所示。

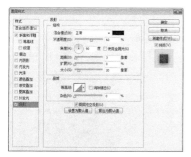

图7.64 设置投影

07 选择工具箱中的"圆角矩形工具" ，在画布中按住Shift键绘制1个圆角矩形，设置"填充"为白色，"描边"为无，"半径"为50像素，将生成1个"圆角矩形 2"图层，如图7.65所示。

图7.65 绘制图形

08 在"图层"面板中，选中"圆角矩形 2"图层，单击面板底部的"添加图层样式"*fx*按钮，在菜单中选择"渐变叠加"命令。

09 在弹出的对话框中将"渐变"更改为蓝色（R:3，G:87，B:163）到深蓝色（R:7，G:34，B:72），如图7.66所示。

图7.66 设置渐变叠加

10 勾选"内发光"复选框，将"混合模式"更改为正常，"不透明度"更改为100%，"颜色"更改为深蓝色（R:0，G:20，B:45），"大小"更改为13像素，如图7.67所示。

图7.67 设置内发光

11 勾选"外发光"复选框，将"混合模式"更改为正常，"不透明度"更改为100%，"颜色"更改为蓝色（R:101，G:111，B:147），"大小"更改为3像素，完成之后单击"确定"按钮，如图7.68所示。

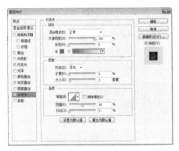

图7.68 设置外发光

12 选择工具箱中的"圆角矩形工具" ，在画布中按住Shift键绘制1个圆角矩形，设置"填充"为白色，"描边"为无，"半径"为50像素，将生成1个"圆角矩形3"图层，如图7.69所示。

图7.69 绘制图形

13 在"图层"面板中，选中"圆角矩形3"图层，单击面板底部的"添加图层样式" fx 按钮，在菜单中选择"渐变叠加"命令。

14 在弹出的对话框中将"渐变"更改为深蓝色（R:15，G:14，B:33）到深蓝色（R:37，G:36，B:60），如图7.70所示。

图7.70 设置渐变叠加

15 勾选"斜面和浮雕"复选框，将"大小"更改为2像素，"软化"更改为2像素，取消"使用全局光"复选框，将"角度"更改为90度，"高度"更改为30度，"高光模式"更改为叠加，"不透明度"更改为30%，"阴影"中"不透明度"更改为30%，完成之后单击"确定"按钮，如图7.71所示。

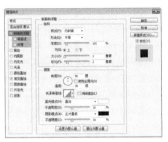

图7.71 设置斜面和浮雕

7.9.2 制作图标装饰光效

01 选择工具箱中的"椭圆工具" ，在选项栏中将"填充"更改为蓝色（R:27，G:48，B:147），"描边"为无，在图标靠底部位置绘制1个椭圆，将生成一个"椭圆1"图层，如图7.72所示。

图7.72 绘制图形

02 选中"椭圆1"图层，执行菜单栏中的"滤镜"|"模糊"|"高斯模糊"命令，在弹出的对话框中将"半径"更改为6像素，完成之后单击"确定"按钮，如图7.73所示。

图7.73 添加高斯模糊

03 选中"椭圆1"图层,将其复制两份,将生成"椭圆1 副本"及"椭圆1 副本2"两个新图层,分别放在图标左侧及右侧位置并旋转90度,如图7.74所示。

图7.74 复制图像

04 按住Ctrl键单击"圆角矩形 3"图层缩览图,将其载入选区,执行菜单栏中的"选择"|"反向"命令将选区反向,如图7.75所示。

05 选中"椭圆1"图层,按Delete键将选区中多余图像删除,以同样的方法将两个副本图层中选区内部图像删除,完成之后按Ctrl+D组合键将选区取消,如图7.76所示。

图7.75 载入选区　　　　　　图7.76 删除图像

06 选择工具箱中的"椭圆工具" ⬭,在选项栏中将"填充"更改为青色(R:9,G:213,B:216),"描边"为无,在图标靠底部位置绘制1个椭圆,将生成一个"椭圆2"图层,如图7.77所示。

图7.77 绘制图形

07 选中"椭圆2"图层,执行菜单栏中的"滤镜"|"模糊"|"高斯模糊"命令,在弹出的对话框中将"半径"更改为4像素,完成之后单击"确定"按钮,如图7.78所示。

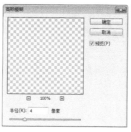

图7.78 添加高斯模糊

08 执行菜单栏中的"滤镜"|"模糊"|"动感模糊"命令,在弹出的对话框中将"角度"更改为0度,"距离"更改为80像素,完成之后单击"确定"按钮,如图7.79所示。

图7.79 设置动感模糊

09 以同样的方法将"椭圆2"图层复制3份,并分别放在图标的其他3个边的位置,如图7.80所示。

10 选择工具箱中的"直线工具" ／,在选项栏中将"填充"更改为白色,"描边"为无,"粗细"为2像素,在图标下方位置按住Shift键绘制一条线段,将生成一个"形状 1"图层,如图7.81所示。

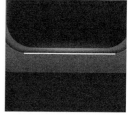

图7.80 复制图像　　　　　　图7.81 绘制线段

11 在"图层"面板中,选中"形状1"图层,将其图层混合模式更改为叠加,如图7.82所示。

图7.82 设置图层混合模式

12 在"图层"面板中，选中"形状1"图层，单击面板底部的"添加图层蒙版" 按钮，为其添加图层蒙版，如图7.83所示。

13 选择工具箱中的"渐变工具" ，编辑黑色到白色再到黑色的渐变，单击选项栏中的"线性渐变" 按钮，在线段上拖动将部分线段隐藏，如图7.84所示。

图7.83 添加图层蒙版　　图7.84 隐藏线段

7.9.3 添加图标主体元素

01 以同样的方法将"形状1"图层复制3份，并分别放在图标的其他3个边的位置并旋转90度，如图7.85所示。

02 执行菜单栏中的"文件"|"打开"命令，打开"电话图标.psd"文件，将图像拖入画布中图标中间位置，如图7.86所示。

图7.85 复制线段　　图7.86 添加素材

03 在"图层"面板中，选中"电话图标"图层，

单击面板底部的"添加图层样式" **fx**按钮，在菜单中选择"渐变叠加"命令。

04 在弹出的对话框中将"渐变"更改为青蓝色系渐变，如图7.87所示。

图7.87 设置渐变叠加

在此处设置渐变时，可参考以下色标位置及数量。

05 勾选"内发光"复选框，将"混合模式"更改为正常，"不透明度"更改为100%，"颜色"更改为黑色，"阻塞"更改为20%，"大小"更改为5像素，如图7.88所示。

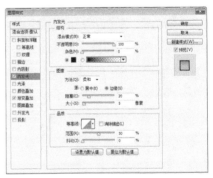

图7.88 设置内发光

06 勾选"外发光"复选框，将"混合模式"更改为叠加，"不透明度"更改为100%，"颜色"更改为蓝色（R:22，G:176，B:226），"扩展"更改为20%，"大小"更改为5像素，完成之后单击"确定"按钮，如图7.89所示。

图7.89 设置外发光

07 选择工具箱中的"椭圆工具" ⬭，在选项栏中将"填充"更改为白色，"描边"为无，在图标右下角位置绘制1个椭圆，将生成一个"椭圆3"图层，如图7.90所示。

08 选中"椭圆 3"图层，执行菜单栏中的"滤镜" | "模糊" | "高斯模糊"命令，在弹出的对话框中将"半径"更改为4像素，完成之后单击"确定"按钮，如图7.91所示。

图7.90 绘制图形　　图7.91 添加高斯模糊

09 在"图层"面板中，选中"椭圆3"图层，将其图层混合模式更改为叠加，如图7.92所示。

图7.92 设置图层混合模式

10 选中"椭圆3"图层，按Ctrl+T组合键对其执行"自由变换"命令，当出现变形框以后按住Shift+Alt组合键将图像等比缩小，完成之后按Enter键确认，这样就完成了效果制作，最终效果如图7.93所示。

图7.93 最终效果

7.10 计划管理界面设计

◆ 实例分析

　　本例讲解计划管理界面设计，本例中界面在设计过程中，以星空作为主题背景，同时添加卡片图像使整个界面十分形象，最后直观的文字信息令整个界面的实用性非常高，最终效果如图 7.94 所示。

难　度：★ ★ ★ ★
素材文件：第7章 \ 计划管理界面设计
案例文件：第7章 \ 计划管理界面设计 .ai、计划管理界面背景效果 .psd
在线视频：第 7 章 \7.10 计划管理界面设计 .avi

图7.94 最终效果

◆本例知识点

1. "圆角矩形工具" ▢
2. "旋转工具" ⟳
3. "镜像工具" ⋈
4. "外发光"命令

◆操作步骤

7.10.1 使用Photoshop制作主体背景

01 执行菜单栏中的"文字"|"新建"命令,在弹出的对话框中设置"宽度"为750像素,"高度"为1334像素,"分辨率"为72像素/英寸,新建一个空白画布。

02 执行菜单栏中的"文件"|"打开"命令,打开"星空.jpg"文件,将图像拖入画布中放大,其图层名称将更改为"图层1",如图7.95所示。

03 选中"图层1"图层,执行菜单栏中的"滤镜"|"模糊"|"高斯模糊"命令,在弹出的对话框中将"半径"更改为3像素,完成之后单击"确定"按钮,如图7.96所示。

图7.95 添加素材　　　　图7.96 添加高斯模糊

04 选择工具箱中的"圆角矩形工具" ▢,在选项栏中将"填充"更改为白色,"描边"为无,"半径"为30像素,绘制1个矩形,将生成一个"圆角矩形 1"图层,如图7.97所示。

图7.97 绘制圆角矩形

05 在"图层"面板中,选中"圆角矩形 1"图层,将其拖至面板底部的"创建新图层" ◩按钮上,复制两个"副本"图层。

06 选中"圆角矩形 1 副本"图层,将其图层"不透明度"更改为60%,再按Ctrl+T组合键对其执行"自由变换"命令,当出现变形框以后按住Shift+Alt组合键将图形稍微等比缩小并稍向上移动,完成之后按Enter键确认。

07 选择"圆角矩形 1"图层,将其"不透明度"更改为30%,再将其等比缩小并稍向上移动,如图7.98所示。

图7.98 复制并缩小图形

7.10.2 使用Illustrator添加界面元素

01 执行菜单栏中的"文件"|"打开"命令,打开"计划管理界面背景.psd"文件,在打开的对话

框中勾选"将图层拼合为单个图像"单选按钮，完成之后单击"确定"按钮，如图7.99所示。

02 执行菜单栏中的"文件"|"打开"命令，打开"状态栏.ai"文件，将打开的素材拖入画板中图像顶部位置适当缩小，并将其更改为白色，如图7.100所示。

图7.99 打开素材

图7.100 添加素材

03 选择工具箱中的"圆角矩形工具"■，在界面左上角绘制1个圆角矩形，将"填色"更改为白色，"描边"为无，如图7.101所示。

04 选中圆角矩形，按住Alt+Shift组合键向下方拖动将其复制，再按Ctrl+D键将图形再复制1份，如图7.102所示。

图7.101 绘制圆角矩形

图7.102 多重复制

05 选择工具箱中的"椭圆工具"●，在界面右上角按住Shift键绘制1个圆形，将"填色"更改为无，"描边"为白色，"描边粗细"更改为3，如图7.103所示。

06 选择工具箱中的"圆角矩形工具"■，在圆形内部绘制1个细长的圆角矩形，将"填色"更改为白色，"描边"为无，如图7.104所示。

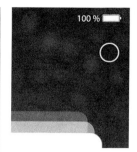

图7.103 绘制圆形

图7.104 绘制图形

07 选中圆角矩形，按Ctrl+C组合键将其复制，再按Ctrl+F组合键将其粘贴，选择工具箱中的"旋转工具"○，按住Shift键将其旋转，如图7.105所示。

08 选择工具箱中的"文字工具"T，添加文字，如图7.106所示。

图7.105 复制图形

图7.106 添加文字

09 选择工具箱中的"椭圆工具"●，在界面中按住Shift键绘制1个圆形，将"填色"更改为红色（R:237，G:67，B:67），"描边"为无，如图7.107所示。

10 选中圆形，按Ctrl+C组合键将其复制，再按Ctrl+F组合键将其粘贴，将粘贴的图形"填充"更改为无，"描边"更改为红色（R:237，G:67，B:67），"描边粗细"更改为8，再将图形等比放大，如图7.108所示。

图7.107 绘制图形

图7.108 复制图形

11 执行菜单栏中的"文件"|"打开"命令,打开"飞机.jpg"文件,将打开的素材拖入画板中刚才绘制的圆形位置并适当缩小,再将图像移至圆形下方,如图7.109所示。

图7.109 添加素材

12 同时选中飞机图像及内部圆形,单击鼠标右键,从弹出的快捷菜单中选择"建立剪切蒙版"命令,将部分图像隐藏,如图7.110所示。

13 选择工具箱中的"圆角矩形工具"▢,绘制1个圆角矩形并适当旋转,将"填色"更改为红色(R:237,G:67,B:67),"描边"为无,如图7.111所示。

图7.110 建立剪贴蒙版　　图7.111 绘制图形

7.10.3 使用Illustrator添加界面信息

01 选中图形,按Ctrl+C组合键将其复制,再按Ctrl+F组合键将其粘贴,双击工具箱中的"镜像工具"▷,在弹出的对话框中勾选"垂直"单选按钮,完成之后单击"确定"按钮,如图7.112所示。

02 选择工具箱中的"文字工具"**T**,添加文字,如图7.113所示。

图7.112 复制图形　　　　图7.113 添加文字

03 选择工具箱中的"椭圆工具"⬭,按住Shift键绘制1个圆形,将"填色"更改为红色(R:237,G:67,B:67),"描边"为无,如图7.114所示。

04 选中圆形,按住Alt+Shift组合键向右侧拖动将其复制,按Ctrl+D键将图形复制3份,如图7.115所示。

图7.114 绘制图形　　　图7.115 复制多份图形

05 同时选中右侧3个圆形,将其"填色"更改为无,"描边"更改为白色,"描边宽度"更改为3,如图7.116所示。

图7.116 更改填充及描边

06 选择工具箱中的"圆角矩形工具"▢,在界面底部绘制1个圆角矩形,将"填色"更改为白色,"描边"为无,如图7.117所示。

07 选中圆角矩形,在"透明度"面板中,将"混合模式"更改为柔光,如图7.118所示。

图7.117 绘制图形

图7.118 更改混合模式

08 选中圆角矩形，执行菜单栏中的"效果"|"风格化"|"外发光"命令，在弹出的对话框中将"模式"更改为正常，"颜色"更改为黑色，"不透明度"更改为50%，"模糊"更改为5mm，完成之后单击"确定"按钮，如图7.119所示。

图7.119 添加外发光

09 选择工具箱中的"文字工具" **T**，添加文字，这样就完成了效果制作，最终效果如图7.120所示。

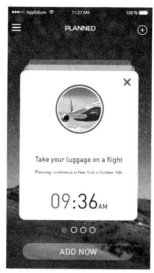

图7.120 最终效果

7.11 平板音乐播放界面设计

◆实例分析

　　本例讲解平板音乐播放界面设计，此款界面在设计过程中，围绕音乐主题，以漂亮的紫色调与大面积的可视化区域相结合，整个播放界面具有很强的娱乐性及观赏性，最终效果如图 7.121 所示。

图7.121 最终效果

难 度: ★ ★ ★ ★ ★
素材文件: 第 7 章 \ 平板音乐播放界面设计
案例文件: 第 7 章 \ 平板音乐播放界面框架效果 .ai、平板音乐播放界面设计 .psd
在线视频: 第 7 章 \7.11 平板音乐播放界面设计 .avi

◆本例知识点

1．"渐变工具" ▬
2．"图层背景"命令
3．"画笔"面板
4．"直接选择工具" ▸

◆操作步骤

7.11.1 使用Illustrator制作界 面控件区

01 执行菜单栏中的"文件"|"新建"命令,在弹出的对话框中设置"宽度"为1920像素,"高度"为1080像素,将"高级"中的"栅格效果"更改为屏幕,新建一个空白画板。

02 选择工具箱中的"矩形工具" ,绘制1个与画板相同大小的矩形,将"填色"更改为紫色(R:20,G:12,B:27),"描边"为无。

03 选中矩形,按Ctrl+C组合键将其复制,再按Ctrl+F组合键将其粘贴,分别将复制的矩形高度和宽度缩小。

04 选择工具箱中的"渐变工具" ,在图形上拖动为其填充紫色(R:160,G:79,B:155)到黑色的径向渐变,如图7.122所示。

图7.122 填充渐变

05 选择工具箱中的"矩形工具" ,在画板左上角绘制1个矩形,将"填色"更改为紫色(R:243,G:0,B:146),"描边"为无,如图7.123所示。

06 执行菜单栏中的"文件"|"打开"命令,打开"音乐标志.png"文件,将打开的素材拖入画板左上角位置并适当缩小,如图7.124所示。

图7.123 绘制矩形　　　　图7.124 添加素材

07 选择工具箱中的"文字工具" ,添加文字,如图7.125所示。

图7.125 添加文字

08 执行菜单栏中的"文件"|"打开"命令,打开"图标.ai"文件,将打开的素材拖入画板中靠左侧位置并适当缩小,选中其下方第2个图标,将其更改为紫色(R:243,G:0,B:146),如图7.126所示。

图7.126 添加素材

09 选择工具箱中的"矩形工具" ,在画板底部绘制1个与其宽度相同的矩形,将"填色"更改为深紫色(R:8,G:5,B:12),"描边"为无,如图7.127所示。

图7.127 绘制图形

10 选择工具箱中的"文字工具" ,在刚才添加的图像下方添加文字,如图7.128所示。

图7.128 添加文字

7.11.2 使用Photoshop制作背景装饰图像

01 执行菜单栏中的"文件"|"打开"命令,打开"平板音乐播放界面框架效果.ai"文件,如图7.129所示。

图7.129 添加素材

02 执行菜单栏中的"图层"|"新建"|"图层背景"命令,将普通图层转换为背景图层。

03 选择工具箱中的"椭圆工具" ,在选项栏中将"填充"更改为白色,"描边"为无,再绘制1个椭圆,将生成一个"椭圆1"图层,如图7.130所示。

04 在"图层"面板中,选中"椭圆1"图层,将其图层混合模式更改为叠加,"不透明度"更改为10%,如图7.131所示。

图7.130 绘制图形　　图7.131 设置图层混合模式

05 选中"椭圆 1"图层,在画布中按住Alt键拖动,将图形复制数份,并将部分图形适当放大或者缩小,同时更改图层不透明度,如图7.132所示。

图7.132 复制图形

06 在"画笔"面板中,选择1个圆角笔触,将"大小"更改为30像素,"硬度"更改为0,"间距"更改为1000%,如图7.133所示。

07 勾选"形状动态"复选框,将"大小抖动"更改为100%,如图7.134所示。

图7.133 设置画笔笔尖形状　　图7.134 设置形状动态

08 勾选"散布"复选框,将"散布"更改为1000%,如图7.135所示。

09 勾选"传递"复选框,将"不透明度抖动"更改为60%,如图7.136所示。

图7.135 设置散布　　图7.136 设置传递

10 在"图层"面板中，单击面板底部的"创建新图层" 按钮，新建1个"图层1"图层。

11 将前景色更改为白色，在图像中部分区域单击或者按住左键拖动添加小圆点图像，如图7.137所示。

图7.137 添加图像

12 在"图层"面板中，选中"图层1"图层，将其图层混合模式更改为叠加，如图7.138所示。

图7.138 设置图层混合模式

7.11.3 使用Photoshop制作播放状态效果

01 选择工具箱中的"椭圆工具" ，在选项栏中将"填充"更改为浅红色（R:215，G:109，B:120），"描边"为无，绘制1个稍小矩形，将生成一个"矩形1"图层，如图7.139所示。

02 选择工具箱中的"路径选择工具" ，选中矩形，按Ctrl+Alt+T组合键将图像向右侧平移复制1份，完成之后按Enter键确认，如图7.140所示。

图7.139 绘制矩形

图7.140 复制变换

03 按住Ctrl+Alt+Shift组合键同时按T键多次，执行多重复制命令，将图像复制多份，如图7.141所示。

图7.141 多重复制

> **提示**
>
> 在对形状图层进行变换复制过程中，使用"路径选择工具" 选中图形后再复制可避免因多重复制生成的多个图层。

04 选择工具箱中的"直接选择工具" ，选中部分矩形顶部锚点拖动，增加或者缩小其高度，如图7.142所示。

图7.142 增加或者缩小图形高度

05 在"图层"面板中，选中"矩形1"图层，单击面板底部的"添加图层蒙版" 按钮，为其添加图层蒙版，如图7.143所示。

06 选择工具箱中的"渐变工具" ，编辑黑色到白色再到黑色的渐变，如图7.144所示。

图7.143 添加图层蒙版

图7.144 编辑渐变

07 单击选项栏中的"线性渐变" 按钮，在图像上从左向右拖动将部分图像隐藏，如图7.145所示。

图7.145 隐藏图像

08 在"图层"面板中，选中"矩形1"图层，将其拖至面板底部的"创建新图层"按钮上，复制1个"矩形1 副本"图层，在"矩形1 副本"图层名称上单击鼠标右键，从弹出的快捷菜单中选择"转换为智能对象"命令，如图7.146所示。

09 选中"矩形1 副本"图层，按Ctrl+T组合键对其执行"自由变换"命令，单击鼠标右键，从弹出的快捷菜单中选择"垂直翻转"命令，完成之后按Enter键确认，将图像向下移动，如图7.147所示。

图7.146 复制图层

图7.147 翻转图像

10 在"图层"面板中，选中"矩形1 副本"图层，单击面板底部的"添加图层蒙版"按钮，为其添加图层蒙版。

11 选择工具箱中的"渐变工具"，编辑黑色到白色的渐变，单击选项栏中的"线性渐变"按钮，在图像上拖动将部分图像隐藏，制作倒影效果，如图7.148所示。

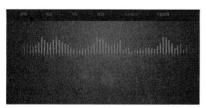

图7.148 制作倒影

12 选择工具箱中的"椭圆工具"，在选项栏中将"填充"更改为无，"描边"为浅红色

（R:215，G:109，B:120），"描边宽度"为3，在刚才制作的图像位置按住Shift键绘制1个圆形，将生成一个"椭圆2"图层，如图7.149所示。

图7.149 绘制图形

13 在"图层"面板中，选中"椭圆2"图层，将其拖至面板底部的"创建新图层"按钮上，复制1个"椭圆2 副本"图层。

14 在"图层"面板中，选中"椭圆2"图层，单击面板底部的"添加图层样式"fx按钮，在菜单中选择"外发光"命令。

15 在弹出的对话框中将"混合模式"更改为正常，"不透明度"更改为100%，"颜色"更改为浅红色（R:215，G:109，B:120），"大小"更改为50像素，完成之后单击"确定"按钮，如图7.150所示。

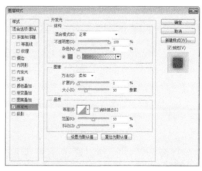

图7.150 设置外发光

16 在"图层"面板中，选中"椭圆2 副本"图层，将其"描边"更改为浅红色（R:250，G:196，B:202），再单击面板底部的"添加图层蒙版"按钮，为其添加图层蒙版，如图7.151所示。

17 选择工具箱中的"画笔工具"，在画布中单击鼠标右键，在弹出的面板中选择1种圆角笔触，将"大小"更改为1200像素，"硬度"更改为0，如图7.152所示。

图7.151 添加图层蒙版　　　图7.152 设置笔触

图7.157 添加文字

18 将前景色更改为黑色，在图像下面部分区域涂抹，将部分图像隐藏，如图7.153所示。

19 选择工具箱中的"多边形套索工具"，在圆形图像右下角区域绘制1个不规则选区，以选中部分图形，如图7.154所示。

23 在"图层"面板中，选中刚才添加的文字所在图层，单击面板底部的"添加图层样式"*fx*按钮，在菜单中选择"投影"命令。

24 在弹出的对话框中将"距离"更改为2像素，"大小"更改为2像素，完成之后单击"确定"按钮，如图7.158所示。

图7.153 隐藏图像　　　图7.154 绘制选区

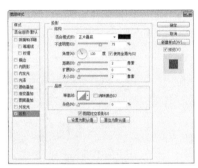

图7.158 设置投影

20 将选区填充为黑色，将不需要的图形隐藏，完成之后按Ctrl+D组合键将选区取消，如图7.155所示。

21 选择工具箱中的"椭圆工具"，在选项栏中将"填充"更改为浅红色（R:250，G:196，B:202），"描边"为无，在隐藏图形后的右侧位置按住Shift键绘制1个圆形，如图7.156所示。

25 选择工具箱中的"横排文字工具"T，在背景中添加文字，如图7.159所示。

图7.159 添加文字

 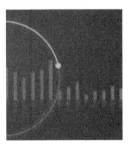

图7.155 隐藏图形　　　图7.156 绘制图形

22 选择工具箱中的"横排文字工具"T，在背景中添加文字，如图7.157所示。

26 在"图层"面板中，选中文字所在图层，单击面板底部的"添加图层蒙版"按钮，为其添加图层蒙版，如图7.160所示。

27 选择工具箱中的"渐变工具"，编辑黑色到白色再到黑色的渐变，单击选项栏中的"线性渐变"▇按钮，在文字区域从上至下拖动，将部分文字隐藏，如图7.161所示。

图7.160 添加图层蒙版

图7.161 隐藏文字

7.11.4 使用Photoshop制作底部控件栏

01 选择工具箱中的"椭圆工具" ⬭，在选项栏中将"填充"更改为白色，"描边"为无，按住Shift键在界面左下角绘制1个圆形，将生成一个"椭圆4"图层，如图7.162所示。

02 执行菜单栏中的"文件"|"打开"命令，打开"专辑封面.jpg"文件，将图像拖入画布中，其图层名称将自动更改为"图层2"，如图7.163所示。

图7.162 绘制图形

图7.163 添加素材

03 在"图层"面板中，选中"图层2"图层，执行菜单栏中的"图层"|"创建剪贴蒙版"命令，将部分图像隐藏，如图7.164所示。

图7.164 创建剪贴蒙版

04 选择工具箱中的"横排文字工具"**T**，添加文字，如图7.165所示。

图7.165 添加文字

05 选择工具箱中的"圆角矩形工具" ▭，在选项栏中将"填充"更改为灰色（R:46，G:45，B:51），"描边"为无，"半径"为100像素，在界面底部绘制1个细长圆角矩形，将生成一个"圆角矩形 1"图层，如图7.166所示。

图7.166 绘制圆角矩形

06 在"图层"面板中，选中"圆角矩形 1"图层，将其拖至面板底部的"创建新图层"🗅按钮上，复制1个"圆角矩形 1 副本"图层。

07 选中"圆角矩形 1 副本"图层，将图形"填充"更改为紫色（R:243，G:0，B:146），如图7.167所示。

08 选择工具箱中的"直接选择工具" ▷，选中"圆角矩形 1 副本"图层中图形右侧锚点向左侧拖动，将圆角矩形长度缩小，如图7.168所示。

图7.167 更改颜色

图7.168 缩小图形长度

09 执行菜单栏中的"文件"|"打开"命令，打开"控制图标.psd"文件，将图标拖入画布底部，如图7.169所示。

图7.169 添加素材

10 选择工具箱中的"椭圆工具" ◉ ，在选项栏中将"填充"更改为无，"描边"为白色，"描边宽度"为3，在暂停位置绘制一个圆形，生成"椭圆5"图层，在"椭圆 2"图层名称上单击鼠标右键，从弹出的快捷菜单中选择"拷贝图层样式"命令，在"椭圆 5"图层名称上单击鼠标右键，从弹出的快捷菜单中选择"粘贴图层样式"命令，如图7.170所示。

图7.170 粘贴图层样式

11 选择工具箱中的"横排文字工具" T ，添加文字，这样就完成了效果制作，最终效果如图7.171所示。

图7.171 最终效果

7.12 知识拓展

　　UI 设计是指对软件的人机交互、操作逻辑、界面美观的整体设计。好的 UI 设计不仅能让软件变得有个性有品位，还要让软件的操作变得舒适、简单、自由，充分体现软件的定位和特点。本章通过 4 个精选案例，教授 UI 图标及界面的设计技巧。

7.13 拓展训练

　　随着移动智能设备的出现，UI 作为新生的设计发展非常迅猛，本书特意安排了一章内容，供读者学习，并安排了 3 个拓展训练供读者练习，以快速掌握 UI 图标及界面的设计方法。

训练7-1 钢琴图标

◆实例分析

　　本例讲解钢琴图标的制作。本例中的图标以真实模拟的手法展示一款十分出色的钢琴图标，此款图标可以用作移动设备上的音乐图标或者 App 相关应用，它具有相当真实的外观和可识别性。最终效果如图 7.172 所示。

难　度：★★★	
素材文件: 无	
案例文件: 第7章\钢琴图标.psd	
在线视频: 第7章\训练7-1 钢琴图标.avi	

图7.172 最终效果

◆本例知识点

1．"投影""描边""内发光"样式
2．"钢笔工具"
3．"直接选择工具"

训练7-2 日历和天气图标

◆实例分析

　　本例主要讲解日历和天气图标的制作，丰富的色彩是这2枚图标的最大特点，同时在日历制作上采用写实的翻页效果和彩虹装饰的日历效果，使整个图标的色彩十分丰富。最终效果如图 7.173 所示。

难　度：★★★	
素材文件: 无	
案例文件: 第7章\日历和天气图标.psd	
在线视频: 第7章\训练7-2 日历和天气图标.avi	

图7.173 最终效果

◆本例知识点

1．"添加杂色"命令
2．"添加图层蒙版"
3．"高斯模糊""动感模糊"命令

训练7-3 概念手机界面

◆实例分析

　　本例主要讲解概念手机界面的制作，制作过程看似简单，却需要一定的思考能力，由于是概念类手机界面，在绘制的过程中就要强调它的特性，如绘制的界面需要适应更窄的手机边框，神秘紫色系的颜色搭配等，都能很好地表达这款界面的定位。最终效果如图 7.174 所示。

难　度：★★★★	
素材文件: 第7章\概念手机界面	
案例文件: 第7章\概念手机界面.psd	
在线视频: 第7章\训练7-3 概念手机界面.avi	

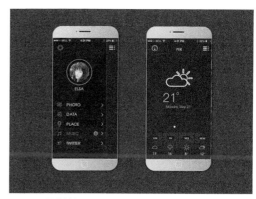

图7.174 最终效果

◆本例知识点

1．"渐变叠加""投影"样式
2．"椭圆工具"
3．"创建剪切蒙版"命令
4．"矩形选框工具"

第 4 篇

实战篇

第 **8** 章

封面装帧设计

本章讲解封面装帧设计，封面装帧设计可以直接
理解为书籍生产过程中的装潢设计艺术，它将书
籍的主题内容、思想在封面中以和谐、美观的样
式完美体现，其设计原则在于有效而恰当地反映
书籍的内容、特色和著译者的意图，设计的好坏
在一定程度上影响人们的阅读欲望。本章通过数
个实例的设计以掌握封面装帧设计的思路，通过
本章的学习可以透彻地了解封面装帧设计艺术，
同时掌握设计的重点及原则。

教学目标

了解封面构成常用术语

了解文字的编排及应用

了解封面图片与色彩的应用

掌握封面装帧设计展开面的制作方法

掌握封面装帧立体效果的制作技巧

8.1 关于封面设计

封面设计也叫封面装帧设计，通过艺术形象设计的形式来反映产品的内容。封面设计通常是指对护封、封面和封底的设计。封面是书籍的外衣及脸面，封面设计就好比给书籍穿上适合的"外衣"，一件好的装帧作品能给人以美感，或典雅端庄，或艳丽飘逸，或豪华精美……在琳琅满目的市场中，产品的装帧起到了一个无声的推销员作用，人们在购买书籍时，首先看到的就是书籍的封面，大多数时候，可以说封面把书籍卖给了读者，随着历史的前进、科学技术的发展，书籍作为人们的精神生活需要，它的审美价值日趋突出和重要，因为书籍封面的好坏，可能会直接影响读者的购买欲望。

随着印刷技术的进步，我国机器印刷代替了雕版印刷，产生了以工业技术为基础的装订工艺，出现了平装本和精装本，由此产生了封面装帧方法在结构层次上的变化，封面、封底、扉页、版权页、护封、环衬、目录页、正页等，成为新的封面设计的重要元素。封面设计关键还要看书的内容，因为它是为书籍内容服务的，在设计中会受到书籍内容的制约，封面设计还会受到开张范围的制约和设计方向的制约。例如，中式翻页一般只能向右，西式翻页一般只能向左。封面设计要考虑书籍的整体形态，封面与封底、环衬、扉页、版式要内外协调，风格一致。

文字、图形和色彩是封面设计的三要素，设计者根据书的不同性质、用途和读者对象，把这三者有机地结合起来，从而表现出产品的丰富内涵，并以传递信息为目的，以美感的形式呈现给读者。

8.2 常用术语解析

书籍封面有很多组成部分，了解这些组成部分才能更好地设计封面，下面来讲解这些部分的专业叫法及应用。

1. 封面

封面，是指书刊外面的一层。封面也称书封、封皮、外封等，又分封一、封二（属前封）、封三、封四（属后封），有时特指印有书名、著者或编者、出版者名称等的第1面。

2. 封底

封底又称封四，是书封的末页。一般图书在封底的右下方印统一书号和定价，期刊在封底印版权页，或用来印目录及其他非正文部分的文字、图片。封底与封面二者之间紧密关联，相互帮衬，相互补充，缺一不可。

3. 书封

书封也称书衣、外封、皮子、封皮等（精装书称封壳），是包在书芯外面的，有保护书芯和装饰书籍的作用。书封分面（封面）与里（封里）和封一、封二（属前封）、封三、封四（属后封）。一般书籍，封一印有书名及出版者名称，封四即封底印有定价或版权。书封通常用较厚的纸，但不能厚得在折叠或压槽时开裂。

4. 勒口

书籍勒口是平装书的封面前口边大于书芯前口边宽约 20 ~ 30mm，再将封面沿书芯前口切边向里折齐的一种装帧形式。封面或封底在开口处向内折的部分，并不是每本书都有勒口，但勒口可以加固开口处的边角，并丰富书封的内容。1是好看，2是封面不容易破损，3是一般在上面印上作者的相片、内容简介和书评等介绍。

5. 书脊

书脊，是指书刊封面、封底连接的部分，相当于书芯厚度，即书芯表面与书背的联接处。在印刷后加工，为了制成书刊的内芯，按正确的顺序配页、折页，组成书帖后形成平的书脊边。经闯齐、上胶或铁丝订，再加封面，形成书脊。骑马订的杂志没有书脊。书刊在书脊上通常印有书名、期号、作者、出版社名称或其他信息。

6. 压槽

压槽是在书籍的前后封和书脊联接的部位压出一条宽约 3mm 的软质书槽的工艺。在一些较长的阀芯上开一些深度 0.5mm~0.8mm 宽为 1mm~5mm 的凹槽来减小压力，使读者在打开封面时不会把书芯带起来。

7. 腰封

腰封也称"书腰纸"，是在书封外另套的一层可拆卸的装饰纸，属于外部装饰物。腰封一般用牢度较强的纸张制作，如可用铜版纸或特种纸。腰封包裹在书籍封面的腰部，其宽度一般相当于图书高度的三分之一，也可更大些；长度则必须达到不但能包裹封面的面封、书脊和底封，而且两边还各有一个勒口。腰封上可印与该图书相关的宣传、推介性文字。腰封的主要作用是装饰封面或补充封面的表现不足，一般多用于精装书籍。

8.3 文字编排的应用

文字是封面设计中必不可少的组成部分，封面上可以没有图形，但绝不可以没有文字，文字在封面设计中应占非常重要的位置。文字既有语言意义，同时又是抽象的图形符号；它具备了最基本的设计要素的点、线、面，如一个字可以看成一个点，一行字可以看成一条线，一段文字可以看到一个面，将这些设计要素组合，作用于封面设计、书籍封面设计中。特别是书名的设计，它是完全的文字形态，但通过文字的艺术处理，即可将其以图形符号来显示，因此，在封面设计中，以文字为主，以图形为辅，文字与图形灵活布局，才能设计出好的封面效果。文字在封面中的应用如图 8.1 所示。

图8.1 文字在封面中的应用

在封面设计中，文字编排是一种艺术表达形式，它是一种视觉语言的传达；在图文设计中，若想使画面主题突出，层次清晰，就需要对不同重点文字的内容进行不同的编排设计，这也是设计中常用的表现手法。好的文字编排设计，可以愉悦人们的感官视觉，意义深刻。因此，掌握好编排的技巧是相当重要的。

字体编排的设计要素主要包括字体、字号、字间距等，下面将针对中、英文字体编排的技巧进行详细讲解。

1. 中文字体编排技巧

◆ 字体

顾名思义，字体是指文字的风格相貌。例如中文字体可分为黑体、粗黑、宋体、大标宋、楷体、隶书等，这些字体都有自己的属性特征，所呈现出来的感情与意义也不尽相同。

字体的选择在很大程度上影响着整个画面版式的结构，在设计中没有最美的字体，只有最合适的字体，选择合适的字体才能表达正确的画面语言。

◆ 字体的结构

在运用文字的编排之前，我们先来了解一下汉字的结构。在汉字中，字体结构主要分为左右结构、上下结构、上中下结构、左中右结构、半包围结构和全包围结构等。左右结构即将汉字分为左右两部分的汉字，上下结构即将汉字分为上下两部分的汉字，上中下结构即将汉字分为上、中、下三个部分的汉字。

左中右结构是指将汉字分为左、中、右三个部分的汉字；半包围结构比较特殊，是指汉字的偏旁部首占据整个汉字的一半，如庞、氖等；全包围结构是指汉字的偏旁部首将内部的文字或部首全部包围，如囚等。字体结构图示如图8.2所示。

图8.2 字体结构图示

加强对字体结构的认识可以帮助提高字体设计的能力。一种新的字体的产生，往往先从结构入手，在遵循一定原则的基础之上，从而创变衍生出一种新的字体。

◆ 字体的情感意义与合理搭配

汉字中，不同字体的感情意义也是不同的，有的优美，有的清秀，有的醒目，有的刚直，有的欢快，有的轻盈，有的苍劲，有的古朴，有的活泼，有的严谨。不同的内容需要选用不同的字体来体现。

黑体、粗黑体的造型特征醒目、简洁、有力，常用于大标题的使用，使用此类造型特征的字体可以很好地突出标题，吸引人的视觉；而相较之下，宋体、大标宋等的字体造型特征清秀、轻盈，一般适合于正文的使用。

封面文字除了选择恰当的字体外，还要注意字体笔画的清晰度和识别性，要具有较高的可读性，不要选择不容易读懂的字体，虽然随着时代的发展，字体也变得越来越多，但有些小众的字体在选择上要特别注意，尽量不要将主题文字设置成这些字体，不要只注意形式美感而忽略了信息传递的功能，以免造成误读，影响阅读兴趣，影响书籍与读者的交流。当然，封面设计中字体可选用多种形式的艺术字体，如一些书法体、美术体、印刷体等。利用这些字体可以让设计更具有强烈的艺术感染力。

值得注意的是并不是所有的标题和正文都需要用黑体与宋体来表现，也有特殊情况的存在。在设计中，就需要善于把握不同表现主题的内在意义选用不同表达意义的字体来呈现。如图 8.3 所示，一本新闻类的报刊杂志，在标题的选用上就可以选用具有代表权威性特征的粗黑体，而如果设计的版面是娱乐性杂志，这就需要考虑选用其他的字体，如严谨而不失活泼的综艺体、汉真广标字体等。字体编排设计图示如图 8.3 所示。

图8.3 字体编排设计图示

由此得出，构成版面的元素有很多，要学会善于选用字体，合理灵活搭配运用，如此方能更好地表达主题，增强视觉表现力。在设计中要注意英文字体的合理搭配，一般标题采用较为粗重字体的时候，正文就适宜选用简洁干净的字体，这样能使画面形成虚实、强弱的对比，有利于增强画面的视觉表达力与艺术感。

◆字号

字号即字体的大小。字体大小的标准主要包括号数制和点数制。号数制是用来计算汉字

铅活字大小标准的制度。目前的字号有初号、小初号、一号、小一号、二号、小二号、三号、四号、小四号、五号、小五号、六号、小六号。点数制是国际通用的一种计量字体大小的标准制度，英文是"point"。因各个字母的深宽度不同，所以其点数只能按长度来计算，1 点为 0.35mm，72 点为一英寸。

封面设计的字号设置不同，产生的视觉效果也不同。书名一般采用较大的字号，以突出主题，而作者名和出版社等可以选用较小的字号，以辅助的形式出现。字号与点数之间的计算关系及用途如图 8.4 所示。

号　数	点　数	用　　途
初号	42	标题
小初号	36	标题
一号	27.5	标题
小一号	24	标题
二号	21	标题
小二号	18	标题
三号	15.75	标题、正文
四号	13.75	标题、正文
小四号	12	标题、正文
五号	10.5	书刊正文
小五号	9	注文、报刊正文
六号	7.87	脚注
小六号	7.78	注文

❶ 字号与点数之间的计算关系及用途

图8.4 字号与点数之间的计算关系及用途

◆字号大小的灵活运用

字号大小的选用在版面设计中有着举足轻重的作用，它直接影响着版面的格局，决定着版面的布局与层次。相同内容的文字，通常情况下字号越大，越具有吸引力，越突出。但这条规则并不适用于所有，还需要根据实际信息内容而定。一般标题采用大字号，以达到突出主题、醒目的视觉效果。字号大小的不同应用效果如图 8.5 所示。

此处字号大小对比弱，体现不出画面的标题与重点，整个版面感觉呆板，没有活力。

❶ 字号变化不明显

图8.5 字号大小的不同应用效果

此幅版面字号大小运用对比强烈，主题突出，虚实对比明显，版面格局清晰简洁，视觉感强烈。

图8.5 字号大小的不同应用效果（续）

小字号在版面中也可以起到活跃画面、画龙点睛的作用。例如，企业的标志，将其单独放于画册版面的左上角或右下角，这并不会显得单薄，反而会给人以简约且有足够的分量感的视觉平衡感受。

同时值得注意的是小字号的文字在版面中也不宜应用太多，不然画面会显得散乱无章，毫无视觉凝聚力，从而影响视觉阅读。小字号文字在版面中的应用效果如图 8.6 所示。

此处画面版式干净简洁，位于版面右下角的标志与左上角的图文起到很好的呼应效果，也是画龙点睛之笔。

此幅版面画面零散，过小字号的文字应用太多，主题不明显，影响了视觉阅读。

图8.6 小字号文字在版面中的应用效果

◆ 字距、行距与段距

通常的，在平面设计中，我们将字与字之间的距离，叫作字距，将行与行之间的距离，叫作行距，同样的，将段落与段落之间的距离，称之为段距。

在版面设计中，段落文字的编排是相当重要的一个环节，而在进行文字段落编排的时候，就需要注意字距、行距以及段距之间的调整与设置。字距、行距与段距之间参数的调整将会影响整个版面的格局。

通常情况下，在篇幅大的段落中，可将字距设置为默认字距或者稍小一点，而行距就要适当地增大，因为篇幅大的段落本身文字信息就很多，如果行距过于紧密就会给人很紧的视觉感受，不利于阅读的进行。字距、行距与段距效果如图 8.7 所示。

图8.7 字距、行距与段距效果

而在篇幅小的段落文字信息中，也并不一定要缩短行距，这样不一定美观。字距、行距与段距参数的设置，需要依据实际版面的设计需求，参数设置不宜过大，不然会使画面显得散乱，但也不宜过小，要尽量满足视觉阅读的舒服性与自然性，以不影响视觉正常阅读为宜。行距的不同应用效果如图 8.8 所示。

图8.8 行距的不同应用效果

2. 英文字体编排技巧

◆ 字体的应用

在英文字体中，不同字形表达的意义也是不同的。常用的英文字体有：Helvetica、Times New Poman、Arial、Myriad Pro 等，而 Times New Poman 、Arial、Helvetica 常

应用于标题的使用，Myriad Pro 常应用于正文的使用。

英文的编排也要遵循设计的基本原则，突出主题，分清层次，在字号的应用上突出大小对比的设计原则，增加版面的生气与动感。字体的应用效果如图8.9所示。

① 不和谐的字体搭配

此处大标题运用了较为纤细的字体，使得画面主题不够突出醒目，同时正文粗黑字体的应用又显得较为沉重，不利于阅读。

② 和谐的字体搭配

此幅页面的设计较为符合视觉感受，粗、重、大标题的应用突出了主题，正文清爽字体的应用显得简洁，利于阅读。

图8.9 字体的应用效果

◆字号的应用

英文中粗体给人坚毅有力的感觉，这样类型的字体常用于突出版面主要内容的文字。同样的，常规体的文字可应用于一般版块的文字内容。字号的应用效果如图8.10所示。

① 字号大小适度应用

此处大标题使用了大字号的字体，次要内容则采用了相对合适大小的字号，版面主题突出，对比明显，层次关系清晰。

② 字号大小的随意应用

此幅版面，字号大小关系混乱，主题不明显，版面呆板无次序。

图8.10 字号的应用效果

◆字距、行距的应用

英文字体的字距、行距以及段距等之间的关系也可参考中文字距、行距及段距等之间的设计技巧。

8.4 文字设计技巧

文字在封面设计中占有重要的地位，那么文字应该怎么设计，有没有什么技巧呢？下面根据大量设计师实践而来的经验，讲解几种文字设计中的技巧。

1. 文字配色技巧

根据封面类型的不同，文字的配色使用技巧也不同。例如，一些较华丽的杂志封面，文字的颜色在使用上就讲究比较鲜艳；在一些科普性的封面设计中，颜色的使用又比较中规中矩。黑白色文字是比较常用的两种颜色的文字，这种文字一般适合一些副标题或说明性文字，因为一些大标题或重点的文字可以添加其他色彩的文字，使其更加醒目。这里需要特别注意的是封面设计的颜色都不是随便添加的，在封面设计中，一般常用的方法是将封面中的图片与文字颜色进行匹配，使图片与文字的颜色相呼应，这样可以使整个设计风格更加统一、自然。如图8.11左图所示，该封面的颜色采用蓝色为主色调，将封面文字与图片上的红色进行呼应，使整个设计更加统一，更加醒目。如图8.11右图所示，该封面颜色采用的洋红色为主色调，将封面文字与粗细不同的线条颜色相统一，使整个设计更加协调。文字配色的应用效果如图8.11所示。

图8.11 文字配色的应用效果

2. 文字的位置

封面文字的摆放，一般要与图片和底色相结合，要注意背景颜色深的地方用浅色，背景颜色浅的地方使用深色的文字，浅深的搭配更能体现出明暗效果，使文字更加突出。文字的摆放位置效果展示如图 8.12 所示。

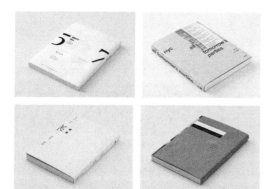

图8.12 文字的摆放位置效果展示

3. 字体的使用

封面文字在使用时，还要注意运用不同的字体，如隶书、楷书、行书、宋体、黑体、圆黑体和综艺体等，同时还要注意字体的样式，如粗体、斜体和仿斜体等。在封面设计中，不同字体的混合使用往往能达到艺术化的效果，而且还可以减少视觉疲劳，更大程度地吸引用户的眼球。特别是杂志的设计，一些主要的标题一般都是在封面中展现的，这更加需要设计师将这些主题以不同的字体、样式和一些图片、色块相结合，以彰显杂志的精彩看点，吸引读者去深入阅读。不同的字体使用效果如图 8.13所示。

图8.13 不同的字体使用效果

4. 文字的编排

文字的编排与封面设计也有很大的关系，文字可以与封面构图结合使用，封面文字一般以书名为主体，作者和出版社等信息为辅。通常的，在封面设计中所讲的文字编排是一种艺术表达形式，它是一种视觉语言的传达，在图文设计中，若想使画面主题突出，层次清晰，就需要对不同重点文字的内容进行不同的编排设计，这也是设计中常用的表现手法。好的文字编排设计，可以愉悦人们的感官视觉，意义深刻。因此，掌握好编排的技巧是相当重要的。不同文字的编排位置效果如图 8.14 所示。

图8.14 不同文字的编排位置效果

- 文字垂直排列可以将封面设计成垂直构图，文字在垂直构图中可以上居中、下居中、居左、居右、居中垂直等。垂直构图可以形成严肃、刚直、庄重、高尚的风格。
- 文字水平排列可以将封面设计成水平构图，文字在水平构图中可以水平居中、水平居上、水平居左、水平居右等。如果将主题文字放在中间让人感觉沉稳、古典、规矩；在书的上部令人感觉轻松、飘逸，居左靠近书口的一边有动感，有向外的张力；在下部让人感觉压抑、沉闷。水平构图给人以平静、安定、稳重的感觉。

- 文字倾斜构图排列可以将封面设计成倾斜构图，倾斜构图可以表现动感，打破过于死板的画面，以静求动。主题文字的倾斜排列令画面活跃有生气，运用合理有助于强化书籍主题。

- 文字聚焦排列可以使封面设计呈现一种安定的秩序感，并能增强视觉冲击力。在人的心理上产生紧张密集的感觉，从而吸引读者的注意力。

8.5 图片设计技巧

封面设计有时候离不开图片，一张恰当的图片可以使书籍内容更加清晰、明了，也可以使封面设计更加生动、华美，易与读者产生共鸣。图片的内容丰富多彩，最常见的如人物、动画、植物、风景等，我们所有看到的、想到的；图片的选择也可以包括很多种，如摄影图片、手绘图片等，可以是写实的、抽象的或写意的。

一般休闲类书籍杂志是最大众化的，通常选择当红的影视明星或模特来做封面图片；而科普性的书籍则是知识性书籍，比较严谨，一般选择与大自然有关的、先进科技成果的图片；还有如体育类书籍杂志则选用体坛或竞技场面图片；新闻类的书籍杂志则选择与新闻有关的人物或场面；摄影、美术刊物的封面可以选择优秀摄影和艺术作品，它的标准是艺术价值；而说明书之类的则选择主要突出产品的个性化及性能要点，放上产品图片突出产品的个性化即可。

一般少儿读物、通俗读物、文艺或科技读物的封面多采用写实手法，这样可以增加读者对具体形象的理解，更具科学性和准确性。一些科技、政治和教育等方面的书籍通常采用抽象手法，因为这些东西很难用具体的形象去表达，运用抽象手法可以使读者意会其中的含义；文学封面上多采用写意手法，有些像中国的国画，着重抓住事物的形和神，以简练的手法获得具有气韵的情调和感人的联想。图片在封面设计中的不同应用效果如图 8.15 所示。

图8.15　图片在封面设计中的不同应用效果

封面除了文字和图片外，还要注意色彩的处理。色彩的应用要根据书籍的内容进行设计，不同色彩表现的内容也会不同。书名是书籍的重点部分，所以在色彩应用上要尽量使用纯正的颜色。

一般来说，儿童书籍封面的色彩，由于儿童天性活泼，对万物充满好奇，富有童趣的画面更能吸引孩子的目光，所以在色彩运用上要梦幻，色彩鲜明，并减弱各种颜色的对比度，强调柔和、温暖的感觉，设计风格也应充满童趣；女性书籍封面可以根据女性的特征进行设计，在色彩的选择上，要选择温馨、妖媚、典雅、高贵的色彩系统；艺术类书籍封面的色彩要有艺术性，表现上要注意有深度、有内涵，切不可媚俗；体育类书籍封面要强调色彩的对比，使用具有冲击力的色彩，以给人刺激、兴奋的感受；时装类书籍色彩要明快、青春、个性并要追求时代潮流；科普类书籍封面色彩可以强调神秘感、真挚、和平的感觉。

在色彩的应用上，除了色彩的统一外，还要注意色彩的对比关系。通常的，在色相环之中，我们把每一个颜色对面（180度对角）的颜色称之为"对比色"。例如，红与绿、蓝与橙、黄与紫。将这样具有鲜明对比的色彩放于同一个画面之中，会给我们带来强烈的视觉冲击感。色彩的对比包括色相对比、明度对比、饱和度对比、冷暖对比等，这些元素都是构成具有明显色彩效果的重要因素，也就是说，这些元素的对比越强烈，整个对比就会越明显。色彩不同对比效果如图8.16所示。

- **色相对比：** 即颜色的对比，"色"是指色彩、颜色，"相"是指相貌，此处的色相对比可以简单地理解为色彩的相貌、样子，如红色、蓝色、绿色等。
- **明度对比：** 指色彩的亮度对比，色彩的亮度越大，明度也就越大，反之，则明度对比值就

越弱。

- **饱和度对比：** 指色彩的纯度、鲜明度，纯度越高，响应的饱和度也就越大。列举一个简单的例子，一个没有掺入任何杂质的水晶，其纯度是相当高的，而掺入杂质的水晶，其表现出来的色泽就会暗淡，纯度也就大大降低了。
- **冷暖对比：** 指色彩给人感观上的对比，是平面设计中常用的一种对比手法，如红色、黄色就是暖色，蓝色、绿色就是冷色。冷色和暖色同时也是相对应而存在的，没有绝对的冷色，也没有绝对的暖色。例如，同样是黄色，橘黄色就比土黄色显得冷一些。画面中的冷、暖色调就决定了整个画面的主色调，加强冷暖对比的应用可以大大增加画面的层次感，也是绘画艺术中所讲的：在同一个画面中，冷色会往后走，暖色会往前靠，这样一前一后，画面层次感就出来了，也就有了所谓的画面空间立体感。

① 色相对比

画面中的这两个圆形，我们视觉所能感受的一个是红色，一个是蓝色。这两个色彩是属于不同色系的色彩，也可以说它们的色相是不同的。

② 明度对比

从视觉上来讲，黄色的圆形比深红色的圆形明度上要亮一些，而深红色明度要暗一些。

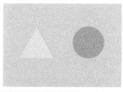

③ 饱和度对比

同样是黄色的图形，三角形的饱和度比圆形的饱和度要高。

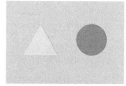

④ 冷暖对比

在色彩心理学上看来，黄色三角形比蓝色圆形的色调看起来要暖一些。

图8.16 色彩不同对比效果

◆实例分析

本例讲解时尚杂志封面设计，在设计过程中，以热情时尚的素材图像作为主视觉，通过图像的结合，完美表现出杂志的主题，最终效果如图 8.17 所示。

难　度：★ ★ ★ ★
素材文件：第 8 章 \ 时尚杂志封面设计
案例文件：第 8 章 \ 时尚杂志封面平面效果 .ai、时尚杂志封面立体效果 .psd
在线视频：第 8 章 \8.7 时尚杂志封面设计 .avi

图8.17　最终效果

◆本例知识点

1．"钢笔工具"
2．"斜切"命令
3．"矩形选框工具"
4．"通过剪切的图层"命令

◆操作步骤

8.7.1 使用Illustrator制作封面平面效果

01 执行菜单栏中的"文件"|"新建"命令，在弹出的对话框中设置"宽度"为425mm，"高度"为297mm，新建一个空白画板。

02 执行菜单栏中的"视图"|"标尺"命令，当出现标尺以后，创建1个参考线，将"X值"更改为212.5mm。

03 选择工具箱中的"矩形工具" ，在画板右侧区域绘制1个矩形，选择工具箱中的"渐变工具" ，在图形上拖动为其填充白色到浅紫色（R:255，G:233，B:251）的径向渐变，如图8.18所示。

图8.18　绘制图形

04 执行菜单栏中的"文件"|"打开"命令，打开"装饰元素.ai"文件，将打开的素材拖入画板适当位置并适当缩小，如图8.19所示。

05 选择工具箱中的"文字工具" T，添加文字，如图8.20所示。

图8.19　添加素材　　　　图8.20　添加文字

06 选中"FLOWER"文字，执行菜单栏中的"效果"|"风格化"|"投影"命令，在弹出的对话框中将"X位移"更改为1mm，"Y位移"更改

为1mm，"模糊"更改为0，"颜色"更改为红色
（R:155，G:0，B:56），完成之后单击"确定"
按钮，如图8.21所示。

图8.21 设置投影

07 同时选中两个白色文字，执行菜单栏中的"效
果"|"应用投影"命令，如图8.22所示。

图8.22 应用投影

08 选择工具箱中的"矩形工具"，在画板左侧
区域绘制1个矩形，将"填色"更改为任意颜色，
"描边"为无，如图8.23所示。

09 执行菜单栏中的"文件"|"打开"命令，打开
"背景.jpg"文件，将打开的素材拖入画板左侧位
置并移至矩形下方，如图8.24所示。

图8.23 绘制图形　　　图8.24 添加素材

10 同时选中刚才绘制的矩形及素材图像，单击鼠
标右键，从弹出的快捷菜单中选择"建立剪切蒙
版"命令，将部分图像隐藏，如图8.25所示。

11 选择工具箱中的"文字工具" **T**，添加文字，
如图8.26所示。

图8.25 创建剪切蒙版　　　图8.26 添加文字

12 执行菜单栏中的"文件"|"打开"命令，打开
"条形码.jpg"文件，将打开的素材拖入画板左下
角位置并适当缩小，如图8.27所示。

图8.27 添加素材

8.7.2 利用Photoshop制作封面立体效果

01 执行菜单栏中的"文字"|"新建"命令，在弹
出的对话框中设置"宽度"为80mm，"高度"
为60mm，"分辨率"为300像素/英寸，新建一
个空白画布，将画布填充为深红色（R:37，
G:16，B:21）。

02 执行菜单栏中的"文件"|"打开"命令，打开
"封面平面效果.jpg"文件，将打开的素材拖入画
布中并适当缩小，其图层名称将更改为"图层
1"，如图8.28所示。

图8.28 添加素材

提示

对图像进行变形时可在封面图像顶部创建1条水平参考线，这样经过斜切变形后的封面与封底图像变形角度相同。

03 选择工具箱中的"矩形选框工具"，在封面右侧位置绘制1个矩形选区，如图8.29所示。

04 按Ctrl+T组合键对图像执行"自由变换"命令，单击鼠标右键，从弹出的快捷菜单中选择"斜切"命令，拖动变形框控制点将图像变形，完成之后按Enter键确认，如图8.30所示。

06 选择工具箱中的"矩形选框工具"，在封面左侧位置绘制1个矩形选区，如图8.32所示。

07 执行菜单栏中的"图层"|"新建"|"通过剪切的图层"命令，将生成的图层名称更改为"封底"，将"图层 1"图层名称更改为"封面"，如图8.33所示。

图8.29 绘制选区

图8.30 将图像变形

05 以同样的方法在左侧绘制1个矩形选区，并以同样的方法将图像变形，如图8.31所示。

图8.32 绘制选区

图8.33 通过剪切的图层

08 在"图层"面板中，同时选中"封底"和"封面"图层，将其拖至面板底部的"创建新图层"按钮上，复制1份"副本"图层，如图8.34所示。

09 选中"封底 副本"图层，按Ctrl+T组合键对其执行"自由变换"命令，单击鼠标右键，从弹出的快捷菜单中选择"垂直翻转"命令，向下垂直移动，再单击鼠标右键，从弹出的快捷菜单中选择"斜切"命令，拖动变形框控制点将图像变形，完成之后按Enter键确认，如图8.35所示。

图8.31 将图像变形

提示

在变形框取消之前按住 Ctrl+Shift 组合键在边缘拖动同样可以将图像斜切变形。

图8.34 复制图层

图8.35 将图像变形

图8.39 制作倒影效果

10 以同样的方法选中"封面 副本"图层,将图像变形,如图8.36所示。

图8.36 将图像变形

11 在"图层"面板中,选中"封底 副本"图层,单击面板底部的"添加图层蒙版"□按钮,为其添加图层蒙版,如图8.37所示。

12 选择工具箱中的"渐变工具"■,编辑黑色到白色的渐变,单击选项栏中的"线性渐变"■按钮,在图像上拖动将部分图像隐藏制作倒影效果,如图8.38所示。

图8.37 添加图层蒙版

图8.38 隐藏图像

13 以同样的方法为"封面 副本"图层添加图层蒙版,为图像制作倒影效果,如图8.39所示。

14 选中"封底 副本"图层,执行菜单栏中的"滤镜"|"模糊"|"高斯模糊"命令,在弹出的对话框中将"半径"更改为1像素,完成之后单击"确定"按钮,如图8.40所示。

图8.40 添加高斯模糊

15 选中"封面 副本"图层,按Ctrl+F组合键为其添加高斯模糊效果,如图8.41所示。

图8.41 添加高斯模糊

16 在"图层"面板中,选中"封底"图层,单击面板底部的"添加图层样式"*fx*按钮,在菜单中选择"渐变叠加"命令。

17 在弹出的对话框中将"混合模式"更改为叠加,"不透明度"更改为30%,"渐变"更改为透明到黑色,"角度"更改为0,"缩放"更改为50%,完成之后单击"确定"按钮,如图8.42所示。

图8.42 设置渐变叠加

18 选择工具箱中的"钢笔工具" ，在选项栏中单击"选择工具模式" 路径 按钮，在弹出的选项中选择"形状"，将"填充"更改为绿色（R:126、G:206、B:206），"描边"更改为无，在封底图像顶部位置绘制1个不规则图形，将生成一个"形状 1"图层，将其移至"背景"图层上方，如图8.43所示。

19 以同样的方法再次绘制数个相似的不同颜色图形，如图8.44所示。

图8.43 绘制图形

图8.44 绘制多个图形

20 同时选中左侧所有图形所在图层，在画布中按住Alt+Shift组合键向右侧平移，按Ctrl+T组合键对其执行"自由变换"命令，单击鼠标右键，从弹出的快捷菜单中选择"水平翻转"命令，完成之后按Enter键确认，如图8.45所示。

21 选择工具箱中的"椭圆工具" ，在选项栏中将"填充"更改为黑色，"描边"为无，在封面底部绘制1个椭圆图形，将生成一个"椭圆 1"图层，将其移至"背景"图层上方，如图8.46所示。

图8.45 复制图形　　　　　　图8.46 绘制椭圆

22 执行菜单栏中的"滤镜"|"模糊"|"高斯模糊"命令，在弹出的对话框中将"半径"更改为50像素，完成之后单击"确定"按钮，这样就完成了效果制作，最终效果如图8.47所示。

图8.47 最终效果

8.8 旅游文化杂志封面设计

◆**实例分析**

　　本例讲解旅游文化杂志封面制作，制作比较简单，以直观的风景图像与圆形相结合，整个封面表现出很强的主题特征，最终效果如图8.48所示。

难　　度：★★★★
素材文件：第 8 章 \ 旅游文化杂志封面
案例文件：第 8 章 \ 旅游文化杂志封面平面 .ai、旅游文化杂志封面立体效果 .psd
在线视频：第 8 章 \8.8 旅游文化杂志封面设计 .avi

图8.48 最终效果

◆本例知识点

1. "自由变换"命令
2. "分割" 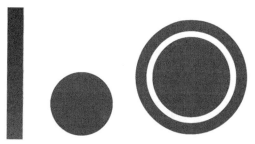 、"减去顶层"
3. "轮廓化描边"命令
4. "线性渐变"

◆操作步骤

8.8.1 使用Illustrator制作封面平面效果

01 执行菜单栏中的"文件"|"新建"命令，在弹出的对话框中设置"宽度"为425mm，"高度"为297mm，新建一个空白画板，如图8.49所示。

图8.49 新建文档

02 选择工具箱中的"矩形工具" ，绘制1个矩形，选择工具箱中的"渐变工具" ，在图形上拖动为其填充橙色（R:196，G:78，B:26）到橙色（R:141，G:29，B:15）的线性渐变，如图8.50所示。

图8.50 绘制矩形

03 选择工具箱中的"椭圆工具" ，将"填色"更改为红色（R:211，G:34，B:42），"描边"为无，按住Shift键绘制一个圆形，如图8.51所示。

04 选中圆形，按Ctrl+C组合键将其复制，再按Ctrl+Shift+V组合键将其粘贴，将粘贴的圆形"填充"更改为无，"描边"为白色，"粗细"为20，再将其等比缩小，如图8.52所示。

图8.51 绘制圆形　　　　　图8.52 缩小图形

05 选择白色描边的圆形，执行菜单栏中的"对象"|"路径"|"轮廓化描边"命令，同时选中两个圆，在"路径查找器"面板中，单击"分割"按钮，将分割后的图形取消编组，如图8.53所示。

06 执行菜单栏中的"文件"|"打开"命令，打开"风景.jpg"文件，将打开的素材拖入适当位置并适当缩小，如图8.54所示。

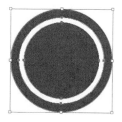

图8.53 分割图形　　　　　图8.54 添加素材

07 将风景素材移至圆形底部，如图8.55所示。

08 同时选中最里面的小圆和风景素材，单击鼠标右键，从弹出的快捷菜单中选择"建立剪切蒙版"命令，如图8.56所示。

图8.55 更改顺序　　　　　图8.56 建立剪切蒙版

09 以同样的方法在右上角位置再次绘制相似圆形，并执行菜单栏中的"文件"|"打开"命令，打开"风景 2.jpg"文件，将打开的素材拖入适当位置并适当缩小，如图8.57所示。

图8.57 添加素材

10 选择工具箱中的"椭圆工具" ，将"填色"更改为无，"描边"为白色，"粗细"为30，按住Shift键绘制一个圆形，如图8.58所示。

11 选中圆环，执行菜单栏中的"对象"|"路径"|"轮廓化描边"命令，如图8.59所示。

图8.58 绘制圆形　　　　　图8.59 轮廓化描边

12 选择工具箱中的"矩形工具" ，按住Shift键绘制1个矩形，将"填充"更改为白色，"描边"为无，如图8.60所示。

13 同时选中矩形及圆环，在"路径查找器"面板中，单击"减去顶层" 按钮，如图8.61所示。

图8.60 绘制矩形　　　　　图8.61 修剪

14 选择工具箱中的"直线段工具" ，在刚才绘制的圆形位置绘制1条水平线段，设置"填色"为无，"描边"为白色，"粗细"为1，如图8.62所示。

15 将线段向右侧平移复制1份，并将其"描边"更改为灰色（R:170，G:170，B:170），如图8.63所示。

图8.62 绘制线段　　　　　图8.63 复制线段

16 同时选中两条线段，向下移动并复制，如图8.64所示。

图8.64 复制线段

17 选择工具箱中的"横排文字工具" **T**，添加文字，如图8.65所示。

图8.65 添加文字

18 选择工具箱中的"矩形工具" ■，绘制1个矩形，将"填充"更改为红色（R:211，G:34，B:42），"描边"为无，如图8.66所示。

19 选中文字，单击鼠标右键，从弹出的快捷菜单中选择"创建轮廓"命令，如图8.67所示。

图8.66 绘制矩形　　　　图8.67 创建轮廓

20 同时选中文字及矩形，在"路径查找器"面板中，单击"减去顶层" ■按钮，再将文字删除，如图8.68所示。

图8.68 删除文字

8.8.2 使用Photoshop制作封面立体效果

01 执行菜单栏中的"文字"|"新建"命令，在弹出的对话框中设置"宽度"为80mm，"高度"为60mm，"分辨率"为300像素/英寸，新建一个空白画布，如图8.69所示。

图8.69 新建画布

02 将画布填充为深黄色（R:58，G:54，B:52），选择工具箱中的"矩形工具" ■，在选项栏中将"填充"更改为白色，"描边"为无，在画布靠底部绘制一个矩形，将生成一个"矩形1"图层，如图8.70所示。

图8.70 绘制矩形

03 选中"矩形 1"图层，将其图层混合模式设置为"叠加"，"不透明度"更改为40%，如图8.71所示。

图8.71 设置图层混合模式

04 在"图层"面板中，选中"矩形 1"图层，单击面板底部的"添加图层蒙版" ⬛ 按钮，为其添加图层蒙版，如图8.72所示。

05 选择工具箱中的"渐变工具" ▬，编辑黑色到白色的渐变，如图8.73所示。

图8.72 添加图层蒙版

图8.73 编辑渐变

06 单击选项栏中的"线性渐变" ▬ 按钮，在图形上拖动将部分图形隐藏，如图8.74所示。

图8.74 隐藏图形

07 执行菜单栏中的"文件"|"打开"命令，打开"旅游文化杂志封面平面.ai"文件。

08 在打开的文档中，单击面板底部的"创建新图层" ▢ 按钮，新建一个"图层 2"图层，将其移至"图层 1"图层下方，并将其填充为白色，将两个图层合并。

09 选择工具箱中的"矩形选框工具" ▢，在封面图像右半边绘制1个矩形选区，按Ctrl+C组合键将其复制，如图8.75所示。

图8.75 绘制选区

10 按Ctrl+V组合键将其粘贴，按Ctrl+T组合键对图像执行"自由变换"命令，单击鼠标右键，从弹出的快捷菜单中选择"扭曲"命令，拖动变形框控制点将图像变形，完成之后按Enter键确认，如图8.76所示。

图8.76 将图像变形

11 选择工具箱中的"钢笔工具" ✐，在选项栏中单击"选择工具模式" 路径 按钮，在弹出的选项中选择"形状"，将"填充"更改为灰色（R:201，G:201，B:201），"描边"更改为无。

12 在封面图像顶部绘制1个不规则图形制作纸张效果，将生成一个"形状 1"图层，将其移至"图层 1"图层下方，如图8.77所示。

图8.77 绘制图形

13 以同样的方法再次绘制多个相似图形。

> **提示**
>
> 在绘制纸张图形时注意图层的前后顺序。

14 在"图层"面板中，选中"图层 1"图层，将其拖至面板底部的"创建新图层" ▢ 按钮上，复制1个"图层 1 拷贝"图层，如图8.78所示。

15 选中"图层 1 拷贝"图层，按Ctrl+T组合键对其执行"自由变换"命令，单击鼠标右键，从弹出的快捷菜单中选择"垂直翻转"命令。

16 再单击鼠标右键，从弹出的快捷菜单中选择

"斜切"命令，拖动控制点将图像斜切变形，完成之后按Enter键确认，如图8.79所示。

图8.78 复制图层　　　　图8.79 将图像变形

17 在"图层"面板中，选中"图层 1 拷贝"图层，单击面板底部的"添加图层蒙版" ▣ 按钮，为其添加图层蒙版，如图8.80所示。

18 选择工具箱中的"渐变工具" ▣ ，编辑黑色到白色的渐变，单击选项栏中的"线性渐变" ▣ 按钮，在图像上拖动将部分图像隐藏制作倒影效果，如图8.81所示。

图8.80 添加图层蒙版　　　图8.81 隐藏图形

19 执行菜单栏中的"滤镜"|"模糊"|"高斯模糊"命令，在弹出的对话框中将"半径"更改为2像素，完成之后单击"确定"按钮，如图8.82所示。

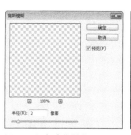

图8.82 添加高斯模糊

20 选择工具箱中的"钢笔工具" ⌀ ，在选项栏中单击"选择工具模式" [路径 ▼] 按钮，在弹出的选项中选择"形状"，将"填充"更改为黑色，"描边"更改为无。

21 在封面左侧位置绘制1个不规则图形，将生成一个"形状 10"图层，将其移至图层最底部，如图8.83所示。

22 选中"形状 10"图层，将其图层"不透明度"更改为30%，如图8.84所示。

图8.83 绘制图形　　　图8.84 更改不透明度

23 在"图层"面板中，选中"形状 10"图层，单击面板底部的"添加图层蒙版" ▣ 按钮，为其图层添加图层蒙版，如图8.85所示。

24 选择工具箱中的"画笔工具" ✎ ，在画布中单击鼠标右键，在弹出的面板中选择1种圆角笔触，将"大小"更改为200像素，"硬度"更改为0，如图8.86所示。

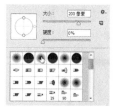

图8.85 添加图层蒙版　　　图8.86 设置笔触

25 将前景色更改为黑色，在图像上部分区域涂抹将其隐藏制作真实倒影效果，这样就完成了效果制作，最终效果如图8.87所示。

图8.87 最终效果

◆实例分析

　　本例讲解潮流主题封面设计，此款封面在设计过程中使用大量的前卫图形与文字，同时与协调的色彩相搭配，整个封面表现出浓郁的潮流视觉感受，最终效果如图 8.88 所示。

难　度：★ ★ ★ ★
素材文件：第 8 章 \ 潮流主题封面
案例文件：第 8 章 \ 潮流主题封面平面效果 .ai、潮流主题封面立体效果 .psd
在线视频：第 8 章 \8.9 潮流主题封面设计 .avi

图8.88　最终效果

◆本例知识点

1．"文字工具"　**T**
2．"建立剪切蒙版"命令
3．"直线段工具" /
4．"扭曲"命令

◆操作步骤

8.9.1　使用Illustrator制作封面平面效果

01 执行菜单栏中的"文件" | "新建"命令，在弹出的对话框中设置"宽度"为425mm，"高度"为297mm，新建一个空白画板，如图8.89所示。

图8.89　新建文档

02 选择工具箱中的"文字工具" **T**，添加文字，如图8.90所示。

图8.90　添加文字

03 选择工具箱中的"直线段工具" /，在字母上半部分位置绘制1条线段，设置"填色"为无，"描边"为白色，"粗细"为10，如图8.91所示。

04 将线段向右下方移动复制1份，如图8.92所示。

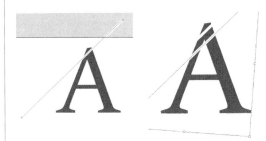

图8.91　绘制线段　　　　　　图8.92　复制线段

05 按Ctrl+D组合键将线段复制多份，如图8.93所示。

06 选中字母，按Ctrl+C组合键将其复制，再按Ctrl+Shift+V组合键将其粘贴，再单击鼠标右键，从弹出的快捷菜单中选择"排列"|"置于顶层"命令，如图8.94所示。

图8.93 复制线段　　　　　　　图8.94 复制字母

07 同时选中所有对象，单击鼠标右键，从弹出的快捷菜单中选择"建立剪切蒙版"命令，如图8.95所示。

图8.95 创建剪切版本

08 选择工具箱中的"文字工具" T，添加文字，如图8.96所示。

09 选择工具箱中的"椭圆工具" ◉，将"填色"更改为蓝色（R:39，G:58，B:116），"描边"为无，按住Shift键绘制一个圆形，如图8.97所示。

图8.96 添加文字　　　　　　　图8.97 绘制圆形

10 选择工具箱中的"矩形工具" ▭，绘制1个矩形，将"填充"更改为无，"描边"为蓝色（R:62，G:188，B:233），"粗细"为15，如图8.98所示。

11 选择工具箱中的"文字工具" T，添加文字，如图8.99所示。

图8.98 绘制矩形　　　　　　　图8.99 添加文字

12 选择工具箱中的"矩形工具" ▭，绘制1个矩形，将"填充"更改为红色（R:234，G:28，B:119），"描边"为无，如图8.100所示。

13 选择工具箱中的"文字工具" T，添加文字，如图8.101所示。

图8.100 绘制矩形　　　　　　　图8.101 添加文字

14 选择工具箱中的"钢笔工具" ✐，在画板靠底部绘制1个三角形，将"填充"更改为蓝色（R:11，G:30，B:57），"描边"为无，如图8.102所示。

15 选择工具箱中的"直线段工具" ／，在字母上半部分位置绘制1条线段，设置"填色"为无，"描边"为蓝色（R:1，G:159，B:231），"粗细"为20，如图8.103所示。

图8.102 绘制三角形

图8.103 绘制线段

16 以同样的方法将线段复制多份，并利用复制图形的方法将不需要的线段部分隐藏，如图8.104所示。

图8.104 隐藏图形

17 选择工具箱中的"椭圆工具" ，将"填色"更改为白色，"描边"为无，按住Shift键绘制一个圆形，如图8.105所示。

18 选中圆形，按Ctrl+C组合键将其复制，再按Ctrl+Shift+V组合键将其粘贴，将粘贴的图形等比缩小，如图8.106所示。

图8.105 绘制圆形

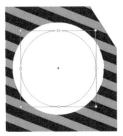

图8.106 缩小图形

19 同时选中两个圆形，在"路径查找器"面板中，单击"分割" 按钮，再单击鼠标右键，从弹出的快捷菜单中选择"取消编组"命令，再将内部圆形稍微等比缩小，如图8.107所示。

20 选择工具箱中的"直线段工具" ，在圆形位置绘制1条水平线段，设置"填色"为无，"描

边"为蓝色（R:11，G:30，B:57），"粗细"为2，如图8.108所示。

图8.107 缩小图形

图8.108 绘制线段

21 选择工具箱中的"文字工具" **T**，添加文字，如图8.109所示。

图8.109 添加文字

22 同时选中圆形区域及文字对象，将其复制后移至画板左上角位置等比缩小，并分别更改圆形颜色，如图8.110所示。

图8.110 复制图文

23 选择工具箱中的"椭圆工具" ，将"填色"更改为紫色（R:234，G:28，B:119），"描边"为无，按住Shift键绘制一个圆形，如图8.111所示。

24 选择工具箱中的"矩形工具" ，绘制1个矩形，将"填充"更改为无，"描边"为青色（R:62，G:188，B:233），"粗细"为10，如

图8.112所示。

图8.111 绘制圆形 　　　　图8.112 绘制矩形

25 选择工具箱中的"钢笔工具"✐，在画板左下角绘制1个三角形，将"填充"更改为黄色（R:255，G:163，B:4），"描边"为无，如图8.113所示。

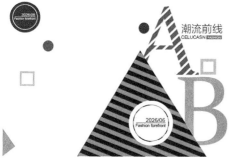

图8.113 绘制图形

8.9.2 使用Photoshop制作封面立体效果

01 执行菜单栏中的"文字"|"新建"命令，在弹出的对话框中设置"宽度"为80mm，"高度"为60mm，"分辨率"为300像素/英寸，新建一个空白画布，如图8.114所示。

图8.114 新建画布

02 选择工具箱中的"渐变工具"■，编辑灰色

（R:226，G:226，B:226）到灰色（R:183，G:183，B:183）的渐变，单击选项栏中的"径向渐变"■按钮，在画布上拖动填充渐变，如图8.115所示。

图8.115 填充渐变

03 执行菜单栏中的"滤镜"|"杂色"|"添加杂色"命令，在弹出的对话框中分别勾选"高斯分布"单选按钮及"单色"复选框，将"数量"更改为1%，完成之后单击"确定"按钮，如图8.116所示。

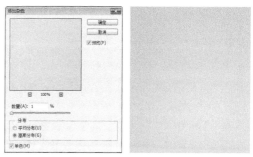

图8.116 添加杂色

04 执行菜单栏中的"文件"|"打开"命令，打开"潮流主题封面平面.ai"文件。

05 在打开的文档中，单击面板底部的"创建新图层"■按钮，新建一个"图层 2"图层，将其移至"图层 1"图层下方，并将其填充为白色，将两个图层合并，如图8.117所示。

06 选择工具箱中的"矩形选框工具"▢，单击选项栏中"样式"后方按钮，在弹出的选项中选择"固定大小"，将"宽度"更改为212.5mm，"高度"更改为297mm，在封面图像右侧位置单击，如图8.118所示。

图8.117 合并图层

图8.118 创建选区

07 按Ctrl+C组合键将图像复制，在新建文档画布中按Ctrl+V组合键将图像粘贴，其图层名称将更改为"图层1"，如图8.119所示。

图8.119 粘贴图像

08 按Ctrl+T组合键对图像执行"自由变换"命令，单击鼠标右键，从弹出的快捷菜单中选择"扭曲"命令，拖动变形框控制点将图像变形，完成之后按Enter键确认，如图8.120所示。

09 选择工具箱中的"钢笔工具" ，在封面图像底部绘制1个不规则路径，如图8.121所示。

图8.120 将图像变形　　　　图8.121 绘制路径

10 按Ctrl+Enter组合键将路径转换为选区，如图8.122所示。

11 按Delete键将图像删除，完成之后按Ctrl+D组合键将选区取消，如图8.123所示。

图8.122 转换为选区　　　　图8.123 删除图像

12 以同样的方法在图像顶部绘制选区，并将部分图像删除，如图8.124所示。

图8.124 删除图像

13 选择工具箱中的"钢笔工具" ，在选项栏中单击"选择工具模式" 按钮，在弹出的选项中选择"形状"，将"填充"更改为灰色（R:80，G:80，B:80），"描边"更改为无。

14 在图像底部位置绘制1个不规则图形，将生成一个"形状1"图层，如图8.125所示。

图8.125 绘制图形

15 以同样的方法在左侧位置再次绘制1个不规则图形，将"填充"更改为灰色（R:113，G:113，B:113），"描边"更改为无，如图8.126所示。

16 执行菜单栏中的"滤镜"|"模糊"|"高斯模

糊"命令，在弹出的对话框中单击"栅格化"按钮，然后在弹出的对话框中将"半径"更改为2像素，完成之后单击"确定"按钮，如图8.127所示。

图8.126 绘制图形　　　　图.127 添加高斯模糊

17 在"图层"面板中，选中"图层1"图层，单击面板底部的"添加图层样式"**fx**按钮，在菜单中选择"渐变叠加"命令。

18 在弹出的对话框中将"混合模式"更改为正片叠底，"不透明度"为50%，"渐变"更改为灰色（R:198，G:198，B:198）到白色，"角度"为0度，完成之后单击"确定"按钮，如图8.128所示。

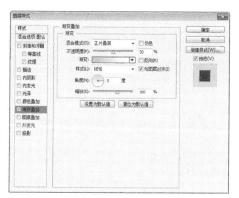

图8.128 设置渐变叠加

19 选择工具箱中的"钢笔工具" ✍，在选项栏中单击"选择工具模式" 路径 ＋按钮，在弹出的选项中选择"形状"，将"填充"更改为灰色（R:147，G:147，B:147），"描边"更改为无。

20 在封面左下角位置绘制1个不规则图形，将生成一个"形状3"图层，如图8.129所示。

21 按Ctrl+F组合键为其添加高斯模糊效果，如图8.130所示。

图8.129 绘制图形　　　　图8.130 添加高斯模糊

22 在"图层"面板中，选中"形状3"图层，将其图层"不透明度"更改为30%，再单击面板底部的"添加图层蒙版" ⬜ 按钮，为其图层添加图层蒙版，如图8.131所示。

23 选择工具箱中的"画笔工具" ✔，在画布中单击鼠标右键，在弹出的面板中选择1种圆角笔触，将"大小"更改为130像素，"硬度"更改为0，如图8.132所示。

图8.131 添加图层蒙版　　图8.132 设置笔触

24 将前景色更改为黑色，在图像上部分区域涂抹将其隐藏，这样就完成了效果制作，最终效果如图8.133所示。

图8.133 最终效果

◆实例分析

本例讲解心情日记封面设计，在设计过程中，围绕心情日记主题进行设计，以漂亮的素材图像与富有美感的版式相结合，整个封面表现出很强的主题特征，最终效果如图 8.134 所示。

难　　度: ★ ★ ★ ★ ★
素材文件: 第 8 章 \ 心情日记封面设计
案例文件: 第 8 章 \ 心情日记封面平面效果 .ai、心情日记封面设计立体效果 .psd
在线视频: 第 8 章 \8.10 心情日记封面设计 .avi

图8.134 最终效果

◆本例知识点

1．"标尺"命令
2．"建立剪切蒙版"命令
3．"添加杂色""动感模糊""色阶"命令
4．"自由变换"命令

◆操作步骤

8.10.1 利用Illustrator制作封面平面效果

01 执行菜单栏中的"文件"|"新建"命令，在弹出的对话框中设置"宽度"为450mm，"高度"为285mm，新建一个空白画板。

02 执行菜单栏中的"视图"|"标尺"命令，当出现标尺以后，创建1个参考线，将"X值"更改为235，再创建1个参考线，将"X值"更改为215，如图8.135所示。

图8.135 创建参考线

提示

创建参考线时，确定位置由整个封面大小计算而来，除去中间的宽度，应当左右两侧区域保持相同大小。

03 执行菜单栏中的"文件"|"打开"命令，打开"纹理.jpg"文件，将打开的素材拖入画板位置缩小至与画板相同大小，如图8.136所示。

图8.136 添加素材

04 选择工具箱中的"矩形工具" ，在画板中绘制1个与其宽度相同的矩形，将"填色"更改为白色，"描边"为无，如图8.137所示。

图8.137 绘制矩形

05 选择工具箱中的"文字工具" **T**，添加文字，如图8.138所示。

06 选择工具箱中的"钢笔工具" ✐，在文字右上角绘制1个大逗号图形，设置"填色"为青色（R:191，G:224，B:223），"描边"为无，如图8.139所示。

图8.138 添加文字　　　　图8.139 绘制图形

07 选中大逗号，按Ctrl+C组合键将其复制，再按Ctrl+F组合键将其粘贴，将粘贴的图形"填色"更改为无，"描边"更改为黑色，"描边粗细"更改为0.5，再将其稍微缩小，如图8.140所示。

08 选择工具箱中的"文字工具" **T**，添加文字，如图8.141所示。

图8.140 复制图形　　　　图8.141 添加文字

09 执行菜单栏中的"文件"|"打开"命令，打开"丁香.png"文件，将打开的素材拖入画板适当位置并适当缩小，如图8.142所示。

10 选择工具箱中的"文字工具" **T**，添加文字，如图8.143所示。

图8.142 添加素材　　　　图8.143 添加文字

11 选择工具箱中的"矩形工具" ▢，绘制1个矩形，将"填色"更改为黑色，"描边"为无，如图8.144所示。

12 执行菜单栏中的"文件"|"打开"命令，打开"背影.jpg"文件，将打开的素材拖入画板矩形位置并适当缩小，如图8.145所示。

图8.144 绘制矩形　　　　图8.145 添加素材

13 将素材图像移至矩形下方，同时选中素材图像及矩形，单击鼠标右键，从弹出的快捷菜单中选择"建立剪切蒙版"命令，将部分图像隐藏，如图8.146所示。

图8.146 建立剪切蒙版

14 选择工具箱中的"文字工具" **T**，添加文字，如图8.147所示。

15 选择工具箱中的"圆角矩形工具" ⬭，在文字下方绘制1个圆角矩形，将"填色"更改为青色（R:191，G:224，B:223），"描边"为无，如图8.148所示。

图8.147 添加文字 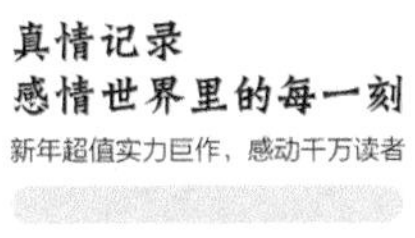　　　　图8.148 绘制图形

16 选择工具箱中的"文字工具" T，添加文字，如图8.149所示。

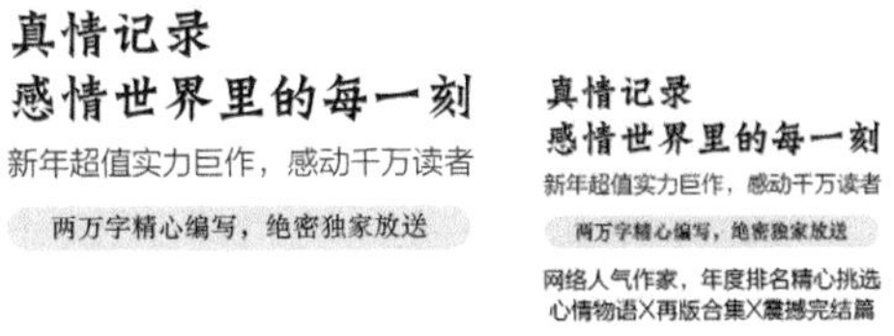

真情记录
感情世界里的每一刻
新年超值实力巨作，感动千万读者
两万字精心编写，绝密独家放送

图8.149 添加文字

17 选择工具箱中的"直线段工具" ∕，在文字下方位置绘制1条水平线段，设置"填色"为无，"描边"为黑色，"描边粗细"为1，单击"描边"，在弹出的选项中勾选"虚线"复选框，如图8.150所示。

18 选择工具箱中的"文字工具" T，添加文字，如图8.151所示。

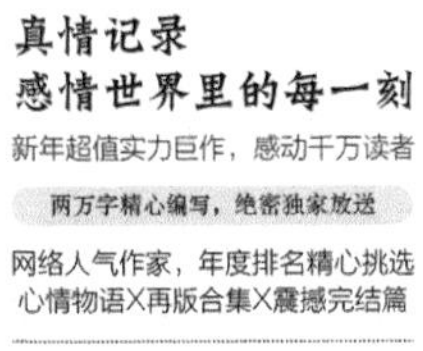

图8.150 绘制虚线 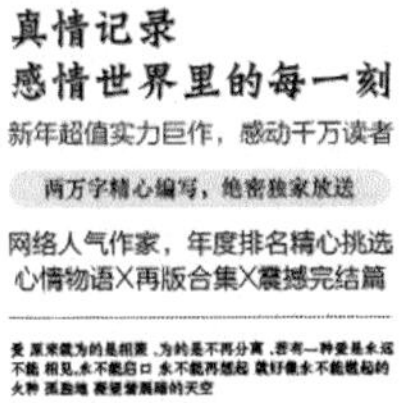　　　　图8.151 添加文字

19 选择工具箱中的"矩形工具" ▭，按住Shift键绘制1个矩形，将"填色"更改为黑色，"描边"为无，如图8.152所示。

20 选择工具箱中的"星形工具" ✦，在矩形位置绘制1个星形，将"填色"更改为白色，"描边"为无，如图8.153所示。

图8.152 绘制矩形 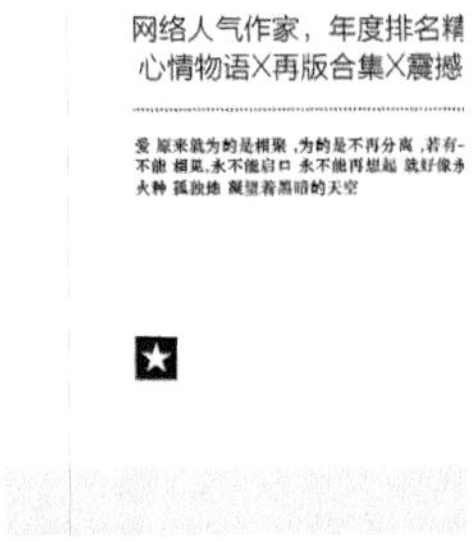　　　　图8.153 绘制星形

21 选择工具箱中的"文字工具" T，添加文字，如图8.154所示。

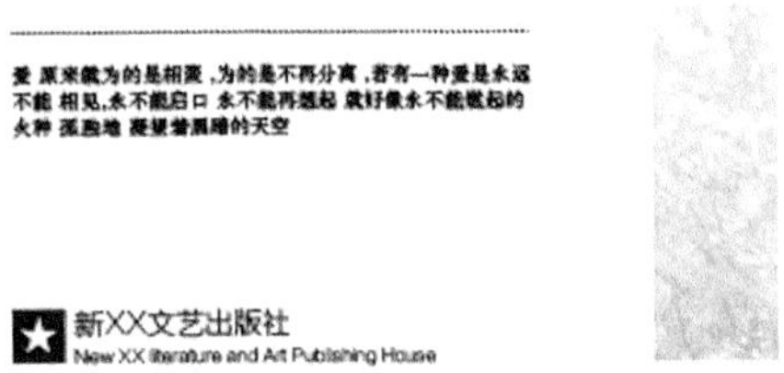

图8.154 添加文字

22 执行菜单栏中的"文件"|"打开"命令，打开"自行车.jpg"文件，将打开的素材拖入画板左侧位置并适当缩小，如图8.155所示。

23 选择工具箱中的"直线段工具" ∕，在自行车图像右下角位置绘制1条水平线段，设置"填色"为无，"描边"为灰色（R:102，G:102，B:102），"描边粗细"为1，如图8.156所示。

图8.155 添加素材　　　　图8.156 绘制线段

24 执行菜单栏中的"文件"|"打开"命令，打开"条形码.jpg"文件，将打开的素材拖入画板左下角位置并适当缩小，如图8.157所示。

图8.157 添加素材

8.10.2 使用Photoshop制作封面立体轮廓

01 执行菜单栏中的"文字"|"新建"命令，在弹出的对话框中设置"宽度"为80mm，"高度"为60mm，"分辨率"为300像素/英寸，新建一个空白画布。

02 选择工具箱中的"渐变工具" ，编辑青色（R:220，G:238，B:237）到青色（R:121，G:152，B:151）的渐变，单击选项栏中的"径向渐变" 按钮，在画布中拖动填充渐变，如图8.158所示。

图8.158 填充渐变

03 执行菜单栏中的"文件"|"打开"命令，打开"封面平面效果.jpg"文件，单击"打开"按钮。

04 选择工具箱中的"矩形选框工具" ，在封面图像右侧位置绘制1个矩形选区，按Ctrl+C组合键将选区中图像复制，如图8.159所示。

图8.159 绘制选区

05 在刚才新建的画布中按Ctrl+V组合键粘贴图像并将其等比缩小，将生成1个"图层 1"图层，如图8.160所示。

06 按Ctrl+T组合键对图像执行"自由变换"命令，单击鼠标右键，从弹出的快捷菜单中选择"扭曲"命令，拖动变形框控制点将图像变形，完成之后按Enter键确认，如图8.161所示。

图8.160 粘贴图像　　　　图8.161 将图像变形

07 选择工具箱中的"钢笔工具" ，在选项栏中单击"选择工具模式" 路径 按钮，在弹出的选项中选择"形状"，将"填充"更改为黑色，"描边"更改为无。

08 在封面左侧位置绘制1个不规则图形，将生成一个"形状 1"图层，如图8.162所示。

09 以同样的方法再绘制1个白色图形，将生成一个"形状 2"图层，如图8.163所示。

图8.162 绘制图形　　　　图8.163 绘制白色图形

10 在"形状 2"图层名称上单击鼠标右键，在弹出的菜单中选择"栅格化图层"命令，按住Ctrl键单击"形状 1"图层缩览图将其载入选区，如图8.164所示。

11 执行菜单栏中的"选择"|"反选"命令将选区反向，再选中"形状 2"图层，按Delete键将选区中图像删除，完成之后按Ctrl+D组合键将选区取消，如图8.165所示。

图8.164 载入选区　　　　图8.165 删除图像

12 选择工具箱中的"钢笔工具" ，在图像靠下方区域绘制1个不规则路径，如图8.166所示。

13 按Ctrl+Enter组合键将路径转换为选区，按Delete键将选区中图像删除，完成之后按Ctrl+D组合键将选区取消，如图8.167所示。

图8.166 绘制路径　　　　图8.167 删除图像

14 在"图层"面板中，选中"形状 1"图层，单击面板底部的"添加图层样式" **fx**按钮，在菜单中选择"渐变叠加"命令。

15 在弹出的对话框中将"渐变"更改为灰色（R:252，G:252，B:252）到灰色（R:177，G:177，B:177），"角度"为-128度，"缩放"为30%，完成之后单击"确定"按钮，如图8.168所示。

图8.168 设置渐变叠加

16 在"图层"面板中，选中"形状 2"图层，单击面板底部的"添加图层样式" **fx**按钮，在菜单中选择"渐变叠加"命令。

17 在弹出的对话框中将"混合模式"更改为正片叠底，"不透明度"更改为30%，"渐变"更改为黑色到白色，"角度"为50度，"缩放"为20%，完成之后单击"确定"按钮，如图8.169所示。

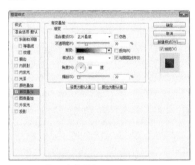

图8.169 设置渐变叠加

18 选择工具箱中的"钢笔工具" ，在选项栏中单击"选择工具模式" 路径 按钮，在弹出的选项中选择"形状"，将"填充"更改为无，"描边"更改为黑色，"描边宽度"为0.1。

19 在封面底部位置绘制1条细线段，将生成一个"形状3"图层，如图8.170所示。

图8.170 绘制线段

8.10.3 使用Photoshop制作封面细节质感

01 选择工具箱中的"钢笔工具" ✐，在选项栏中单击"选择工具模式" [路径 ▼] 按钮，在弹出的选项中选择"形状"，将"填充"更改为灰色（R:82，G:82，B:82），"描边"更改为无。

02 在封面图像底部位置绘制1个不规则图形，将生成一个"形状4"图层，将其移至"图层1"图层下方。

03 以同样的方法再次绘制1个白色图形制作厚度效果，将生成一个"形状5"图层，如图8.171所示。

图8.171 绘制图形

04 选择工具箱中的"矩形工具" ▭，在选项栏中将"填充"更改为白色，"描边"为无，在刚才绘制的图形位置绘制一个矩形，将生成一个"矩形1"图层，将其移至"图层1"图层下方，"形状5"图层的上方，如图8.172所示。

05 执行菜单栏中的"滤镜"|"杂色"|"添加杂色"命令，在弹出的对话框中单击"栅格化"按钮，在弹出的设置对话框中，分别勾选"高斯分布"复选按钮及"单色"复选框，将"数量"更改为70%，完成之后单击"确定"按钮，如图8.173所示。

图8.172 绘制矩形　　　　　图8.173 添加杂色

06 执行菜单栏中的"滤镜"|"模糊"|"动感模糊"命令，在弹出的对话框中将"角度"更改为38度，"距离"更改为300像素，设置完成之后单击"确定"按钮，如图8.174所示。

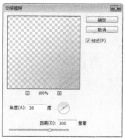

图8.174 添加动感模糊

07 执行菜单栏中的"图像"|"调整"|"色阶"命令，在弹出的对话框中将数值更改为（97，1.68，189），完成之后单击"确定"按钮，如图8.175所示。

08 选中"矩形1"图层，将其图层混合模式设置为"正片叠底"，如图8.176所示。

图8.175 调整色阶　　　　图8.176 设置图层混合模式

09 选中"矩形1"图层，执行菜单栏中的"图层"|"创建剪贴蒙版"命令，为当前图层创建剪贴蒙版将部分图像隐藏，如图8.177所示。

图8.177 创建剪贴蒙版

10 选择工具箱中的"钢笔工具"，在选项栏中单击"选择工具模式" 路径 按钮，在弹出的选项中选择"形状"，将"填充"更改为黑色，"描边"更改为无。

11 沿封面边缘绘制1个不规则图形，将生成一个"形状 6"图层，将其移至"背景"图层上方，如图8.178所示。

12 执行菜单栏中的"滤镜"|"模糊"|"高斯模糊"命令，在弹出的对话框中单击"栅格化"按钮，然后在弹出的对话框中将"半径"更改为2像素，完成之后单击"确定"按钮，如图8.179所示。

13 将"形状 6"图层混合模式更改为叠加，这样就完成了效果制作，最终效果如图8.180所示。

图8.180 最终效果

图8.178 绘制图形

图8.179 添加高斯模糊

8.11 知识拓展

本章通过 4 个不同的封面平面及立体效果制作，详细讲解了封面装帧设计的方法，读者通过这些实例的制作，即可掌握封面装帧设计的精髓。

8.12 拓展训练

书籍生产过程中的装潢设计工作，又称书籍艺术。本章安排 2 个拓展训练供读者练习，以巩固前面所学的知识，掌握封面装帧设计的方法和技巧。

训练8-1 公司宣传册封面设计

◆实例分析

本例主要讲解的是公司宣传册封面设计制作，在设计之初就采用了简洁的图形及文字组合，使整个封面十分简洁，在色彩方面采用了经典的蓝色系，使整个封面设计简约，令人赏心悦目。最终效果如图 8.181 所示。

難 度：★★★★

素材文件：第 8 章 \ 公司宣传册封面设计

案例文件：第 8 章 \ 公司宣传册封面平面效果 .ai、公司宣传册封面展示效果 .psd

在线视频：第 8 章 \ 训练 8-1 公司宣传册封面设计 .avi

图8.181 最终效果

◆本例知识点

1．"编组"命令
2．"直接选择工具" ▷
3．"矩形工具" ▢
4．"添加杂色"命令

训练8-2 地产杂志封面设计

◆实例分析

　　本例主要讲解的是地产杂志封面设计制作，封面的设计整体向地产方向靠拢，从成熟的配色到经典的图形及图像摆放，可以看出这是一款极为成功的地产杂志封面设计。最终效果如图 8.182 所示。

難 度：★★★

素材文件：第 8 章 \ 地产杂志封面设计

案例文件：第 8 章 \ 地产杂志封面平面效果 .ai、地产杂志封面展示效果 .psd

在线视频：第 8 章 \ 训练 8-2 地产杂志封面设计 .avi

图8.182 最终效果

◆本例知识点

1．"新建参考线"命令
2．"渐变叠加"样式
3．"自然饱和度""色相 / 饱和度""阴影 / 高光"命令
4．"删除锚点工具" ✍

第 **9** 章

商业包装设计

本章讲解商业包装设计与制作。商业包装是品牌
理念及产品特性的综合反映，它直接影响到消费
者的购买欲。包装是建立在产品与消费者之间极
具亲和力的手段，其功能是保护商品，提高产品
附加值，通过对包装的规整设计令整个品牌效应
持久及出色。包装的设计原则是体现品牌特点，
传达直观印象、漂亮图案、品牌印象及产品特点
等。通过对本章的学习可以快速地掌握商业包装
的设计与制作。

教学目标

了解包装的发展
了解包装的特点与功能
了解包装的原则
了解包装的材料与分类
掌握包装展开面与立体效果的制作技巧

9.1 关于包装设计

在市场经济高速发展的今天，越来越多的人认识到包装的重要性，包装已经成为商品经营中必不可少的一个环节。在今天这种大量生产和大量销售的时代，现代包装已经成了沟通生产者与消费者的桥梁，设计的好坏，直接影响到新产品的销售情况。

包装设计是平面设计中的一个分支，涉及管理学、营销学、广告学以及学术设计等诸多方面的知识，可以说，这是一个比较完善的学科。

9.2 包装的概念

所谓包装，从字面上可以理解为包扎、包裹、装饰、装潢的意思。在过去，包装只是为了保护商品，方便运输和储藏。而到了今天，包装已经不再局限在保护商品的定义中，它已经是美化商品、宣传商品、进一步提高商品的商业价值的一种体现，是一种营销的手段。

包装设计包含丰富的内容，包括材料、造型、印刷等多方面要素，因此，包装设计已经是提高商品商业价值的艺术处理过程。一个成功的包装设计应能准确反映商品的属性和档次，并且构思新颖，具有较强的视觉冲击力。

9.3 包装的发展

包装作为人类智慧的结晶，是随着人类商品交易的发展而发展起来的，经历了从简到繁、从实用到美化提升的发展过程。

最初，人们使用树叶、果壳、贝壳等天然材料作为食物的包装。

随着社会的发展，包装行业得到了很大发展，出现了专门的包装设计学校和专业，包装设计水平也有了极大的飞跃。现在，包装已经越来越豪华，甚至超越了商品本身的价值，而导致包装价值越来越高，商品价值越来越低的局面。例如，前几年在月饼中加入金铂制成的黄金月饼。

9.4 包装的特点

随着包装行业的兴起，包装也有了自身的特点，只有掌握了包装的特点，才能更好地应用这些特点来表现包装的意义，以改变其产品在消费者心中的形象，从而也提升企业自身的形象。不同包装效果如图 9.1 所示。

1. 保护商品

保护商品是包装设计的前提，也是包装设计的基本特点。不管应用什么样的包装，首先要考虑包装保护商品的能力，要根据商品的特点来设计包装。

2. 宣传商品

包装除了起保护商品的作用外，现在还有更重要的特点，那就是宣传商品，让消费者从包装上了解该商品，从而引发他们的购物欲望。包装虽然不能直接劝和诱导消费者去购买商品，但通过包装能显示出商品的特点，引起消费者的注意，以潜移默化的力量影响消费者的购买行为。

3. 营销目标

在设计包装时，还要注意企业的目标市场所面对消费群体的消费能力和人情世故，商品本身价值要大于包装的价值。面对消费群体的不同，商品的包装设计也不同，商品包装的价值也就不同，如相对低端市场的，不宜过分华丽，以朴实为主。不能让消费者买回去后发现包装与商品不符，更不能以次充好来欺骗消费者，不然以后该商品将无人问津。

图9.1 不同包装效果

9.5 包装的功能

包装的功能是指包装对所包的商品起到的作用和效果。包装的主要作用体现在如下几个方面。精彩包装效果如图 9.2 所示。

1. 保护作用

包装最基本的作用是保护商品，方便商品的存储及运输，对商品起到防潮、防震、防污染、防破坏等保护作用。

2. 容器作用

包装可以将一些不易存储和运输的物品，如液态、气态、颗粒状等商品，进行包装封袋，以方便存储、运输或销售。

3. 促销作用

在市场经济的今天，包装对商品的影响越来越大，同样的商品，不同的包装将直接影响到该商品在市场中的销售情况。包装不但可以起到美化商品的作用，还可以提高商品的档次，促进消费者的购买欲望，从而达到促进商品销售的目的。

图9.2 精彩包装效果

9.6 包装设计的原则

要想将包装设计发挥出更好的效果，在包装设计中应遵循以下三大原则。精彩包装效果如图 9.3 所示。

1. 注重色彩的表现

色彩设计在包装设计中占据重要的位置，色彩是美化和突出产品的重要因素。包装设计在力求创意的同时，还要注意色彩的表现，精美的图案及艳丽的色彩才能使商品更加醒目，更好地刺激消费者的购买欲。

2. 注意产品的信息表现

成功的包装，不只要色彩突出，还要注意新产品信息的表现，告诉人们包装所表达的产品信息，准确地传达新产品的信息，不能以次充好，以劣充优，那样才能更好地起到表现产品信息的目的，刺激消费者。

3. 以消费者为根本

包装的造型、色彩以及质地，在设计中都要想到消费者。不但要满足消费者的需要，还要满足消费者的习惯。要注意不同人有不同的喜爱色。有的人喜欢红色，有的人喜欢黄色，要在设计之前了解一下这方面的细节，才能做到让消费者满意。

图9.3 精彩包装效果

9.7 包装的材料

包装材料的选择是包装设计的前提，不同类型的商品有不同的包装材料，设计者在进行包装设计时，不仅要考虑产品的属性，还要熟悉包装材料的特点。要进行包装设计，首先就要考虑包装的材料，下面介绍几种包装设计中常用的材料。

1. 纸材料

在商品包装中，纸材料的应用是最多的。当然，不同的纸张有不同的性能，只有充分了解纸张的性能，才能更好地应用它们。常用的纸材料包括：牛皮纸、玻璃纸、瓦楞纸、铜版纸和蜡纸等。纸材料包装效果如图 9.4 所示。

图9.4 纸材料包装效果

图9.4 纸材料包装效果（续）

2. 木制材料

　　木材是常见的包装材料，通常分为硬木和软木两种，主要用于制作木盒、木桶、木箱等。木制包装具有耐压、抗菌等特点，适合制作运输包装和储藏包装。但其也有缺点，如一般较笨重，不易运输。木制材料包装效果如图9.5所示。

图9.5 木制材料包装效果

3. 金属材料

　　金属类包装的主要形式有各种金属罐、金属软管、桶等，多应用在生活用品、饮料、罐头包装中，也出现在工业产品的包装中。金属包装中使用最多的是马口铁和铝、铝箔、镀铬无锡铁皮等。金属材料包装效果如图9.6所示。

图9.6 金属材料包装效果

图9.6 金属材料包装效果（续）

4. 玻璃材料

玻璃材料也是包装中常用的材料之一，它由一种天然矿石制造而成，经吹塑或压制成型，制作出各种形状供包装使用，它是饮料、酒类、化妆品、食品等常用的包装材料。玻璃具有耐酸、稳定、无毒、无味、透明等特点，但缺点也很明显，易碎、不易运输，所以一般在应用玻璃包装的同时，还要再加上纸材料或木材料来包装，以减小它的缺点。玻璃材料包装效果如图9.7所示。

图9.7 玻璃材料包装效果

5. 塑料材料

塑料的种类很多，常用于商品包装的塑料有聚氯乙烯薄膜、聚丙乙烯薄膜、聚乙烯醇薄膜等，具有高强度、防潮性、保护性、防腐蚀等特点。但也有缺点，如不耐热、易变形、不易分解等。塑料材料包装效果如图9.8所示。

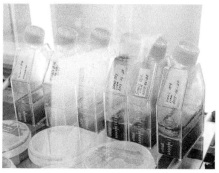

图9.8 塑料材料包装效果

图9.8 塑料材料包装效果（续）

9.8 包装的分类

商品包装发展到今天，也有很多类别，这里大概讲解几种比较常见的分类。

1. 按产品种类分类

按产品种类分，可分为日用品类、食品类、化妆品类、烟酒类、医药类、文体类、五金家电类、工艺品类、纺织品类等。

2. 按包装的形态分类

按照包装的形态，可以将包装分为个包装、中包装和外包装3类。

（1）个包装

个包装是指单个包装，有时也称为小包装，它是商品包装的第一层，直接与商品接触，因此要注意材料的选择，以无侵蚀、无污染为主，以防止对商品造成损害，还要注意个包装的设计，有些商品本身就只有一层包装，要注意包装的吸引力和宣传力。个包装效果如图9.9所示。

图9.9 个包装效果

（2）中包装

中包装有时也称为中包，是指对有包装的商品进行再次包装，一般指两个或两个以上的包装面组成的包装整体。中包装一般是为了加强对商品的保护面另加的包装，位于外包装的内层，而处于个包装的外层，不但要注意保护商品，还要注意设计的视觉冲击力。中包装效果如图9.10所示。

图9.10 中包装效果

（3）外包装

外包装也称大包装、运输包装。通常是将商品几份或多份地打包，以将其整理便于运输，一般用硬纸箱或大木箱来包装，上面标有产品的型号、规格、数量、出厂日期等。如果是特殊商品，还要加上特殊的警示标志，如易碎品、防堆放、有毒等。外包装效果如图9.11所示。

图9.11 外包装效果

3. 按包装材料的质地分类

按照包装材料的质地进行分类，可以将商品包装分为软包装、半硬包装和硬包装3种。也有人将其粗略地分为软包装和硬包装两种。

4.按包装材料分类

按照使用的包装材料不同，可将包装分为纸包装、木包装、金属包装、玻璃包装、塑料包装、纺织品包装等。

9.9 美味薯片包装设计

◆**实例分析**

本例讲解美味薯片包装设计，在设计过程中，以简洁大方的版式与实物素材相结合，整个包装表现出很强的食物主题特征，最终效果如图9.12所示。

难 度：★ ★ ★ ★
素材文件：第 9 章 \ 美味薯片包装设计
案例文件：第 9 章 \ 美味薯片包装平面效果 .ai、美味薯片包装立体效果 .psd
在线视频：第 9 章 \9.9 美味薯片包装设计 .avi

图9.12 最终效果

◆**本例知识点**

1．"多边形工具" ⬡
2．"投影" "斜面和浮雕" 命令
3．"画笔工具" ✎
4．"高斯模糊" 命令

◆**操作步骤**

9.9.1 使用Illustrator制作薯片包装平面效果

01 执行菜单栏中的"文件"|"新建"命令，在弹出的对话框中设置"宽度"为70mm，"高度"为100mm，新建一个空白画板。

02 选择工具箱中的"矩形工具" ▭，绘制1个与画板相同大小的矩形，将"填色"更改为灰色（R:247，G:247，B:249），"描边"为无。

03 选中矩形，按Ctrl+C组合键将其复制，再按Ctrl+F组合键将其粘贴，将粘贴的矩形高度缩小并向上移至顶部位置后更改为红色（R:198，G:46，B:23），如图9.13所示。

04 执行菜单栏中的"文件"|"打开"命令，打开"薯片.png"文件，将打开的素材拖入画板适当位置并适当缩小，如图9.14所示。

图9.13 复制图形　　　　图9.14 添加素材

05 选择工具箱中的"多边形工具" ⬡，在图像上方绘制1个多边形，设置"填色"为深红色

（R:35，G:24，B:21），"描边"为无，如图
9.15所示。

06 选中多边形，按Ctrl+C组合键将其复制，再按
Ctrl+F组合键将其粘贴，将粘贴的图形"填色"更
改为灰色（R:247，G:247，B:249），再将其等
比缩小，如图9.16所示。

图9.15 绘制图形　　　　图9.16 复制图形

07 选择工具箱中的"文字工具" T ，添加文字，
如图9.17所示。

08 执行菜单栏中的"文件"|"打开"命令，打开
"牛.ai"文件，将打开的素材拖入画板左上角位
置并适当缩小，如图9.18所示。

图9.17 添加文字　　　　图9.18 添加素材

09 选中牛素材，按住Alt+Shift组合键向右侧拖动
将其复制，如图9.19所示。

图9.19 复制图像

10 选择工具箱中的"文字工具" T ，添加文字，
如图9.20所示。

11 选择工具箱中的"矩形工具" ▮ ，绘制1个矩
形将"填色"更改为红色（R:198，G:46，
B:23），"描边"为无，如图9.21所示。

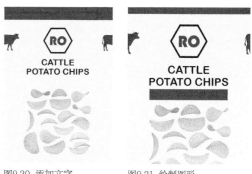

图9.20 添加文字　　　　图9.21 绘制图形

12 选择工具箱中的"文字工具" T ，添加文字，
如图9.22所示。

13 选中最下方矩形，按Ctrl+C组合键将其复制，
再按Ctrl+F组合键将其粘贴，按Ctrl+Shift+]组合
键将对象移至所有对象上方，如图9.23所示。

 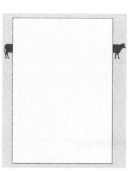

图9.22 添加文字　　　　图9.23 复制图形

14 同时选中所有对
象，单击鼠标右键，从
弹出的快捷菜单中选择
"建立剪切蒙版"命
令，将部分图像隐藏，
如图9.24所示。

图9.24 隐藏图像

9.9.2 使用Illustrator制作包装侧面效果

01 选择工具箱中的"画板工具"，在原画板右侧位置创建1个"宽度"为40mm，"高度"为100mm的画板。

02 选择工具箱中的"矩形工具"，绘制1个与画板相同大小的矩形，将"填色"更改为红色（R:198，G:46，B:23），"描边"为无，如图9.25所示。

03 执行菜单栏中的"文件"|"打开"命令，打开"薯片2.png"文件，将打开的素材拖入画板适当位置并适当缩小，如图9.26所示。

图9.25 绘制矩形

图9.26 添加素材

04 选择工具箱中的"文字工具"，添加文字，如图9.27所示。

05 选中文字，选择工具箱中的"旋转工具"，在画板中按住Shift键将其旋转，如图9.28所示。

图9.27 添加文字

图9.28 旋转文字

提示

在更改二维码中部分图形颜色时，可参照名片中文字颜色进行更改。

9.9.3 使用Photoshop制作包装立体轮廓

01 执行菜单栏中的"文件"|"新建"命令，在弹出的对话框中设置"宽度"为400mm，"高度"为300mm，"分辨率"为72像素/英寸，新建一个空白画布，将画布填充为红色（R:194，G:27，B:35）。

02 执行菜单栏中的"文件"|"打开"命令，打开"薯片3.psd"文件，将背景图像拖入画布中左上角位置，如图9.29所示。

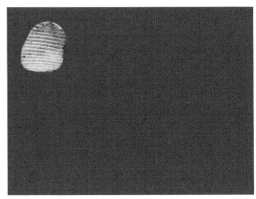
图9.29 添加素材

03 在"图层"面板中，选中"薯片3"图层，单击面板底部的"添加图层样式"*fx*按钮，在菜单中选择"投影"命令。

04 在弹出的对话框中将"不透明度"更改为20%，"距离"更改为10像素，"大小"更改为5像素，完成之后单击"确定"按钮，如图9.30所示。

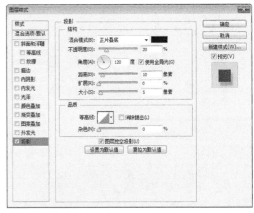
图9.30 设置投影

05 选中图像，在画布中按住Alt键拖动，将图像复制多份，如图9.31所示。

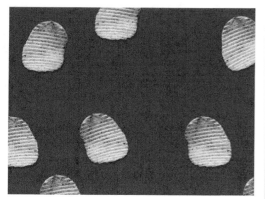

图9.31 复制图像

06 执行菜单栏中的"文件"|"打开"命令，打开
美味薯片包装平面正面.jpg"文件，将图像拖入画
布中，其图层名称将自动更改为"图层1"。

07 选择工具箱中的"钢笔工具" ，沿包装图像
边缘绘制1个不规则路径，如图9.32所示。

08 按Ctrl+Enter组合键将路径转换为选区，如
图9.33所示。

图9.32 绘制路径

图9.33 转换为选区

09 执行菜单栏中的"选择"|"反向"命令，将选
区反向，按Delete键将选区中图像删除，完成之
后按Ctrl+D组合键将选区取消，如图9.34所示。

图9.34 删除图像

提示

删除图像的目的是将包装轮廓更加自然，在绘制
路径时需要注意边缘附近的路径走向。

10 在"图层"面板中，选中"图层1"图层，单
击面板底部的"添加图层样式" fx按钮，在菜单中
选择"投影"命令。

11 在弹出的对话框中将"混合模式"更改为叠
加，"距离"更改为25像素，"大小"更改为30
像素，完成之后单击"确定"按钮，如图9.35
所示。

图9.35 设置投影

12 选择工具箱中的"直线工具" ，在选项栏中
将"填充"更改为黑色，"描边"为无，在包装左
上角按住Shift键绘制一条线段，将生成一个"形
状1"图层，如图9.36所示。

13 执行菜单栏中的"滤镜"|"模糊"|"高斯模
糊"命令，在弹出的对话框中将"半径"更改为1像
素，完成之后单击"确定"按钮，如图9.37所示。

图9.36 绘制线段

图9.37 添加高斯模糊

提示

在为形状图层添加高斯模糊效果时，在弹出的询
问对话框中直接单击"确定"按钮即可。

237

14 在"图层"面板中，选中"形状 1"图层，单击面板底部的"添加图层蒙版"▢按钮，为其添加图层蒙版，如图9.38所示。

15 选择工具箱中的"渐变工具"▢，编辑黑色到白色再到黑色的渐变，单击选项栏中的"线性渐变"▢按钮，在图像上拖动将部分图像隐藏，如图9.39所示。

图9.38 添加图层蒙版

图9.39 隐藏图像

16 选中"形状 1"图层，在画布中按Ctrl+Alt+T组合键将图像向右侧平移复制1份，完成之后按Enter键确认，如图9.40所示。

17 按住Ctrl+Alt+Shift组合键同时按T键多次，执行多重复制命令，将图像复制多份，如图9.41所示。

图9.40 变换复制

图9.41 多重复制

18 同时选中所有和形状1相关图层，按Ctrl+G组合键将其编组，将生成的组名称更改为"压痕"，如图9.42所示。

图9.42 将图层编组

9.9.4 使用Photoshop制作立体阴影及高光

01 选择工具箱中的"钢笔工具"✎，在选项栏中单击"选择工具模式"▢按钮，在弹出的选项中选择"形状"，将"填充"更改为黑色，"描边"更改为无。

02 在包装左侧位置绘制1个不规则图形，将生成一个"形状 2"图层，如图9.43所示。

03 执行菜单栏中的"滤镜"|"模糊"|"高斯模糊"命令，在弹出的对话框中将"半径"更改为20像素，完成之后单击"确定"按钮，如图9.44所示。

图9.43 绘制图形

图9.44 添加高斯模糊

04 选中"形状 2"图层，将其图层"不透明度"更改为10%，如图9.45所示。

05 选中"形状 2"图层，按住Alt键向右侧拖动，将图像复制，如图9.46所示。

图9.45 更改不透明度

图9.46 复制图像

06 选择工具箱中的"钢笔工具"✎，在选项栏中单击"选择工具模式"▢按钮，在弹出的选项中选择"形状"，将"填充"更改为黑色，"描边"更改为无。

07 在包装左侧位置绘制1个不规则图形，将生成一个"形状 3"图层，如图9.47所示。

08 执行菜单栏中的"滤镜"|"模糊"|"高斯模糊"命令，在弹出的对话框中将"半径"更改为30像素，完成之后单击"确定"按钮，再将其向下适当移动，如图9.48所示。

图9.47 绘制图形

图9.48 添加高斯模糊

09 按住Ctrl键单击"图层 1"图层缩览图，将其载入选区，执行菜单栏中的"选择"|"反向"命令将选区反向，如图9.49所示。

10 选中"形状3"图层，按Delete键将选区中多余图像删除，完成之后按Ctrl+D组合键将选区取消，如图9.50所示。

图9.49 载入选区

图9.50 删除图像

11 选择工具箱中的"钢笔工具" ，在选项栏中单击"选择工具模式" 路径 按钮，在弹出的选项中选择"形状"，将"填充"更改为白色，"描边"更改为无。

12 在包装靠顶部位置绘制1个不规则图形，将生成一个"形状 4"图层，如图9.51所示。

13 执行菜单栏中的"滤镜"|"模糊"|"高斯模糊"命令，在弹出的对话框中将"半径"更改为30像素，完成之后单击"确定"按钮，如图9.52所示。

图9.51 绘制图形

图9.52 添加高斯模糊

14 执行菜单栏中的"文件"|"打开"命令，打开"美味薯片包装平面侧面.jpg"文件，将图像拖入画布中，其图层名称将自动更改为"图层2"，如图9.53所示。

图9.53 添加素材

15 选择工具箱中的"钢笔工具" ，在包装侧面图像位置绘制1个不规则路径，如图9.54所示。

16 按Ctrl+Enter组合键将路径转换为选区，如图9.55所示。

图9.54 绘制路径

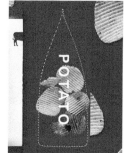
图9.55 转换为选区

17 执行菜单栏中的"选择"|"反向"命令，将选区反向，按Delete键将选区中图像删除，完成之

后按Ctrl+D组合键将选区取消，如图9.56所示。

18 在"路径"面板中选中刚才绘制的路径，选择工具箱中的"直接选择工具" ▶，在图像中选中下半部分路径，按Delete键将其删除，如图9.57所示。

 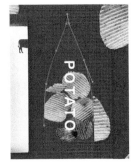

图9.56 删除图像　　　　　图9.57 删除路径

19 选择工具箱中的"画笔工具" ✏，在画布中单击鼠标右键，在弹出的面板中选择1种圆角笔触，将"大小"更改为4像素，"硬度"更改为100%，如图9.58所示。

20 在"图层"面板中，单击面板底部的"创建新图层" ◻ 按钮，新建1个"图层3"图层。

21 将前景色更改为白色，在"路径"面板中，在路径名称上单击鼠标右键，从弹出的快捷菜单中选择"描边路径"命令，在弹出的对话框中选择"工具"为画笔，确认勾选"模拟压力"复选框，完成之后单击"确定"按钮，如图9.59所示。

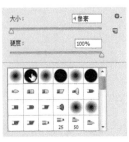 

图9.58 设置笔触　　　　　图9.59 描边路径

22 在"图层"面板中，选中"图层3"图层，单击面板底部的"添加图层样式" fx 按钮，在菜单中选择"斜面和浮雕"命令。

23 在弹出的对话框中将"大小"更改为3像素，取消"使用全局光"复选框，将"角度"更改为90度，如图9.60所示。

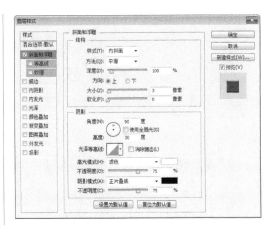

图9.60 设置斜面和浮雕

24 勾选"投影"复选框，将"不透明度"更改为40%，"距离"更改为5像素，"大小"更改为7像素，完成之后单击"确定"按钮，如图9.61所示。

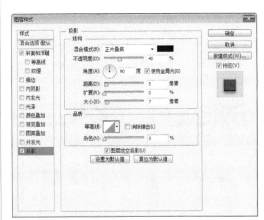

图9.61 设置投影

25 选择工具箱中的"钢笔工具" ✒，在选项栏中单击"选择工具模式" 路径 ÷ 按钮，在弹出的选项中选择"形状"，将"填充"更改为黑色，"描边"更改为无。

26 绘制1个不规则图形，将生成一个"形状 5"图层，如图9.62所示。

27 执行菜单栏中的"滤镜"|"模糊"|"高斯模糊"命令，在弹出的对话框中将"半径"更改为40像素，完成之后单击"确定"按钮，如图9.63所示。

图9.62 绘制图形

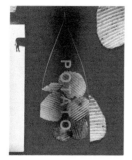

图9.63 添加高斯模糊

28 按住Ctrl键单击"图层 2"图层缩览图，将其载入选区，执行菜单栏中的"选择"|"反向"命令将选区反向，如图9.64所示。

29 选中"形状 5"图层，按Delete键将选区中多余图像删除，完成之后按Ctrl+D组合键将选区取消，如图9.65所示。

图9.64 载入选区

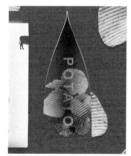

图9.65 删除图像

30 在"图层"面板中，选中"形状5"图层，单击面板底部的"添加图层蒙版" ▢ 按钮，为其添加图层蒙版，如图9.66所示。

31 选择工具箱中的"画笔工具" ✏️，在画布中单击鼠标右键，在弹出的面板中选择1种圆角笔触，将"大小"更改为130像素，"硬度"更改为0，如图9.67所示。

图9.66 添加图层蒙版

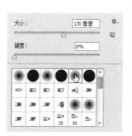

图9.67 设置笔触

32 将前景色更改为黑色，在图像上部分区域涂抹，将部分图像隐藏增强阴影真实感，如图9.68所示。

图9.68 隐藏图像

9.9.5 使用Photoshop处理包 装立体细节

01 选择工具箱中的"钢笔工具" ✒️，在选项栏中单击"选择工具模式" 路径 ⁞ 按钮，在弹出的选项中选择"形状"，将"填充"更改为黑色，"描边"更改为无。

02 在包装底部位置绘制1个不规则图形，将生成一个"形状 6"图层，如图9.69所示。

03 执行菜单栏中的"滤镜"|"模糊"|"高斯模糊"命令，在弹出的对话框中将"半径"更改为1像素，完成之后单击"确定"按钮，如图9.70所示。

图9.69 绘制图形

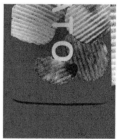

图9.70 添加高斯模糊

04 选择工具箱中的"钢笔工具" ✒️，在选项栏中单击"选择工具模式" 路径 ⁞ 按钮，在弹出的选项中选择"形状"，将"填充"更改为白色，"描边"更改为无。

05 在包装左侧位置绘制1个不规则图形，将生成一个"形状 7"图层，如图9.71所示。

06 执行菜单栏中的"滤镜"|"模糊"|"高斯模糊"命令，在弹出的对话框中将"半径"更改为10像素，完成之后单击"确定"按钮，再将"形状 7"图层"不透明度"更改为20%，如图9.72所示。

图9.71 绘制图形　　　　图9.72 添加高斯模糊

07 选中"图层7"图层，按住Alt键向右侧拖动，将图像复制，如图9.73所示。

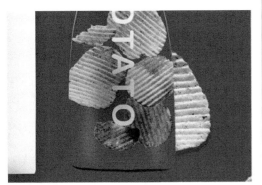

图9.73 复制图像

08 在"图层 1"图层名称上单击鼠标右键，从弹出的快捷菜单中选择"拷贝图层样式"命令，在"图层 2"图层名称上单击鼠标右键，从弹出的快捷菜单中选择"粘贴图层样式"命令。

09 双击"图层2"图层样式名称，在弹出的对话框中取消勾选"使用全局光"复选框，将"角度"更改为120度，完成之后单击"确定"按钮，这样就完成了效果制作，最终效果如图9.74所示。

图9.74 最终效果

9.10 水果饼包装设计

◆**实例分析**

本例讲解水果饼包装设计，在设计过程中，以突出水果主题为主，整个制作过程比较简单，重点注意文字效果处理与整体版式的结合，最终效果如图 9.75 所示。

难　　度：★★★★
素材文件：第 9 章 \ 水果饼包装设计
案例文件：第 9 章 \ 水果饼包装平面效果 .ai、水果饼包装立体效果 .psd
在线视频：第 9 章 \9.10 水果饼包装设计 .avi

图9.75 最终效果

◆ 本例知识点

1. "建立剪切蒙版" 命令
2. "外观" 面板
3. "偏移路径" 命令
4. "创建新的填充或调整图层" ⊘

◆ 操作步骤

9.10.1 使用Illustrator制作包装平面效果

01 执行菜单栏中的 "文件" | "新建" 命令,在弹出的对话框中设置 "宽度" 为100mm, "高度" 为60mm,新建一个空白画板。

02 选择工具箱中的 "矩形工具" ▢,绘制1个与画板相同大小的矩形,将 "填色" 更改为蓝色(R:25,G:201,B:251), "描边" 为无。

03 执行菜单栏中的 "文件" | "打开" 命令,打开 "水果底纹.png" 文件,将打开的素材拖入画板中并适当缩小,如图9.76所示。

图9.76 添加素材

04 选中水果底纹图像,在 "透明度" 面板中,将其混合模式更改为叠加, "不透明度" 更改为20%,如图9.77所示。

图9.77 更改混合模式

05 选中蓝色矩形,按Ctrl+C组合键将其复制,再按Ctrl+F组合键将其粘贴,按Ctrl+Shift+]组合键将对象移至所有对象上方,如图9.78所示。

图9.78 复制图形

06 同时选中所有对象,单击鼠标右键,从弹出的快捷菜单中选择 "建立剪切蒙版" 命令,将部分图像隐藏,如图9.79所示。

图9.79 建立剪切蒙版

07 执行菜单栏中的"文件"|"打开"命令，打开"芒果.png"文件，将打开的素材拖入画板中并适当缩小，如图9.80所示。

图9.80 添加素材

08 选择工具箱中的"钢笔工具" ，在水果图像底部绘制1个不规则图形，设置"填色"为黑色，"描边"为无，如图9.81所示。

09 选中绘制的图形，执行菜单栏中的"效果"|"模糊"|"高斯模糊"命令，在弹出的对话框中将"半径"更改为10像素，完成之后单击"确定"按钮，如图9.82所示。

图9.81 绘制图形　　　图9.82 添加高斯模糊

10 选择工具箱中的"文字工具" ，添加文字，再分别将文字适当旋转后单击鼠标右键，从弹出的快捷菜单中选择"创建轮廓"命令，再同时选中3个文字，在"路径查找器"面板中，单击"联集"按钮，如图9.83所示。

图9.83 添加文字

11 选中所有文字，按Ctrl+C组合键将其复制，在"外观"面板中，单击面板底部的"添加新填色"■按钮，再选择工具箱中的"渐变工具"■，在图形上拖动为其添加蓝色（R:77，G:240，B:255）到蓝色（R:19，G:85，B:107）的线性渐变，如图9.84所示。

图9.84 添加渐变

12 选中文字，执行菜单栏中的"效果"|"风格化"|"投影"命令，在弹出的对话框中将"X位移"更改为0.2，"Y位移"更改为0.1，"模糊"更改为0.1，完成之后单击"确定"按钮，如图9.85所示。

图9.85 添加投影

13 按Ctrl+F组合键粘贴文字，如图9.86所示。

图9.86 粘贴文字

14 选中粘贴的文字，执行菜单栏中的"对

象"|"路径"|"偏移路径"命令，在弹出的对话框中将"位移"更改为-0.5，完成之后单击"确定"按钮，如图9.87所示。

图9.87 设置偏移路径

15 在文字上单击鼠标右键，从弹出的快捷菜单中选择取消编组命令，再选中原文字将其删除，如图9.88所示。

16 选择工具箱中的"渐变工具"，在图形上拖动为其添加蓝色（R:232，G:249，B:255）到蓝色（R:137，G:245，B:251）的线性渐变，如图9.89所示。

图9.88 删除原文字

图9.89 添加渐变

17 选择工具箱中的"文字工具"**T**，添加文字，如图9.90所示。

18 选中文字，在"外观"面板中，单击面板底部的"添加新填色"■按钮，选择工具箱中的"渐变工具"，在图形上拖动为其添加蓝色（R:232，G:249，B:255）到蓝色（R:137，G:245，B:251）的线性渐变，如图9.91所示。

图9.90 添加文字

图9.91 填充渐变

19 选择工具箱中的"钢笔工具"，绘制图形，设置"填色"为深蓝色（R:5，G:74，B:81），"描边"为无，如图9.92所示。

20 选择工具箱中的"钢笔工具"，在图形上方位置再绘制1条弧形路径，如图9.93所示。

图9.92 绘制图形

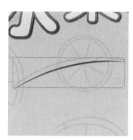

图9.93 绘制路径

21 选择工具箱中的"路径文字工具"，在路径上单击添加文字，如图9.94所示。

22 执行菜单栏中的"文件"|"打开"命令，打开"小饼.png"文件，将打开的素材拖入画板中并适当缩小，如图9.95所示。

图9.94 添加文字

图9.95 添加素材

提示

添加路径文字之后可选择工具箱中的"直接选择工具"，更改路径上的文字位置。

23 选择工具箱中的"钢笔工具"，绘制1个水滴图形，设置"填色"为绿色（R:46，G:133，B:59），"描边"为无，如图9.96所示。

24 选中水滴图形，双击工具箱中的"镜像工具"，在弹出的对话框中勾选"垂直"单选按钮，完成之后单击"复制"按钮，将图形向右侧移动，如图9.97所示。

图9.96 绘制图形

图9.97 复制图形

25 选择工具箱中的"文字工具"**T**，添加文字，如图9.98所示。

图9.98 添加文字

9.10.2 使用Photoshop制作包装立体轮廓效果

01 执行菜单栏中的"文件"|"新建"命令，在弹出的对话框中设置"宽度"为600mm，"高度"为400mm，"分辨率"为72像素/英寸，新建一个空白画布。

02 选择工具箱中的"渐变工具" ，编辑蓝色（R:15，G:154，B:197）到蓝色（R:11，G:91，B:119），单击选项栏中的"径向渐变" 按钮，在画布中拖动填充渐变，如图9.99所示。

图9.99 填充渐变

03 选择工具箱中的"椭圆工具" ，在选项栏中将"填充"更改为青色（R:21，G:213，B:252），"描边"为无，绘制1个椭圆，将生成一个"椭圆1"图层，如图9.100所示。

图9.100 绘制图形

04 执行菜单栏中的"滤镜"|"模糊"|"高斯模糊"命令，在弹出的对话框中将"半径"更改为30像素，完成之后单击"确定"按钮，如图9.101所示。

图9.101 设置高斯模糊

05 在"图层"面板中，选中"椭圆1"图层，单击面板底部的"添加图层蒙版" 按钮，为其添加图层蒙版，如图9.102所示。

06 选择工具箱中的"渐变工具" ，编辑白色到黑色的渐变，单击选项栏中的"线性渐变" 按钮，在图像上拖动将部分图像隐藏，如图9.103所示。

图9.102 添加图层蒙版

图9.103 隐藏图像

07 执行菜单栏中的"文件"|"打开"命令，打开"水果饼包装平面.jpg"文件，将背景图像拖入画布中左上角位置，如图9.104所示。

图9.104 添加素材

08 选择工具箱中的"钢笔工具" ![pen]，绘制1个不规则路径，如图9.105所示。

09 按Ctrl+Enter组合键将路径转换为选区，如图9.106所示。

图9.105 绘制路径　　　　图9.106 转换为选区

10 选中"图层1"图层，执行菜单栏中的"选择"|"反向"命令，将选区反向，按Delete键将选区中图像删除，完成之后按Ctrl+D组合键将选区取消，如图9.107所示。

图9.107 删除图像

11 在"图层"面板中，选中"图层1"图层，单击面板底部的"添加图层样式" *fx* 按钮，在菜单中选择"斜面和浮雕"命令。

12 在弹出的对话框中将"大小"更改为3像素，"阴影模式"更改为叠加，如图9.108所示。

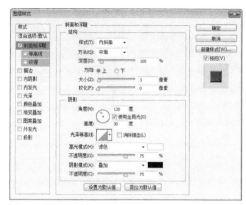

图9.108 设置斜面和浮雕

13 勾选"渐变叠加"复选框，将"混合模式"更改为叠加，"不透明度"更改为30%，"渐变"更改为透明到黑色，"样式"更改为径向，"角度"更改为0度，"缩放"更改为150%，完成之后单击"确定"按钮，如图9.109所示。

图9.109 设置渐变叠加

9.10.3 使用Photoshop为包装添加高光

01 选择工具箱中的"椭圆工具" ![icon]，在选项栏中将"填充"更改为白色，"描边"为无，在包装左侧绘制1个矩形，将生成一个"矩形 1"图层，如

图9.110所示。

02 执行菜单栏中的"滤镜"|"模糊"|"高斯模糊"命令,在弹出的对话框中将"半径"更改为1像素,完成之后单击"确定"按钮,如图9.111所示。

图9.110 绘制图形　　图9.111 添加高斯模糊

03 在"图层"面板中,将"矩形 1"图层混合模式更改为叠加,再执行菜单栏中的"图层"|"创建剪贴蒙版"命令,为当前图层创建剪贴蒙版将部分图像隐藏,如图9.112所示。

图9.112 创建剪贴蒙版

04 在"图层"面板中,选中"矩形 1"图层,单击面板底部的"添加图层蒙版" ▢ 按钮,为其添加图层蒙版,如图9.113所示。

05 选择工具箱中的"画笔工具" ✎ ,在画布中单击鼠标右键,在弹出的面板中选择1种圆角笔触,将"大小"更改为100像素,"硬度"更改为0,如图9.114所示。在矩形上拖动,将部分图形隐藏。

 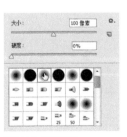

图9.113 添加图层蒙版　　图9.114 设置笔触

06 选择工具箱中的"椭圆工具" ▢ ,在选项栏中将"填充"更改为白色,"描边"为无,在包装左侧绘制1个矩形,将生成一个"矩形 2"图层,如图9.115所示。

07 执行菜单栏中的"滤镜"|"模糊"|"高斯模糊"命令,在弹出的对话框中将"半径"更改为3像素,完成之后单击"确定"按钮,如图9.116所示。

图9.115 绘制图形　　图9.116 添加高斯模糊

08 在"图层"面板中,选中"矩形 2"图层,单击面板底部的"添加图层蒙版" ▢ 按钮,为其添加图层蒙版,再执行菜单栏中的"图层"|"创建剪贴蒙版"命令,为当前图层创建剪贴蒙版将部分图像隐藏,如图9.117所示。

09 选择工具箱中的"渐变工具" ▣ ,编辑白色再黑色的渐变,单击选项栏中的"线性渐变" ▣ 按钮,在图像上拖动将部分图像隐藏,如图9.118所示。

图9.117 添加图层蒙版　　图9.118 隐藏图像

10 选中"矩形1"图层,按住Alt+Shift组合键向右侧拖动,将图像复制,以同样的方法选中"矩形 2"图层,将其复制,如图9.119所示。

图9.119 复制图像

11 选择工具箱中的"椭圆工具" ⬭ ，在选项栏中将"填充"更改为白色，"描边"为无，在包装顶部绘制1个椭圆，将生成一个"椭圆2"图层，如图9.120所示。

12 执行菜单栏中的"滤镜"|"模糊"|"高斯模糊"命令，在弹出的对话框中将"半径"更改为3像素，完成之后单击"确定"按钮，如图9.121所示。

图9.120 绘制椭圆　　　　图9.121 添加高斯模糊

13 在"图层"面板中，将"椭圆2"图层混合模式更改为叠加，如图9.122所示。

图9.122 设置图层混合模式

14 在"图层"面板中，选中"椭圆2"图层，将其拖至面板底部的"创建新图层" ⬚ 按钮上，复制1个"椭圆2副本"图层，将"椭圆2副本"图层混合模式更改为正常，如图9.123所示。

图9.123 复制图层

9.10.4 使用Photoshop制作包装立体投影

01 选择工具箱中的"钢笔工具" ✍ ，在选项栏中单击"选择工具模式" 路径 按钮，在弹出的选项中选择"形状"，将"填充"更改为黑色，"描边"更改为无。

02 在包装底部位置绘制1个不规则图形，将生成一个"形状1"图层，如图9.124所示。

图9.124 绘制图形

03 执行菜单栏中的"文件"|"打开"命令，打开"木板.jpg"文件，将图像拖入画布中，其图层名称将自动更改为"图层2"，如图9.125所示。

图9.125 添加素材

04 选中"图层2"图层，按Ctrl+T组合键对其执行"自由变换"命令，单击鼠标右键，从弹出的快捷菜单中选择"透视"命令，拖动变形框控制点将图像变形，完成之后按Enter键确认，如图9.126所示。

图9.126 将图像变形

05 按住Ctrl键单击"形状1"图层缩览图，将其载入选区，执行菜单栏中的"选择"|"反向"命令将选区反向，如图9.127所示。

图9.127 载入选区

06 选中"图层2"图层，按Delete键将选区中多余图像删除，完成之后按Ctrl+D组合键将选区取消，如图9.128所示。

图9.128 删除图像

07 在"图层"面板中，将"图层2"图层混合模式更改为叠加，如图9.129所示。

图9.129 设置图层混合模式

08 将"形状1"图层删除选中"图层2"图层，执行菜单栏中的"滤镜"|"模糊"|"高斯模糊"命令，在弹出的对话框中将"半径"更改为4像素，完成之后单击"确定"按钮，如图9.130所示。

图9.130 添加高斯模糊

09 在"图层"面板中，选中"图层2"图层，单击面板底部的"添加图层蒙版" 按钮，为其添加图层蒙版，如图9.131所示。

10 选择工具箱中的"画笔工具" ，在画布中单击鼠标右键，在弹出的面板中选择1种圆角笔触，将"大小"更改为200像素，"硬度"更改为0，如图9.132所示。

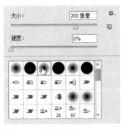

图9.131 添加图层蒙版　　图9.132 设置笔触

11 将前景色更改为黑色，在图像上部分区域涂抹，将部分图像隐藏，如图9.133所示。

图9.133 隐藏图像

12 选择工具箱中的"钢笔工具"，在选项栏中单击"选择工具模式" [路径 ⬥]按钮，在弹出的选项中选择"形状"，将"填充"更改为黑色，"描边"更改为无。

13 在包装底部位置绘制1个不规则图形，将生成一个"形状 1"图层，将其移至"图层 1"图层下方，如图9.134所示。

图9.134 绘制图形

14 选中"形状 1"图层，执行菜单栏中的"滤镜"|"模糊"|"高斯模糊"命令，在弹出的对话框中将"半径"更改为5像素，完成之后单击"确定"按钮，如图9.135所示。

图9.135 添加高斯模糊

15 在"图层"面板中，单击面板底部的"创建新的填充或调整图层" ⬤按钮，在弹出的菜单中选择"色阶"，在出现的面板中将数值更改为（23，0.92，246），如图9.136所示。

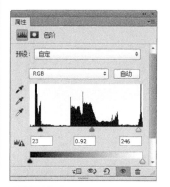

图9.136 调整色阶

16 选择工具箱中的"画笔工具" ，在画布中单击鼠标右键，在弹出的面板中选择1种圆角笔触，将"大小"更改为350像素，"硬度"更改为0，将前景色更改为黑色，在图像中包装区域涂抹，将部分调整效果隐藏，这样就完成了效果制作，最终效果如图9.137所示。

图9.137 最终效果

◆实例分析

　　本例讲解进口果仁包装设计，在设计过程中使用了纸质材质，同时在正面使用了透明区域，可以直观地看到包装内容，整体的版式十分漂亮，最终效果如图9.138所示。

难　　度：★ ★ ★ ★ ★
素材文件：第9章\进口果仁包装设计
案例文件：第9章\进口果仁包装平面效果.ai、进口果仁包装立体效果.psd
在线视频：第9章\9.11 进口果仁包装设计.avi

图9.138 最终效果

◆本例知识点

1．"矩形工具"
2．"减去顶层"
3．"斜切"命令
4．"钢笔工具"

◆操作步骤

9.11.1 使用Illustrator制作包装平面主图案

01 执行菜单栏中的"文件"|"新建"命令，在弹出的对话框中设置"宽度"为60mm，"高度"为100mm，新建一个空白画板。

02 选择工具箱中的"矩形工具"，绘制1个与画板相同大小的矩形，将"填色"更改为紫色（R:220，G:60，B:148），"描边"为无，在紫色矩形左上角位置再绘制1个白色细长矩形，如图9.139所示。

03 选中白色矩形，在画板中按住Alt键向右下角拖动，将矩形复制1份，如图9.140所示。

图9.139 绘制矩形　　　　图9.140 复制矩形

04 按住Ctrl+D组合键将矩形复制多份，如图9.141所示。

图9.141 复制多份图形

05 选中紫色矩形，按Ctrl+C组合键将其复制，再按Ctrl+F组合键将其粘贴，按Ctrl+Shift+]组合键将对象移至所有对象上方，如图9.142所示。

06 同时选中所有对象，单击鼠标右键，从弹出的快捷菜单中选择"建立剪切蒙版"命令，将部分图像隐藏，如图9.143所示。

图9.142 复制图形　　　　　图9.143 建立剪切蒙版

07 选择工具箱中的"矩形工具" ，绘制1个与画板相同大小的矩形，将"填色"更改为深黄色（R:79，G:49，B:38），"描边"为无，绘制1个与画板相同宽度的矩形，如图9.144所示。

图9.144 绘制矩形

08 选择工具箱中的"钢笔工具" ，绘制1个三角形，设置"填色"为白色，"描边"为无，如图9.145所示。

09 选中三角形，在画板中按住Alt键向右侧拖动，将图形复制1份，如图9.146所示。

图9.145 绘制图形　　　　　图9.146 复制图形

10 按住Ctrl+D组合键将矩形复制多份，如图9.147所示。

11 同时选中所有三角形及其下方矩形，在"路径查找器"面板中，单击"减去顶层" 按钮，如图9.148所示。

图9.147 复制多份图形　　　　　图9.148 减去顶层

9.11.2 使用Illustrator制作包 装装饰元素

01 选择工具箱中的"矩形工具" ，在画板顶部绘制1个与画板大小相同的矩形，将"填色"更改为深黄色（R:79，G:49，B:38），"描边"为无，如图9.149所示。

02 执行菜单栏中的"文件"|"打开"命令，打开"豆子.ai"文件，将打开的素材拖入画板中刚才绘制的矩形位置并适当缩小，如图9.150所示。

图9.149 绘制图形　　　　　图9.150 添加素材

03 选择工具箱中的"矩形工具" ，绘制1个矩形将"填色"更改为深黄色（R:45，G:26，B:20），"描边"为灰色（R:221，G:221，B:221），"描边粗细"为1，如图9.151所示。

04 选择工具箱中的"文字工具" T，添加文字，如图9.152所示。

图9.151 绘制矩形　　　　　图9.152 添加文字

05 选择工具箱中的"椭圆工具" ⬭ ，按住Shift键绘制1个圆形，将"填色"更改为灰色（R:221，G:221，B:221），"描边"为无，按Ctrl+C组合键将其复制，如图9.153所示。

06 执行菜单栏中的"文件"|"打开"命令，打开"果仁.png"文件，将打开的素材拖入画板中刚才绘制的圆形位置并适当缩小后移至圆形下方。

07 同时选中圆形及果仁图像，单击鼠标右键，从弹出的快捷菜单中选择"建立剪切蒙版"命令，将部分图像隐藏，如图9.154所示。

图9.153 绘制图形　　　　　图9.154 建立剪切蒙版

08 按Ctrl+F组合键粘贴圆形，将粘贴的圆形"填色"更改为无，"描边"更改为灰色（R:221，G:221，B:221），"描边粗细"为1，如图9.155所示。

09 再按Ctrl+F组合键粘贴圆形，将粘贴的圆形稍微等比放大，将圆形"填色"更改为无，"描边"

更改为灰色（R:221，G:221，B:221），"描边粗细"为1，再单击选项栏中的"描边"，在弹出的面板中勾选"虚线"复选框，将数值更改为（1，1），如图9.156所示。

图9.155 粘贴图形　　　　　图9.156 更改虚线

10 执行菜单栏中的"文件"|"打开"命令，打开"标签.ai"文件，将打开的素材拖入画板中刚才绘制的圆形左上角位置并适当缩小，如图9.157所示。

11 选择工具箱中的"文字工具" T ，添加文字，如图9.158所示。

图9.157 添加素材　　　　　图9.158 添加文字

9.11.3 使用Photoshop制作包装立体轮廓

01 执行菜单栏中的"文件"|"新建"命令，在弹出的对话框中设置"宽度"为400mm，"高度"为320mm，"分辨率"为72像素/英寸，新建一

个空白画布。

02 选择工具箱中的"渐变工具" ▨，编辑红色（R:214，G:181，B:188）到红色（R:168，G:110，B:122），单击选项栏中的"径向渐变" ▨按钮，在画布中拖动填充渐变，如图9.159所示。

图9.159 填充渐变

03 在"图层"面板中，单击面板底部的"创建新图层" ▣按钮，新建1个"图层1"图层，将图层填充为白色。

04 执行菜单栏中的"滤镜"|"杂色"|"添加杂色"命令，在弹出的对话框中将"数量"更改为4%，分别勾选"平均分布"单选按钮及"单色"复选框，完成之后单击"确定"按钮。

05 在"图层"面板中，将"图层1"图层混合模式更改为正片叠底，如图9.160所示。

图9.160 设置图层混合模式

06 执行菜单栏中的"文件"|"打开"命令，打开

"包装平面效果.jpg"文件，将图像拖入画布中，其图层名称将自动更改为"图层2"，如图9.161所示。

图9.161 添加素材

07 选中"图层2"图层，按Ctrl+T组合键对其执行"自由变换"命令，单击鼠标右键，从弹出的快捷菜单中选择"斜切"命令，拖动变形框控制点将图像变形，完成之后按Enter键确认，如图9.162所示。

图9.162 将图像变形

08 选择工具箱中的"多边形套索工具" ▷，在图像位置绘制1个不规则选区，如图9.163所示。

09 选中"图层2"图层，执行菜单栏中的"图层"|"新建"|"通过剪切的图层"命令，将生成1个"图层3"图层。

10 选中"图层3"图层，按Ctrl+T组合键对其执行"自由变换"命令，单击鼠标右键，从弹出的快捷菜单中选择"扭曲"命令，拖动变形框控制点将图像变形，完成之后按Enter键确认，如图9.164所示。

图9.163 绘制选区

图9.164 将图像变形

11 选择工具箱中的"椭圆工具" ⬭ ，在选项栏中将"填充"更改为黑色，"描边"为无，在包装图像位置绘制1个椭圆，将生成一个"椭圆 1"图层，如图9.165所示。

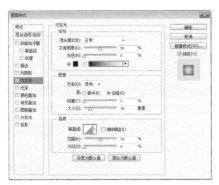

图9.165 绘制图形

12 在"图层"面板中，选中"椭圆 1"图层，单击面板底部的"添加图层样式" *fx* 按钮，在菜单中选择"内发光"命令。

13 在弹出的对话框中将"混合模式"更改为正常，"不透明度"更改为50%，"颜色"更改为黑色，"大小"更改为30像素，完成之后单击"确定"按钮，如图9.166所示。修改"椭圆 1"图层的填充为"0"。

图9.166 设置内发光

9.11.4 使用Photoshop制作包装立体高光

01 选择工具箱中的"钢笔工具" ⬗ ，在选项栏中单击"选择工具模式" 路径 按钮，在弹出的选项中选择"形状"，将"填充"更改为白色，"描边"更改为无。

02 在椭圆位置绘制1个不规则图形，将生成一个"形状 1"图层，如图9.167所示。

03 选中"形状 1"图层，执行菜单栏中的"滤镜"|"模糊"|"高斯模糊"命令，在弹出的对话框中将"半径"更改为5像素，完成之后单击"确定"按钮，如图9.168所示。

图9.167 绘制图形

图9.168 添加高斯模糊

04 在"图层"面板中，选中"形状 1"图层，将其图层"不透明度"更改为50%，如图9.169所示。

05 以同样的方法在右侧相对位置再绘制1个相似图形，并为其添加高斯模糊效果后适当降低其不透明度添加高光效果，如图9.170所示。

图9.169 更改不透明度

图9.170 添加高光效果

06 在"图层"面板中，选中"图层3"图层，将其拖至面板底部的"创建新图层" ⬚ 按钮上，复制1个"图层3 副本"图层，将"图层3 副本"图层混合模式更改为滤色，如图9.171所示。

图9.171 复制图层并更改图层混合模式

07 在"图层"面板中，选中"图层 3 副本"图层，单击面板底部的"添加图层蒙版" 按钮，为其添加图层蒙版，如图9.172所示。

08 选择工具箱中的"渐变工具" ，编辑黑色到白色的渐变，单击选项栏中的"线性渐变" 按钮，在图像上拖动将部分图像隐藏，如图9.173所示。

图9.172 添加图层蒙版　　　图9.173 隐藏图像

09 选择工具箱中的"直线工具" ，在选项栏中将"填充"更改为白色，"描边"为无，"粗细"为2像素，在包装折角位置绘制一条线段，将生成一个"形状 3"图层，如图9.174所示。

10 选中"形状 3"图层，执行菜单栏中的"滤镜"|"模糊"|"高斯模糊"命令，在弹出的对话框中将"半径"更改为3像素，完成之后单击"确定"按钮，如图9.175所示。

图9.174 绘制线段　　　图9.175 添加高斯模糊

11 在"图层"面板中，选中"形状 3"图层，将其图层混合模式更改为叠加，如图9.176所示。

图9.176 设置图层混合模式

9.11.5 使用Photoshop制作包装侧面效果

01 选择工具箱中的"钢笔工具" ，在选项栏中单击"选择工具模式" 按钮，在弹出的选项中选择"形状"，将"填充"更改为紫色（R：221，G：62，B：151），"描边"更改为无。

02 在包装左侧位置绘制1个不规则图形，将生成一个"形状 4"图层，如图9.177所示。

图9.177 绘制图形

03 在"图层"面板中，选中"形状 4"图层，单击面板底部的"添加图层样式" *fx*按钮，在菜单中选择"渐变叠加"命令。

04 在弹出的对话框中将"渐变"更改为黑色到透明，完成之后单击"确定"按钮，如图9.178所示。

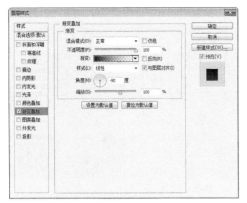
图9.178 设置渐变叠加

05 选择工具箱中的"椭圆工具" ▢，在选项栏中将"填充"更改为白色，"描边"为无，在刚才绘制的图形顶部位置绘制1个细长矩形并适当旋转，将生成一个"矩形 1"图层，如图9.179所示。

06 选择工具箱中的"路径选择工具" ▶，选中矩形，按Ctrl+Alt+T组合键将图形向下方移动复制1份，完成之后按Enter键确认，如图9.180所示。

图9.179 绘制矩形

图9.180 变换复制

07 按住Ctrl+Alt+Shift组合键同时按T键多次，执行多重复制命令，将图形复制多份，如图9.181所示。

08 在"图层"面板中，选中"矩形 1"图层，单击面板底部的"添加图层蒙版" ▢按钮，为其添加图层蒙版，如图9.182所示。

图9.181 多重复制

图9.182 添加图层蒙版

提示

使用"路径选择工具" ▶选中图形再执行变换复制，可以避免生成多个图层。

09 按住Ctrl键单击"形状 4"图层缩览图，将其载入选区，执行菜单栏中的"选择"|"反向"命令将选区反向，如图9.183所示。

10 将选区填充为黑色，将不需要的图形隐藏，完成之后按Ctrl+D组合键将选区取消，如图9.184所示。

图9.183 载入选区　　　　　　图9.184 隐藏图形

11 选择工具箱中的"画笔工具" ✎，在画布中单击鼠标右键，在弹出的面板中选择1种圆角笔触，将"大小"更改为200像素，"硬度"更改为0，如图9.185所示。

12 将前景色更改为黑色，在图形上半部分区域涂抹，将部分图形隐藏，如图9.186所示。

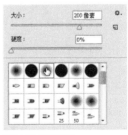

图9.185 设置笔触　　　　　　图9.186 隐藏图形

13 选择工具箱中的"钢笔工具" ✐，在选项栏中单击"选择工具模式" 路径 ▾按钮，在弹出的选项中选择"形状"，将"填充"更改为紫色（R:221，G:62，B:151），"描边"更改为无。

14 在刚才绘制的图形位置再次绘制1个不规则图形，将生成一个"形状5"图层，如图9.187所示。

图9.187 绘制图形

15 在"图层"面板中，选中"形状5"图层，单击面板底部的"添加图层样式"*fx*按钮，在菜单中选择"渐变叠加"命令。

16 在弹出的对话框中将"不透明度"更改为70%，"渐变"更改为透明到黑色，完成之后单击"确定"按钮，如图9.188所示。

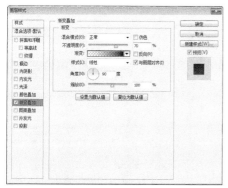

图9.188 设置渐变叠加

17 选择工具箱中的"钢笔工具" ，在选项栏中单击"选择工具模式" 路径 按钮，在弹出的选项中选择"形状"，将"填充"更改为白色，"描边"更改为无。

18 在包装左侧位置绘制1个不规则图形，将生成一个"形状6"图层，如图9.189所示。

图9.189 绘制图形

19 在"图层"面板中，选中"形状6"图层，单击面板底部的"添加图层样式"*fx*按钮，在菜单中选择"渐变叠加"命令。

20 在弹出的对话框中将"渐变"更改为紫色（R:136，G:39，B:93）到紫色（R:214，G:86，B:157），完成之后单击"确定"按钮，如图9.190所示。

图9.190 设置渐变叠加

9.11.6 使用Photoshop制作包装立体倒影

01 在"图层"面板中，选中"图层2"图层，将其拖至面板底部的"创建新图层" 按钮上，复制1个"图层2 副本"图层，如图9.191所示。

02 选中"图层2"图层，按Ctrl+T组合键对其执行"自由变换"命令，单击鼠标右键，从弹出的快捷菜单中选择"垂直翻转"命令，将选区向下移动，单击鼠标右键，从弹出的快捷菜单中选择"斜切"命令，拖动变形框控制点将图像变形，完成之后按Enter键确认，如图9.192所示。

图9.191 复制图层

图9.192 将图像变形

03 选中"图层2"图层，执行菜单栏中的"滤镜"|"模糊"|"动感模糊"命令，在弹出的对话框中将"角度"更改为90度，"距离"更改为20像

素，完成之后单击"确定"按钮，如图9.193所示。

图9.193 设置动感模糊

04 在"图层"面板中，选中"图层 2"图层，单击面板底部的"添加图层蒙版"■按钮，为其添加图层蒙版，如图9.194所示。

05 选择工具箱中的"渐变工具"■，编辑黑色到白色的渐变，单击选项栏中的"线性渐变"■按钮，在图像上拖动将部分图像隐藏，如图9.195所示。

图9.194 添加图层蒙版

图9.195 隐藏图像

06 选择工具箱中的"钢笔工具"，在选项栏中单击"选择工具模式" 路径 按钮，在弹出的选项中选择"形状"，将"填充"更改为紫色（R:149，G:46，B:104），"描边"更改为无。

07 在包装左下角绘制1个不规则图形，将生成一个"形状 7"图层，将其移至"图层1"上方，如图9.196所示。

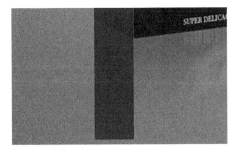

图9.196 绘制图形

08 在"图层"面板中，选中"形状7"图层，单击面板底部的"添加图层蒙版"■按钮，为其添加图层蒙版，如图9.197所示。

09 选择工具箱中的"渐变工具"■，编辑黑色到白色的渐变，单击选项栏中的"线性渐变"■按钮，在图像上拖动将部分图形隐藏，如图9.198所示。

图9.197 添加图层蒙版

图9.198 隐藏图像

10 选择工具箱中的"钢笔工具"，在选项栏中单击"选择工具模式" 路径 按钮，在弹出的选项中选择"形状"，将"填充"更改为黑色，"描边"更改为无。

11 在包装底部位置绘制1个不规则图形，将生成一个"形状8"图层，如图9.199所示。

12 选中"形状8"图层，执行菜单栏中的"滤镜"|"模糊"|"高斯模糊"命令，在弹出的对话框中将"半径"更改为2像素，完成之后单击"确定"按钮，如图9.200所示。

图9.199 绘制图形

图9.200 添加高斯模糊

13 同时选中除"背景"及"图层1"之外的所有图层，按Ctrl+G组合键将其编组，将生成的组名称更改为"左侧"，选中"左侧"组，将其拖至面板底部的"创建新图层"■按钮上，复制1个"左侧 副本"组，如图9.201所示。

14 按Ctrl+E组合键将"左侧 副本"组合并，将生成1个"左侧 副本"图层，如图9.202所示。

图9.201 复制组   图9.202 合并组

15 选中"左侧 副本"图层，按Ctrl+T组合键对其执行自由变换命令，当出现变形框以后按住Shift+Alt组合键将图像等比缩小，完成之后按Enter键确认，如图9.203所示。

图9.203 缩小图像

16 选中"左侧 副本"组将其合并，执行菜单栏中的"滤镜"|"模糊"|"高斯模糊"命令，在弹出的对话框中将"半径"更改为1像素，完成之后单击"确定"按钮，这样就完成了效果制作，最终效果如图9.204所示。

图9.204 最终效果

9.12 樱桃包装设计

◆**实例分析**

本例讲解樱桃包装设计，在设计过程中，以经典的箱式作为包装材质，将樱桃图像与圆润的图形相结合，整个包装十分简洁舒适，同时富有档次感，最终效果如图9.205所示。

难　度: ★ ★ ★ ★ ★
素材文件: 第9章 \ 樱桃包装设计
案例文件: 第9章 \ 樱桃包装平面效果 .ai、樱桃包装立体效果 .psd
在线视频: 第9章 \9.12 樱桃包装设计 .avi

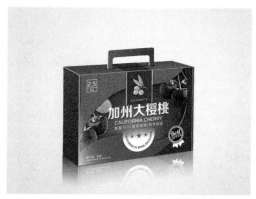

图9.205 最终效果

◆本例知识点

1. "渐变工具"
2. "内发光" "投影"命令
3. "路径文字工具"
4. "自由变换"命令

◆操作步骤

9.12.1 使用Illustrator绘制包装平面主图形

01 执行菜单栏中的"文件"|"新建"命令，在弹出的对话框中设置"宽度"为80mm，"高度"为55mm，新建一个空白画板。

02 选择工具箱中的"矩形工具" ，绘制1个与画板相同大小的矩形，将"填色"更改为蓝色（R:34，G:29，B:96），"描边"为无。

03 在蓝色矩形左侧位置再绘制1个细长红色（R:203，G:21，B:72）矩形，如图9.206所示。

图9.206 绘制矩形

04 选中红色矩形，按住Alt+Shift组合键向右侧拖动，将图形复制1份，如图9.207所示。

图9.207 复制图形

05 选择工具箱中的"钢笔工具" ，绘制图形，设置"填色"为蓝色（R:0，G:88，B:160），"描边"为无，在蓝色图形位置再绘制1个白色图形，如图9.208所示。

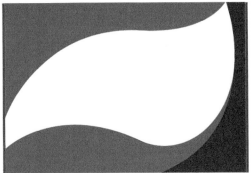

图9.208 绘制图形

06 选中白色图形，选择工具箱中的"渐变工具" ，在图形上拖动为其填充红色（R:251，G:139，B:138）到红色（R:154，G:9，B:26）的径向渐变，如图9.209所示。

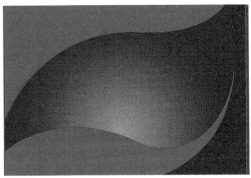

图9.209 填充渐变

07 选择工具箱中的"钢笔工具" ，在左上角位置再绘制图形，设置"填色"为红色（R:243，

G:21，B:70），"描边"为无，将图形移至刚才绘制的白色图形下方，如图9.210所示。

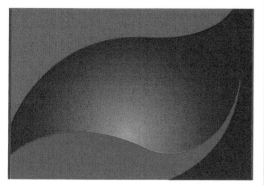

图9.210 绘制图形

08 选中刚才绘制的渐变图形，执行菜单栏中的"效果"|"风格化"|"内发光"命令，在弹出的对话框中将"模式"更改为叠加，"颜色"更改为黑色，"不透明度"更改为50%，"模糊"更改为3mm，完成之后单击"确定"按钮，如图9.211所示。

图9.211 设置内发光

9.12.2 使用Illustrator处理包装主图文

01 执行菜单栏中的"文件"|"打开"命令，打开"樱桃.png"文件，将打开的素材拖入画板靠左侧位置并适当缩小，如图9.212所示。

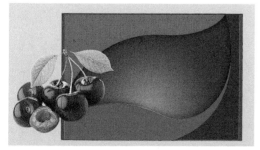

图9.212 添加素材

02 选中樱桃，双击工具箱中的"镜像工具" ，在弹出的对话框中勾选"垂直"单选按钮，完成之后单击"确定"按钮，将图像向右侧移动并适当缩小，如图9.213所示。

图9.213 复制图像

03 选中中间不规则图形，按Ctrl+C组合键将其复制，再按Ctrl+F组合键将其粘贴，按Ctrl+Shift+]组合键将对象移至所有对象上方。

04 同时选中不规则图形及两个樱桃图像，单击鼠标右键，从弹出的快捷菜单中选择"建立剪切蒙版"命令，将部分图像隐藏，如图9.214所示。

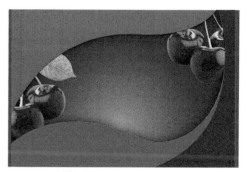

图9.214 建立剪切蒙版

05 选择工具箱中的"文字工具" ，添加文字，如图9.215所示。

图9.215 添加文字

06 选中文字，执行菜单栏中的"效果"|"风格化"|"投影"命令，在弹出的对话框中将"模式"更改为叠加，"不透明度"更改为100%，"X位移"更改为0.2mm，"Y位移"更改为0.2mm，"模糊"更改为0.2mm，完成之后单击"确定"按钮，如图9.216所示。

图9.216 设置投影

07 选择工具箱中的"矩形工具"，绘制1个矩形，选择工具箱中的"渐变工具"，在图形上拖动为其填充紫色（R:171，G:30，B:145）到紫色（R:106，G:25，B:127）的线性渐变，如图9.217所示。

图9.217 绘制矩形

08 选择工具箱中的"矩形工具"，绘制1个与刚才相同高度的矩形，将"填色"更改为浅黄色（R:239，G:236，B:230），"描边"为无，如图9.218所示。

图9.218 绘制图形

09 选中刚才绘制的细长矩形，按住Alt+Shift组合

键向右侧拖动，将图形复制1份，如图9.219所示。

图9.219 复制图形

10 执行菜单栏中的"文件"|"打开"命令，打开"标志.ai"文件，将打开的素材拖入画板适当位置并适当缩小，如图9.220所示。

11 选择工具箱中的"文字工具"，在标志图像下方添加文字，如图9.221所示。

图9.220 添加素材　　　　图9.221 添加文字

9.12.3 使用Illustrator绘制包装标签

01 选择工具箱中的"椭圆工具"，绘制1个椭圆，选择工具箱中的"渐变工具"，在图形上拖动为其填充透明到白色的线性渐变，如图9.222所示。

02 在椭圆位置再绘制1个圆形路径，如图9.223所示。

图9.222 绘制图形　　　　图9.223 绘制路径

03 选择工具箱中的"路径文字工具" ，在路径上单击添加文字，如图9.224所示。

图9.224 添加文字

04 选择工具箱中的"星形工具" ，在圆形位置按住Shift键绘制1个星形，设置"填色"为红色（R:243，G:21，B:70），"描边"为无，如图9.225所示。

05 选中五角形，按住Alt+Shift组合键向左侧拖动，将图形复制1份，将复制生成的图形等比缩小，如图9.226所示。

图9.225 绘制图形 　　　　图9.226 复制图形

06 选中左侧五角形，按住Alt+Shift组合键向右侧拖动，将图形复制1份，如图9.227所示。

图9.227 复制图形

07 选择工具箱中的"文字工具" T，添加文字，如图9.228所示。

图9.228 添加文字

08 选择工具箱中的"矩形工具" ，绘制1个与画板大小相同的矩形将"填色"更改为无，"描边"为白色，"描边粗细"为0.5，如图9.229所示。

09 选择工具箱中的"直线段工具" ，在矩形中间位置绘制1条水平线段，设置"填色"为无，"描边"为白色，"描边粗细"为0.5，如图9.230所示。

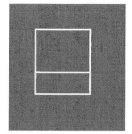

图9.229 绘制矩形 　　　　图9.230 绘制线段

10 选择工具箱中的"文字工具" T，添加文字，如图9.231所示。

11 执行菜单栏中的"文件"|"打开"命令，打开"标签.ai"文件，将打开的素材拖入画板右下角位置并适当缩小，如图9.232所示。

图9.231 添加文字 　　　　图9.232 添加素材

9.12.4 使用Photoshop制作包装立体轮廓

01 执行菜单栏中的"文件"|"新建"命令，在弹出的对话框中设置"宽度"为400mm，"高度"为300mm，"分辨率"为72像素/英寸，新建一个空白画布。

02 选择工具箱中的"渐变工具" ▓，编辑白色到灰色（R:232，G:223，B:223），单击选项栏中的"径向渐变" ▓ 按钮，在画布中拖动填充渐变，如图9.233所示。

图9.233 填充渐变

03 执行菜单栏中的"文件"|"打开"命令，打开"樱桃包装设计平面效果.jpg"文件，将图像拖入画布中，其图层名称将自动更改为"图层1"，如图9.234所示。

图9.234 添加素材

04 选中"图层1"图层，按Ctrl+T组合键对其执行"自由变换"命令，单击鼠标右键，从弹出的快捷菜单中选择"扭曲"命令，拖动变形框控制点将图像变形，完成之后按Enter键确认，如图9.235所示。

图9.235 将图像变换

05 在"图层"面板中，选中"图层1"图层，单击面板底部的"添加图层样式" *fx* 按钮，在菜单中选择"渐变叠加"命令。

06 在弹出的对话框中将"混合模式"更改为叠加，"不透明度"更改为30%，"渐变"更改为透明到黑色，"角度"更改为0度，完成之后单击"确定"按钮，如图9.236所示。

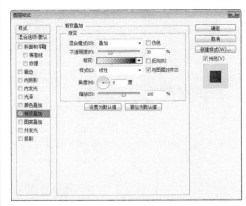

图9.236 设置渐变叠加

07 选择工具箱中的"画笔工具" ✎，在画布中单击鼠标右键，在弹出的面板中选择1种圆角笔触，将"大小"更改为250像素，"硬度"更改为0，如图9.237所示。

08 在"图层"面板中，单击面板底部的"创建新图层" ▭ 按钮，新建1个"图层2"图层，将前景色更改为白色，在图像左下角位置单击数次添加图像，如图9.238所示。

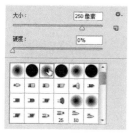

图9.237 设置笔触　　　　图9.238 添加图像

09 按住Ctrl键单击"图层1"图层缩览图，将其载入选区，执行菜单栏中的"选择"|"反向"命令将选区反向，如图9.239所示。

10 选中"图层2"图层，按Delete键将选区中多余图像删除，完成之后按Ctrl+D组合键将选区取消，如图9.240所示。

图9.239 载入选区　　　　图9.240 删除图像

11 选择工具箱中的"钢笔工具" ，在选项栏中单击"选择工具模式" 路径 按钮，在弹出的选项中选择"形状"，将"填充"更改为白色，"描边"更改为无。

12 在包装左侧位置绘制1个不规则图形，将生成一个"形状1"图层，如图9.241所示。

图9.241 绘制图形

13 在"图层"面板中，选中"形状1"图层，单击面板底部的"添加图层样式" fx 按钮，在菜单中选择"渐变叠加"命令。

14 在弹出的对话框中将"渐变"更改为蓝色（R:21，G:18，B:65）到蓝色（R:63，G:60，B:108），完成之后单击"确定"按钮，如图9.242所示。

图9.242 设置渐变叠加

15 选择工具箱中的"钢笔工具" ，在选项栏中单击"选择工具模式" 路径 按钮，在弹出的选项中选择"形状"，将"填充"更改为白色，"描边"更改为无。

16 在包装顶部位置绘制1个不规则图形，将生成一个"形状2"图层，如图9.243所示。

图9.243 绘制图形

17 在"图层"面板中，选中"形状2"图层，单击面板底部的"添加图层样式" fx 按钮，在菜单中选择"渐变叠加"命令。

18 在弹出的对话框中将"渐变"更改为红色（R:242，G:34，B:77）到红色（R:195，G:11，B:48），"角度"更改为95度，完成之后单击"确定"按钮，如图9.244所示。

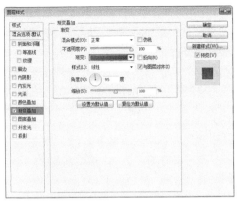

图9.244 设置渐变叠加

19 选择工具箱中的"钢笔工具"，在选项栏中单击"选择工具模式"按钮，在弹出的选项中选择"形状"，将"填充"更改为紫色（R:92，G:21，B:109），"描边"更改为无。

20 在包装顶部位置绘制1个不规则图形，将生成一个"形状 3"图层。

21 以同样的方法再绘制1个黑色细长图形，如图9.245所示。

图9.245 绘制图形

9.12.5 使用Photoshop绘制包装立体图形

01 选择工具箱中的"圆角矩形工具"，在选项栏中将"填充"更改为黑色，"描边"为无，"半径"为10像素，在包装顶部绘制1个矩形，将生成一个"圆角矩形 1"图层，如图9.246所示。

02 选中"圆角矩形 1"图层，按Ctrl+T组合键对其执行"自由变换"命令，单击鼠标右键，从弹出的快捷菜单中选择"斜切"命令，拖动变换框控制点将图形变形，完成之后按Enter键确认，如图9.247所示。

图9.246 绘制图形　　　图9.247 将图形变形

03 选择工具箱中的"圆角矩形工具"，按住Alt键同时在刚才绘制的圆角矩形下半部分位置绘制1个圆角矩形路径，将部分图形减去，如图9.248所示。

04 选择工具箱中的"直接选择工具"，选中路径，以同样的方法将其斜切变形，如图9.249所示。

图9.248 绘制路径　　　图9.249 将路径变形

05 选择工具箱中的"钢笔工具"，在选项栏中单击"路径操作"按钮，在弹出的选项中选择"减去顶层形状"命令，在图形底部区域绘制1个路径，将部分图形减去，如图9.250所示。

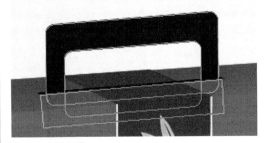

图9.250 减去图形

06 在"图层"面板中，选中"圆角矩形 1"图层，将其拖至面板底部的"创建新图层"按钮上，复制1个"圆角矩形1副本"图层。

07 选中"圆角矩形1"图层，将其"填充"更改为灰色（R:229，G:229，B:229），在画布中将图形向左侧稍微移动，如图9.251所示。

图9.251 复制图形并更改颜色

08 在"图层"面板中，选中"圆角矩形1副本"图层，单击面板底部的"添加图层样式"*fx*按钮，在菜单中选择"渐变叠加"命令。

09 在弹出的对话框中将"渐变"更改为红色（R:242，G:21，B:72）到红色（R:175，G:15，B:49），"角度"更改为30度，完成之后单击"确定"按钮，如图9.252所示。

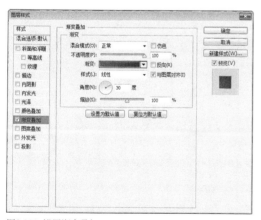

图9.252 设置渐变叠加

9.12.6 使用Photoshop制作包装立体倒影

01 在"图层"面板中，选中"图层1"图层，将其拖至面板底部的"创建新图层"按钮上，复制1个"图层1 副本"图层。

02 选中"图层1"图层，按Ctrl+T组合键对其执行"自由变换"命令，单击鼠标右键，从弹出的快

捷菜单中选择"垂直翻转"命令，将选区向下移动，单击鼠标右键，从弹出的快捷菜单中选择"斜切"命令，拖动变形框控制点将图像变形，完成之后按Enter键确认，如图9.253所示。

图9.253 将图像变形

03 在"图层"面板中，选中"图层1"图层，单击面板底部的"添加图层蒙版"按钮，为其添加图层蒙版，如图9.254所示。

图9.254 添加图层蒙版

04 选择工具箱中的"渐变工具"，编辑黑色到白色的渐变，单击选项栏中的"线性渐变"按钮，在图像上拖动将部分图像隐藏，如图9.255所示。

图9.255 隐藏图像

05 选择工具箱中的"钢笔工具" ，在选项栏中单击"选择工具模式" 路径 按钮，在弹出的选项中选择"形状"，将"填充"更改为蓝色（R:22，G:19，B:67），"描边"更改为无。

06 在包装左下角位置绘制1个不规则图形，将生成一个"形状5"图层，如图9.256所示。

图9.256 绘制图形

07 在"图层"面板中，选中"形状5"图层，单击面板底部的"添加图层蒙版" 按钮，为其添加图层蒙版，如图9.257所示。

图9.257 添加图层蒙版

08 选择工具箱中的"渐变工具" ，编辑黑色到白色的渐变，单击选项栏中的"线性渐变" 按钮，在图形上拖动将部分图形隐藏，如图9.258所示。

图9.258 隐藏图像

09 选择工具箱中的"钢笔工具" ，在选项栏中单击"选择工具模式" 路径 按钮，在弹出的选项中选择"形状"，将"填充"更改为黑色，"描边"更改为无。

10 在包装底部位置绘制1个不规则图形，将生成一个"形状6"图层，如图9.259所示。

11 选中"形状6"图层，执行菜单栏中的"滤镜"|"模糊"|"高斯模糊"命令，在弹出的对话框中将"半径"更改为2像素，完成之后单击"确定"按钮，如图9.260所示。

图9.259 绘制图形   图9.260 添加高斯模糊

12 在"图层"面板中，单击面板底部的"创建新图层" 按钮，新建1个"图层3"图层。

13 选择工具箱中的"画笔工具" ，在画布中单击鼠标右键，在弹出的面板中选择1种圆角笔触，将"大小"更改为3像素，"硬度"更改为100%。

14 将前景色更改为浅红色（R:238，G:184，B:196），在包装左上角单击，再按住Shift键，在同一条边缘的底部单击添加包装高光效果，以同样的方法在其他几个边缘上添加高光效果，这样就完成了效果制作，最终效果如图9.261所示。

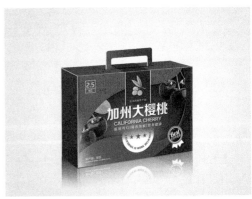

图9.261 最终效果

9.13 知识拓展

本章通过 4 个不同类型的包装案例，详细讲解了包装设计的展开面与立体效果的制作方法，让读者通过这些案例的学习，掌握包装设计的技巧。

9.14 拓展训练

经济全球化的今天，包装与商品已融为一体。包装作为实现商品价值和使用价值的手段，在生产、流通、销售和消费领域中，发挥着极其重要的作用，本章特意安排了 3 个不同类型的包装拓展训练，通过这些练习更加深入地学习包装设计的方法和技巧。

训练9-1 法式面包包装设计

◆实例分析

本例讲解法式面包包装设计，本例中的包装具有很不错的设计感，以透明材质为主体，将面包包裹，整体十分真实，最终效果如图 9.262 所示。

难　　度：★★★★
素材文件：第 9 章 \ 法式面包包装
案例文件：第 9 章 \ 法式面包包装平面效果 .ai、法式面包包装立体效果 .psd
在线视频：第 9 章 \ 训练 9-1 法式面包包装设计 .avi

图9.262 最终效果

◆本例知识点

1. "矩形工具"
2. "减去顶层"
3. "通过剪切的图层"命令
4. "栅格化图层"命令

训练9-2 果酱包装设计

◆实例分析

本例讲解果酱包装设计制作，在制作过程中以矢量水果图像为主视觉，同时搭配简洁易懂的文字信息，整体效果十分直观，此款果酱包装采用玻璃瓶作为容器，可以十分直观地观察果酱的品质，同时瓶口的小标签也起到很好的装饰作用，最终效果如图 9.263 所示。

难　　度：★★★★★
素材文件：第 9 章 \ 果酱包装
案例文件：第 9 章 \ 果酱包装平面效果 .ai、果酱包装展示效果 .psd
在线视频：第 9 章 \ 训练 9-2 果酱包装设计 .avi

图9.263 最终效果

◆本例知识点

1. "镜像工具"
2. "合并"
3. "定义图案"命令
4. "添加图层蒙版"

训练9-3 咖啡杯包装设计

◆实例分析

本例讲解咖啡杯包装设计制作，采用花纹与简洁文字相结合的方式，而勺子图像的添加十分形象，咖啡杯展示效果制作的重点在于咖啡杯效果的制作，通过将平面图像进行变换及添加阴影、高光等制作出真实的杯子效果，最终展示效果如图9.264所示。

难　　度：★★★★★

素材文件：第9章\咖啡杯

案例文件：第9章\咖啡杯包装平面效果.ai、咖啡杯包装展示效果.psd

在线视频：第9章\训练9-3 咖啡杯包装设计.avi

图9.264 最终效果

◆本例知识点

1. "转换锚点工具"
2. "镜像工具"
3. "锁定透明像素"
4. "描边""渐变叠加""投影"样式